Leitfaden

zur Anfertigung

mikroskopischer Dauerpräparate.

Von

Otto Bachmann,

kgl. Reallehrer.

Mit 104 Abbildungen.

Zweite vermehrte Auflage.

München und **Leipzig.**

Druck und Verlag von R. Oldenbourg.

1893.

Vorwort zur zweiten Auflage.

Die vielseitigen schmeichelhaften Anerkennungen, welche der ersten Auflage meiner Arbeit zu Teil wurden, haben in mir die Überzeugung hervorgerufen, dafs die Stoffbehandlung in derselben allenthalben entsprochen und damit der Leitfaden seinen Zweck erreicht hat. Um so mehr war bei der mittlerweile notwendig gewordenen Neuauflage des Werkchens mein Bestreben dahin gerichtet: unter Beibehaltung der formellen Gruppierung der einzelnen Kapitel, diese selbst dem Standpunkte der neuesten Forschung entsprechend auszubauen und möglichst instruktiv zu gestalten, sowie notwendig gewordene Ergänzungen und Erweiterungen in sachgemäfser Weise einzuschalten.

Das Mikroskop und die mikroskopische Technik haben auch während des letztverflossenen Dezenniums — wie nicht anders zu erwarten war — immer mehr an Bedeutung und Vervollkommnung zugenommen. Botanik und Zoologie verdanken dem Mikroskope den gröfsten Teil ihrer epochemachenden Erfolge, und auch die Mineralogie hat durch die Benutzung desselben wesentliche Fortschritte gemacht. Die mikroskopische Forschung hat neue Wissenschaften begründet, wie die Histologie, die Cellularpathologie, die Hygiene und andere, und aus diesen Wissenschaften, deren Arbeitsgebiete sich von Jahr zu Jahr erweitern, hat die Medizin bereits eine tiefere Kenntnis der Krankheiten und der Mittel, sie zu heilen oder ihren zerstörenden Lauf zu hemmen, gewonnen. Physik und Chemie sind nicht minder durch das Mikroskop in ganz hervorragender Weise gefördert worden.

Aber nicht nur im Studierzimmer des exakten Forschers hat sich unser Instrument eingebürgert, auch in der Technik hat sich dasselbe eine hervorragende Stelle zu erringen vermocht und es ist hier allenthalben zur Untersuchung von Naturprodukten der verschiedensten Art, von Nahrungsmitteln, Fabrikaten, zur sicheren Erkennung von Verunreinigungen und Verfälschungen u. s. w. in Gebrauch, ja selbst in der Haus- und Landwirtschaft begegnen wir demselben als zuverlässigem Aufschlufserteiler oft genug. Und mit den bisher durch dieses Instrument, das mit Recht als eine grofse und wichtige Erfindung betrachtet wird, uns gewordenen Aufschlüssen ist die Grenze seiner Verwendbarkeit noch keineswegs erreicht, im Gegenteil eröffnen sich demselben täglich neue Untersuchungs- und Verwendungsgebiete.

Es ist sonach wohl erklärlich, dafs Jeder, der sich naturwissenschaftliche Kenntnisse aneignen will oder mufs, sowie jeder, dessen Beruf eine zeitweile Benutzung des Mikroskopes erfordert, unter allen Umständen mikroskopische Präparationen und Untersuchungen vorzunehmen genötigt ist. Die hierzu erforderlichen Arbeiten werden ihm nicht nur sichere Aufschlüsse und reiche Belehrung bieten, sie werden ihm auch eine nie versiegende Quelle des reinsten Genusses und edelsten Vergnügens werden.

Aber freilich, die wenigsten Gegenstände zeigen uns in dem Zustande, in welchem sie sich in der Natur vorfinden, in der Form wie sie in der Technik, den Gewerben oder der Haus- und Landwirtschaft in Gebrauch genommen werden, unter das Mikroskop gebracht, jene geheimnifsvolle Zusammensetzung, die wir so gerne ergründen, jene stoffliche Differenzierung, die wir kennen lernen möchten; die meisten Gegenstände erfordern zuvor eine besondere Zubereitung, sie müssen erst zweckmäfsig präpariert werden. Diese verschiedenen Präparationsmethoden, welche der mikroskopischen Beobachtung vorauszugehen haben, und die hierzu erforderlichen Chemikalien, Reagentien und sonstigen Zusatzflüssigkeiten kennen zu lernen, ist die eine Aufgabe, welche sich das vorliegende Buch gestellt hat. — Alle Gebilde der Natur sind in einer ununterbrochenen Veränderung begriffen, nichts ist unter dem Einflufse der verschiedenen Naturkräfte bleibend, dauernd. Wenn wir daher irgend ein Objekt für die mikroskopische Untersuchung auch geeignet vorbereitet haben, so werden wir dasselbe ohne Anwendung besonderer Hilfsmittel in der Regel doch nur kurze Zeit in diesem günstigen Zustande zu erhalten vermögen, und doch liegt uns sehr viel daran, den Gegenstand für eine spätere, wiederholte Betrachtung bei Seite legen zu können, ihn überhaupt möglichst lange in unveränderter Form und Zusammensetzung aufzubewahren. Die Mittel und Wege kennen zu lernen, wodurch wir dieses Ziel erreichen, ist die zweite Aufgabe der vorliegenden Arbeit.

Aus vorstehenden Darlegungen ist zugleich ersichtlich, für welchen Leserkreis die Schrift zunächst bestimmt ist. Der Gelehrte, der Naturforscher von Beruf, sie beide müssen auf dem Gebiete der Mikroskopie sich ein Wissen und Können angeeignet haben, das weit über den Rahmen dieses Buches hinausgreift, für sie ist also dieser Leitfaden weder berechnet noch überhaupt nötig. Aber den angehenden Jüngern der Wissenschaft, den Studierenden der Hochschulen, den Lehrern an Mittelschulen und Lehrerbildungsanstalten, wie nicht minder allen jenen, welche in Ausübung ihrer Berufsgeschäfte zeitweise mikroskopische Untersuchungen vorzunehmen genötigt sind wie: Ärzte, Chemiker, Apotheker, Tierärzte, Forstbeamte, Techniker, Droguisten u. s. w. ihnen wird dieser Leitfaden eine ausreichende Reihe erprobter Untersuchungs- und zuverlässiger Präparationsmethoden bieten, welche ihnen ein sicheres und erfolgreiches Arbeiten gewährleisten. In gleicher Weise wird diese Schrift auch jener grofsen Anzahl Gebildeter aus den verschiedensten Ständen, welche den durch das Mikroskop gebotenen Aufschlüssen ein reges Interesse entgegenbringt, jenen Autodidakten, welche sich über die durch das Mikroskop erschlossene Welt im Kleinen und Kleinsten durch eigene Anschauung und Untersuchung näher zu unterrichten wünschen, als verlässiger und belehrender Führer willkommen sein.

Auch bei der gegenwärtigen zweiten Auflage des Leitfadens habe ich die Kenntnis des zusammengesetzten Mikroskopes, seine Prüfung und seinen Gebrauch bei dem geneigten Leser vorausgesetzt, weil durch die eingehende und umfassende Behandlung auch dieses Stoffes das Buch einen derartigen Umfang angenommen haben würde, dafs dadurch der spezielle Zweck des Leitfadens in den Hintergrund gedrängt worden wäre. Wer sich in dieser Richtung noch nicht genügend unterrichtet fühlen sollte, dem dürfte das mittlerweile vom Unterfertigten herausgegebene und gleichfalls bei R. Oldenbourg in München verlegte Werk: »Unsere modernen Mikroskope und deren sämtliche Hilfs- und Nebenapparate für wissenschaftliche Forschungen« den gewünschten Aufschlufs erteilen.

Dagegen erschien es mir nicht wohl rätlich, die bedeutenden Fortschritte, welche seit mehreren Jahren in der Herstellung der Objektivsysteme gemacht wurden, sowie die Verbesserungen, welche Beleuchtungs- und Schneidcapparate erfahren haben, hier ganz mit Stillschweigen zu übergehen. Es haben daher alle hierauf bezüglichen Neukonstruktionen und Verbesserungen die gebührende Besprechung gefunden und wurden überall, wo erforderlich, Abbildungen der betreffenden Apparate beigefügt.

In neuester Zeit sind für die mikroskopische Technik Reagentien, Färbe- und Imprägnationsmittel, Einbettungs- und Einschlufsmassen in mehr als ausreichender Menge neu aufgetaucht, die teils für spezielle Untersuchungen, teils aber auch für eine Anzahl sehr verschiedenartiger Objekte empfohlen wurden und von den einzelnen Mikroskopikern mit durchaus nicht übereinstimmenden Erfolgen zur Anwendung gelangten. Die Rücksichtnahme auf den Leserkreis dieses Leitfadens legte mir in der Behandlung des hier einschlägigen Materiales eine gewisse Beschränkung auf und gebot mir hierunter eine zweckmäfsige Auswahl zu treffen, und namentlich die in ihrer Anwendung besondere Schwierigkeiten bietende Mittel, sowie auch jene auszuscheiden, welche nur in ganz besonderen Fällen in Gebrauch genommen werden. Die Vollständigkeit der Präparationsmethoden, soweit sich solche nicht auf streng fachwissenschaftliche Untersuchungen beziehen, erfuhr dadurch keine Beeinträchtigung. Zur bequemen Orientierung wurde am Schlusse eine alphabetische Zusammenstellung aller bei den verschiedenen Präparationsmethoden gebräuchlichen Substanzen nebst der Art ihrer Verwendung beigefügt.

Die in dem Leitfaden zur Abbildung gelangten Holzschnitte und Galvanos sind teils mit Zustimmung der Verlagshandlung verschiedenen Bänden der »Naturkräfte« (München bei R. Oldenbourg) entnommen, teils sind sie nach Originalzeichnungen des Verfassers eigens angefertigt worden, teils wurden dieselben von den einschlägigen Fabrikantem dem Verfasser auf desfallsiges Ansuchen in freundlichster Weise zur Verfügung gestellt, wofür denselben an dieser Stelle Dank ausgesprochen sei.

Die Reihenfolge der einzelnen Untersuchungsgebiete ist derart gewählt, daſs mit den am einfachsten und leichtesten herzustellenden Präparaten begonnen und, in thunlichster Berücksichtigung eines gleichmäſsigen Fortschreitens, vom Leichteren zum Schwierigeren übergegangen wurde.

Die bei Abfassung vorliegender Schrift benutzte Litteratur ist: Dr. Behrends, Zeitschrift für wissenschaftliche Mikroskopie und Technik. — Sitzungsberichte der medizinisch-naturwissenschaftlichen Gesellschaft zu Jena. — P. Harting, Das Mikroskop, Theorie, Gebrauch, Geschichte und gegenwärtiger Stand desselben. — Dr. Frey, Das Mikroskop und die mikroskopische Technik. — Dr. Exner, Leitfaden bei der Untersuchung tierischer Gewebe. — Dr. Dippel, Das Mikroskop und seine Anwendung. — Dr. Merkel, Das Mikroskop und seine Anwendung. — Dr. Kaiser, Zeitschrift für Mikroskopie. — Encyklopädie der Naturwissenschaften. — Dr. Thanhoffer, Das Mikroskop und seine Anwendung. — Dr. Zopf, Die Spaltpilze. — Dr. Nägeli,

Niedere Pilze. — Cohn, Untersuchungen über Bakterien. — Dr. Pelletan, Journal de Micrographie. — Henry van Heurck, Le microscop, sa construction etc. — Journal of Royal Microsc. Soc. London.

Möge auch diese zweite Auflage den alten Freunden willkommen sein und sich recht viele neue Freunde erwerben.

Landsberg am Lech im Oktober 1893.

Otto Bachmann.

Inhalt.

Einleitung.

Die meisten Objekte, welche Gegenstand einer mikroskopischen Untersuchung bilden, gewähren, ohne vorhergegangene Präparation unter dem Mikroskope betrachtet, nur unvollkommene Bilder; teils verhindert die Undurchsichtigkeit der Objekte einen Einblick in die innere Struktur des Gegenstandes, teils stört uns die entgegengesetzte Eigenschaft in der erfolgreichen Beobachtung, teils differenzieren sich die verschiedenen Substanzen infolge grofser Übereinstimmung in den Brechungsverhältnissen viel zu wenig, als dafs dieselben unter dem Mikroskope mit der wünschenswerten Schärfe und Sicherheit beobachtet und unterschieden werden könnten. Dazu kommt noch, dafs die meisten Präparate sich ohne zweckentsprechende Vorbereitung überhaupt nicht dauernd erhalten lassen, vielmehr über kurz oder lang verderben. Es mufs daher in der Regel der eigentlichen mikroskopischen Untersuchung eine Zubereitung der Objekte vorausgehen, wodurch sie in einen solchen Zustand versetzt werden, in welchem einerseits die zur mikroskopischen Beobachtung nötigen Eigenschaften besonders hervortreten, andererseits die der Fäulnis oder sonstigen Zersetzungen unterworfenen Stoffe entfernt oder doch mit einem konservierenden Medium durchtränkt bzw. umgeben werden.

Die Erfahrung zeigt nun zur Genüge, dafs der Anfänger auf dem Gebiete des Mikroskopierens, trotz ausreichender naturwissenschaftlicher Vorbildung, trotz Kenntnis der in Frage kommenden physikalischen und chemischen Gesetze, bei Beginn seiner Präparationsversuche häufig genug so bedenkliche Mifsgriffe macht, dafs er sich in seinen Erwartungen getäuscht sieht, wodurch er im Eifer für die lobenswerte Sache nachläfst, oder wohl gar den Gegenstand vollständig bei Seite legt. Andere glauben wieder auf den hohen Genufs, welchen das Selbstanfertigen von Präparaten gewährt, wegen individueller Unfähigkeit, verzichten zu müssen und begnügen sich mit käuflich erworbenen Präparaten. Nun ist es aber zur Genüge bekannt, dafs nur derjenige die gewünschte ausreichende Belehrung aus dem mikroskopischen Studium ziehen kann, welcher selbstthätig präpariert; denn nur ein solcher vermag sich bei Betrachtung seines Präparates unter dem Mikroskope das auftretende Bild in vollständigem Zusammenhange mit seiner ursprünglichen Form, mit dem Ganzen, von dem es ein Teil ist, mit der Funktion, welche der Gegenstand im lebenden Zustande zu übernehmen hatte, zu konstruieren.

Damit soll keineswegs der Wert der käuflichen Präparate unterschätzt werden. In vielen Fällen wird ja jeder Mikroskopiker zu solchen greifen müssen, namentlich dann, wenn er nicht im stande ist, sich die betreffenden Objekte anders als im präparierten Zustande zu verschaffen, oder wenn die zu untersuchenden Objekte besondere Schwierigkeit in der Präparation bieten, die nicht nur der Anfänger, sondern selbst der geübte Mikroskopiker, wenn er auf dem speziellen Gebiete nicht gerade Fachmann ist, nicht zu überwinden im stande ist.

Um nun aber jenen Grad von Sicherheit in der Präparation mikroskopischer Objekte zu erwerben, welcher erforderlich ist, damit die angefertigten Präparate auch das wirklich richtig erkennen lassen, was man an ihnen zu sehen wünscht, und auch als Dauerpräparate einer Sammlung einverleibt werden können, ist vor allem manuelle Fertigkeit und Sicherheit in der Zergliederung feiner Gegenstände, sowohl mit unbewaffnetem Auge als auch unter dem Mikroskope, erforderlich. Eine weitere Voraussetzung ist die Kenntnis der Eigenschaften und Wirkungen aller bei der Präparation anzuwendenden Substanzen, namentlich der Chemikalien, und endlich — eine ausreichende Dosis Geduld.

Was den ersten Punkt anlangt, so mufs sich Jeder, der sich mit Mikroskopie zu beschäftigen gedenkt, vor allem die Fertigkeit anzueignen trachten, die Muskeln seiner Finger nur seinem Willen gemäfs in Bewegung zu setzen. Ein vorzügliches Übungsmittel hierzu bietet ein gleichmäfsiges — nicht stofsweises — Fortrücken irgend eines auf einen Objektträger gebrachten Objektes im Gesichtsfelde des Mikroskopes mittelst beider Hände, später mittelst einer Hand, insbesondere der linken, während die rechte Hand auf dem Kopf der Mikrometerschraube ruht. Anfangs wird dies wohl etwas schwer gelingen, namentlich unter dem zusammengesetzten Mikroskope, bei welchem alle Bewegungen sich dem Auge in umgekehrter Richtung darstellen, wodurch man nur zu oft verführt wird, das Objekt in der durch das Auge empfangenen Richtung, statt in der entgegengesetzten, fortzubewegen. Man erachte eine solche Übung nicht für zu geringfügig; man erwirbt sich die in Rede stehende Fertigkeit nicht von selbst, und jeder Beobachter mufs sie besitzen. Erleichtert wird die Aufgabe, wenn sich der Anfänger daran gewöhnt, vorerst nur mit schwachen Vergröfserungen, welche ein grofses Gesichtsfeld gewähren, zu beginnen. Auch das Beobachten lebender Infusorien in einem Tropfen Wasser unter dem Mikroskope ist eine sehr gute und empfehlenswerte Übung, weil es nicht leicht ist, ein solches frei in einem Wassertropfen herumschwimmendes Tierchen fortwährend im Gesichtsfelde zu behalten.

Um mit den Händen die Zerlegung kleiner Tier- oder Pflanzengebilde, zunächst ohne Benutzung des Mikroskopes, zu erlernen, hat der Anfänger besonders darauf zu achten, dafs er solche Versuche zu einer Zeit vornimmt, in welcher sich seine Arm- und Handmuskeln von einer etwa früher stattgefundenen gröfseren Kraftanstrengung wieder vollkommen erholt haben; es wird sich deshalb hierzu anfangs, und zu besonders feinen Arbeiten auch später, insbesondere die Morgenzeit sehr gut eignen, weil während des Schlafes das gestörte Gleichgewicht in der Muskelspannung sich wiederum hergestellt hat.

Hat man sich in der eben angedeuteten Weise für die Präparation einigermafsen geschult, so mag der Anfänger daran gehen, einige leichtere Sachen zu präparieren, wobei man aber selbstverständlich noch nicht daran denken darf, schon brauchbare Dauerpräparate herstellen zu wollen. Ich betone diesen Punkt besonders; denn der Anfänger ist mit seinen Leistungen nur zu oft bereitwilligst zufrieden und erteilt sich selbst gerne eine wohlwollende Anerkennung. Wo es immer angeht, übergebe man seine Leistungen einem erfahrenen Freunde zur kritischen Beurteilung und zeige sich bei einer etwa ungünstig ausfallenden Kritik nicht verletzt; auch sorgfältige Vergleiche der gefertigten Präparate mit guten Abbildungen, die bei dem heutigen Stande der Wissenschaft allenthalben leicht zu erhalten sind, zeigen die etwaigen Mängel des Gefertigten und bewahren vor Selbsttäuschung.

Als Anfangsobjekte wähle man krautartige Teile von Pflanzen, namentlich Stengel, Blatt- und Blütenstiele, Blattrippen, Fruchtknoten (unbefruchtet und befruchtet) und ähnliche Objekte, und versuche mit einem feinen, wohlgeschliffenen Rasiermesser möglichst dünne Querschnitte zu machen, wobei man sich gleichzeitig bemüht, diese Schnitte thunlichst senkrecht zur Längenachse des betreffenden Organes zu führen. Die Schnitte bringt man dann mit Wasser oder Glycerin auf einen Objektträger, legt ein Deckgläschen darauf und untersucht unter dem Mikroskope, ob und inwieweit der Schnitt gelungen ist.

Im weiteren Verlaufe der Arbeiten mag dann zur Herstellung von etwas schwierigeren Präparaten übergegangen werden; namentlich bietet jetzt die Anatomie gröfserer Insekten, der Mollusken und anderer niederer Tiere ein reiches Übungsmaterial. Man wird sich hier mit den in den einzelnen Kapiteln ausführlich angegebenen Präparationsmethoden eingehend zu befassen haben, wird die Einwirkung der verschiedenen Zusatzflüssigkeiten auf die betreffenden Objekte sorgfältig unter dem Mikroskope beobachten und die gemachten Wahrnehmungen und Erfahrungen sich in geeigneter Weise notieren. Wendet man bei mehreren Exemplaren ein und desselben Gegenstandes verschiedene Methoden der Präparation an, so wird man bald im stande sein, aus eigener Erfahrung die Fälle kennen zu lernen, in denen die eine Zusatzflüssigkeit vor einer anderen den Vorzug verdient, und eigene Erfahrung ist, wie überall, so auch hier, die Hauptsache.

Nicht unerwähnt darf bleiben, dafs der angehende Mikroskopiker sich bei all seinen Verrichtungen der peinlichsten Reinlichkeit befleissige; wie man sich die Sache von Anfang an gewöhnt, so wird man sie später betreiben, und nichts ist störender, als wenn ein gelungenes Präparat durch Unreinlichkeit, wie aufliegende Staubfasern, schmutzigen Objektträger oder unreines Deckglas in seinem Werte beeinträchtigt wird.

Nunmehr mag sich der Anfänger in der Herstellung von Dünnschliffen üben, wobei er wieder folgerichtig vom Leichteren zum Schwierigeren fortschreitet. Längen- und Querschliffe von Pflanzenteilen der Braun- und Steinkohlenformation, von Echinus- und anderen Stacheln, Schliffe von Knochen und Elfenbein, sowie von Versteinerungen der Kalk- und Kreideformation und ähnliches bilden etwa den Anfang, hieran können sich Schliffe der verschiedenen Gesteinsarten reihen, welche mit den harten quarzhaltigen Gesteinen ihren Abschlufs finden. Man trachte darnach, den möglichsten Grad der Feinheit zu erreichen, und begnüge sich nicht schon damit, dafs die Strukturverhältnisse aus der Masse herauszudämmern beginnen. Mit Fleifs und Ausdauer kommt man allmählich sicher zum gewünschten Ziele.

Über das eigentliche Beobachten der zubereiteten Präparate sei folgendes bemerkt: Man gewöhne sich daran, jedes Präparat zunächst bei schwacher Vergröfserung zu betrachten, um einen klaren Gesamteindruck zu erhalten; erst nach gründlicher Durchmusterung des Ganzen kann man allmählich zu stärkeren Vergröſserungen übergehen, wodurch die Einzelheiten des Gegenstandes nach und nach zur Anschauung gebracht werden. Diese stärkeren Vergröſserungen müssen aber stets durch einen Wechsel des Objektives und nicht des Okulares bewirkt werden; denn durch die auf letzterem Wege erreichte stärkere Vergröſserung wird wohl das Bild im allgemeinen vergröſsert, aber feinere, ursprünglich nicht zur Wahrnehmung gelangte Strukturverhältnisse bleiben auch jetzt verborgen.

Wo es nur irgend thunlich, fertige man sich eine Zeichnung des Gesehenen an, was bei einiger Übung am einfachsten mittelst Doppelsehens geschieht. Da es einem Anfänger oft schwer wird, die Gröſse der Zeichnung in genaue Übereinstimmung mit der Bildgröſse zu bringen, so wird er gut daran thun, wenigstens zwei Dimensionen des Gegenstandes mit dem Okularmikrometer zu messen und mittelst des dem jeweils benutzten Objektivsystem und Okulare zugehörigen Reduktionsfaktors in Linien darzustellen, welche dann eine sichere Grundlage für die anzufertigende Zeichnung zu bilden vermögen.

Durch die Betrachtung eines Objektes nach einer einzigen Richtung und bei stets gleichbleibender Beleuchtung werden uns in den wenigsten Fällen alle Einzelheiten des Gegenstandes erschlossen; man hat daher das zu durchsuchende Objekt in verschiedenen Richtungen — wozu ein runder, drehbarer Objekttisch die bequemste Einrichtung darstellt — zu betrachten und, wo solches thunlich ist, mit der Art der Beleuchtung abzuwechseln.

Für gewöhnliche Untersuchungen reicht man mit den, durch einen nach allen Seiten hin beweglichen Hohl- und Planspiegel erreichbaren, Beleuchtungsmodifikationen, unter Benutzung der verschiedenen Zylinderblenden oder der Irisblende, so ziemlich aus. Ist aber die Auflösung besonders schwieriger Testobjekte oder die Differenzierung verwickelter Strukturverhältnisse in Frage, so versagt der gewöhnliche Beleuchtungsapparat meist seine Dienste; denn die Klarlegung solcher zusammengesetzter Verhältnisse hängt eben nicht allein von der Vollkommenheit des benutzten Objektivsystemes, sondern zum grofsen Teil auch von der Zweckmäfsigkeit der Beleuchtungseinrichtungen ab. Man benutzt in diesem Falle mit grofsem Vorteile den nach seinem Erfinder benannten Abbé'schen Beleuchtungsapparat, der unter dem Objekttisch an Stelle des gewöhnlichen Beleuchtungsspiegels, oder bei kleineren Instrumenten an Stelle der Zylinderblenden, eingeschaltet wird. Seine Wirkungsweise soll später nähere Erörterung finden.

Schliefslich soll noch die Frage: ob es nicht zweckentsprechender und bequemer ist, die Präparation der Objekte unter einem einfachen Mikroskope, einem sog. Präparier- oder Dissektionsmikroskope, statt unter einem zusammengesetzten Mikroskope vorzunehmen, einer kurzen Besprechung unterstellt werden. Der Umstand, dafs dem Beobachter bei einem einfachen Mikroskope der durch die Linsen vergrösserte Gegenstand in seiner natürlichen Lage (also nicht umgekehrt) erscheint, und demgemäfs die bei der Präparation erforderlichen Bewegungen mit den mit unbewaffnetem Auge vorgenommenen vollkommen übereinstimmen, hat auf den ersten Blick allerdings etwas Bestechendes, weil dadurch die Schwierigkeit, welche in der Umkehrung der durch das Auge empfangenen Bewegungsrichtung liegt, vollständig beseitigt erscheint. Gleichwohl möchte ich von Benutzung des einfachen Mikroskopes abraten. Einmal weil die in ziemlich enge Grenzen eingeschlossene Vergröfserungsfähigkeit für viele Präparationen überhaupt nicht ausreicht, dann auch weil der ganze optische Apparat des einfachen Mikroskopes weit hinter der Leistung eines zusammengesetzten Mikroskopes zurückbleibt, und endlich weil durch wechselweises Benutzen des einfachen und zusammengesetzten Mikroskopes die Aneignung der unerläfslich notwendigen Behandlung eines Objektes unter dem zusammengesetzten Mikroskope nur erschwert und verzögert wird.

Eigentümlichkeit des mikroskopischen Sehens.

Obwohl man durch das Mikroskop die Objekte keineswegs anders sieht als mit dem bloſsen Auge, so befinden sich doch die mikroskopischen Objekte unter so eigenartigen und fremdartigen Umständen, wie sie beim gewöhnlichen Sehen nie, oder nur höchst selten vorkommen, zudem ist das Auge beim Sehen durch das Mikroskop aller derjenigen Hilfsmittel beraubt, die es beim gewöhnlichen Sehen unterstützen, um von dem gesehenen Gegenstande die verschiedensten Anschauungen zu gewinnen und über die Form und Lage seiner einzelnen Teile sich zu orientieren. Aus diesem Grunde muſs das mikroskopische Sehen erst durch Übung erlernt werden, was allerdings, sobald die fremdartigen Verhältnisse, unter denen sich Objekt und Auge befinden, und die dadurch bedingten veränderten Eindrücke hinreichend bekannt sind, weder einer sehr langen Zeit, noch einer besonderen Anstrengung bedarf, sich vielmehr bei einiger Umsicht während des Beobachtens von selbst ergibt.

Zunächst ist hier zu betonen, daſs die meisten mikroskopischen Untersuchungen bei durchgehendem Lichte vorgenommen werden, während fast alle Wahrnehmungen mit bloſsem Auge bei auffallendem Lichte erfolgen. Beim gewöhnlichen Sehen erblickt man den Gegenstand durch das von ihm zurückgeworfene oder zerstreute Licht, während man einen durchsichtigen Körper unter dem Mikroskope lediglich dadurch wahrnimmt, daſs ein Teil der Lichtstrahlen, welche in das Gesichtsfeld eintreten, nicht ins Auge gelangt: man sieht hier also von dem Gegenstande mehr ein Schattenbild als den Gegenstand selbst.

Eine weitere Eigentümlichkeit des mikroskopischen Sehens besteht darin, daſs man von dem betreffenden Gegenstande stets nur eine Flächenansicht erblickt. Hier hilft kein Accommodationsvermögen des Auges, nur die eingestellte Fläche ist dem Auge sichtbar, was darüber oder darunter ist, bleibt unsichtbar, um so mehr, je stärker die angewandte Vergröſserung und je besser das benutzte Objektivsystem ist. Will man sich von den höher oder tiefer gelegenen Partien eine Anschauung verschaffen, so kann dies nur durch eine Veränderung der Einstellung geschehen, wobei aber selbstverständlich das bisherige Flächenbild verschwindet. Die Vereinigung dieser zeitlich von einander getrennten Gesichtseindrücke zu einem richtigen, wahrheitsgetreuen körperlichen Ganzen bleibt der Phantasie überlassen. Aufgabe der mikroskopischen Beobachtung ist es nun, durch gründliches, möglichst vielseitiges Auffassen der einzelnen Teile des betreffenden Objektes dafür zu sorgen, daſs die Phantasie dieses etwas gefährliche Geschäft der Konstruktion des Ganzen aus seinen Einzelheiten logisch durchführt und nicht etwa Eindrücke erzeugt oder hinterläſst, die wir in Wirklichkeit gar nicht gesehen haben. Unterstützt wird diese Arbeit dadurch, daſs man alles nicht wirklich zum beobachteten Gegenstande Gehörige aus dem mikroskopischen Bilde desselben ausscheidet.

Was nun die richtige, gründliche und möglichst vielseitige Auffassung der Bilder anlangt, so ist darauf aufmerksam zu machen, daſs durch den optischen Apparat des Instrumentes im Bilde Erscheinungen auftreten können, die mit dem Gegenstande selbst gar nichts zu schaffen haben, die der Beobachter aber kennen muſs, um sich davor zu hüten, dieselben auf den betrachteten Gegenstand zu übertragen.

Solche Erscheinungen sind namentlich die Beugungs- oder Diffraktionserscheinungen. Dieselben werden durch Interferenzen des Lichtes hervorgebracht und treten um so sicherer auf, je besser das benutzte Objektivsystem und je stärker die Beleuchtung ist. Diese Erscheinungen bestehen darin, daſs längs der dunkeln Ränder eines Objektes, sowohl innerhalb als auſserhalb seiner Grenzlinien, ein oder mehrere, mit schmalen dunkeln Linien abwechselnde Lichtstreifen auftreten, welche bei starker Beleuchtung und hoher Vergröſserung Farbensäume zeigen. Passende Objekte, um solche Diffraktionserscheinungen kennen zu lernen und zu studieren, sind kleine Luftblasen in Flüssigkeiten. Schüttelt man etwas Wasser, Glycerin, eine dünne Lösung von Gummi arabicum oder irgend eine andere Flüssigkeit in einem Gläschen kräftig hin und her, damit die Flüssigkeit Gelegenheit hat Luft aufzunehmen, und bringt man einen Tropfen hiervon mit einem Deckgläschen bedeckt unter das Mikroskop, so hat man die beste Gelegenheit, diese Erscheinungen an Dutzenden von gröfseren und kleineren Luftbläschen beobachten zu können. Man wird nämlich die dunkeln Ränder der Luftblasen sowohl nach innen als auch nach aufsen von einem oder mehreren hellen Lichtsäumen eingefafst sehen, welche selbst wieder von feinen dunkeln Kreislinien begrenzt erscheinen. Solche Diffraktionslinien können überall entstehen, wo Lichtstrahlen an den Rändern eines Körpers vorbeigehen. Da dieselben — wenn nicht etwa direktes Sonnenlicht zur Verwendung kommt — nur bei durchgehendem, nicht aber bei auffallendem Lichte auftreten können, so hat man in der abwechselnden Anwendung beider Beleuchtungsweisen in den meisten Fällen ein Mittel, den wahren Ursprung dieser Linien zu erkennen und die Änderungen, welche sie in dem mikroskopischen Bilde hervorrufen, zu studieren. Übrigens schützt das charakteristische Aussehen, sowie der eigentümliche Glanz der zwischen den dunkeln Linien liegenden Stellen den einigermafsen Geübten vor jeder Täuschung.

Von den Diffraktionslinien wohl zu unterscheiden sind doppelte oder verbreiterte Randlinien, welche manchmal auftreten, aber bei veränderter Einstellung des Objektes wieder verschwinden und sich als einfache, scharf begrenzte Linien darstellen. Diese breitgedrückten oder verdoppelten Konturen rühren lediglich von ungenauer Einstellung her und lassen sich durch den richtigen Gebrauch der Mikrometerschraube sofort beseitigen.

In dieser Richtung mufs hier überhaupt darauf hingewiesen werden, dafs der Anfänger erfahrungsgemäfs die feine Einstellung zu selten und zu vorübergehend in Gebrauch nimmt. Hat ihm irgend eine Bewegung der Mikrometerschraube ein nur einigermafsen deutliches Bild verschafft, so ist er mit dem Erfolge vollständig zufrieden und verzichtet gar zu gerne auf alle weiteren Versuche, das Bild zu verbessern. Dies soll nicht vorkommen. Wie der umsichtige Steuermann sein Rad nie aus den Händen läfst und unausgesetzt seinen Kurs reguliert, so soll auch der Mikroskopiker während der Untersuchung stets die eine Hand an seiner Mikrometerschraube belassen, um jederzeit sein Bild möglichst verbessern zu können. Gründliches Durchforschen der später aufzuführenden Probeobjekte wird den Neuling bald darüber belehren, dafs das beste Bild keineswegs sofort zum Vorschein kommt, vielmehr mancherlei Schraubenbewegungen erforderlich macht.

Von fremden Körpern, welche bei mikroskopischen Untersuchungen im Gesichtsfelde erscheinen und den Anfänger zu Irrtümern verleiten können, verdienen Luftblasen und Fett- oder Ölkügelchen besondere Beachtung, nicht nur weil diese beiden Objekte zu den verbreitetsten mikroskopischen Dingen gehören, sondern auch deshalb, weil ihre Oberfläche gleich jener der meisten mikroskopischen Objekte von gebogenen Flächen begrenzt wird, sie also zugleich zum Studium darüber benutzt werden können, wie dergleichen Objekte sich unter dem Mikroskope bei durchgehendem Lichte zeigen.

Weil der ziemlich nahe unter dem Objekte angebrachte Beleuchtungsspiegel vorwiegend divergierende Strahlen nach dem Objekte sendet, deren Vereinigung nicht in einem, sondern in vielen Punkten erfolgt, die in einer gekrümmten Oberfläche um das Centrum herum liegen, so erscheint bei mittlerer Einstellung der peripherische Teil der Luftblasen dunkel, und zwar um so breiter, je mehr sich der Brechungsindex der Luft von dem die Luft umgebenden Medium entfernt, während der zentrale Teil erhellt ist. Wird nun höher eingestellt, so wird der erhellte Teil breiter, während die dunkeln Teile ihre scharfen Konturen verlieren. Beim Senken des Tubus erblickt man im Zentrum häufig die Scheinbilder von in der Nähe befindlichen und im Beleuchtungsspiegel sich abspiegelnden Gegenständen, wie der Fensterkreuze u. s. w. Wer einmal diese Erscheinung gründlich beobachtet hat, wird durch freie Luftblasen nicht zu Täuschungen veranlafst. Leichter ist dies allerdings möglich, wenn die Luft in den Hohlräumen organischer Körper eingeschlossen ist und deren Formen ausfüllt. In diesem Falle erscheint die Luft, dieses durchsichtigste Medium, stets schwarz, da die durch die Luftschichte gegangenen, nach den verschiedensten Richtungen divergierenden Lichtstrahlen gar nicht mehr in das Objektiv und Auge gelangen können. Um in solchen Fällen ein für allemal vor Täuschungen sicher zu sein, empfiehlt es sich, aus irgend einem safterfüllten Pflanzenteile, z. B. einem Krautstengel, zwei Querschnitte herzustellen, den einen in destilliertem Wasser zu kochen, wodurch alle Luft ausgetrieben wird, den andern aber ohne jede weitere Behandlung neben den ersten mit Wasser auf einen Objektträger zu bringen und, mit einem Deckglase bedeckt, beide unter dem Mikroskope zu untersuchen. Die verschiedenen Bilder dieser beiden Querschnitte werden mit Sicherheit den Einflufs, welchen eingeschlossene Luft auf das mikroskopische Bild ausübt, erkennen lassen.

Anders gestaltet sich die Sache, wenn sich im Gesichtsfelde ein Fett- oder Ölkügelchen zeigt. Die Lichtstrahlen werden bei ihrem Durchgange durch Fett oder Öl so stark zum Einfallslot gebrochen, dafs sie sich alsbald in einem Punkte wirklich vereinigen, sodann aber divergierend ihren Weg fortsetzen und sich so zerstreuen, dafs lediglich die zentralen Strahlen in das Objektiv und Auge gelangen können. Die Bilder von Öltröpfchen stellen sich daher bei mittlerer Einstellung ähnlich dar, wie die der Luftbläschen, nur ist hier der schwarze Rand weit schmäler, weil der Unterschied im Brechungsvermögen zwischen Wasser und und Öl weit geringer ist, als zwischen Wasser und Luft. Das Breiterwerden des Lichtbildes und das Verschwinden der scharfen Konturen erfolgt aber hier beim Tieferschrauben des Tubus, während solches bei Luftblasen beim Höherschrauben desselben stattfindet.

Häufig können aber auch auf den Linsen wie auf dem Objektträger und dem Objekte kleine Partikelchen von tierischen oder pflanzlichen Geweben, als: Fasern von Papier, Leinwand, Baumwolle, Wolle, Seide, Epithelialzellen der Oberhaut oder Mundschleimhaut, Haarfragmente der benutzten Pinsel und ähnliches auftreten, auch können, bei Benutzung unreinen Wassers zur Benetzung der Objekte kleine Infusorien und Algen, Pilzsporen, Staubteilchen, Insektenschüppchen und manche andere Gegenstände mit auf den Objektträger gebracht werden und in das Gesichtsfeld gelangen. Läfst sich auch ein erfahrener Beobachter durch derartige Vorkommnisse nicht im mindesten beirren, so hat doch der Anfänger alle diese kleinen Objekte, ehe er zu wirklichen Untersuchungen schreitet, sorgfältig unter dem Mikroskope zu studieren und ihre Formen dem Gedächtnisse einzuprägen, damit er sie vorkommendenfalls als das zu erkennen vermag, was sie in Wirklichkeit sind.

Eine weitere, namentlich den Neuling oft genug belästigende Erscheinung bilden die Mouches volantes. Es sind dies vielfach durchschlungene, bandartige, schwach konturierte Gebilde, die plötzlich im Gesichtsfelde erscheinen und deren entoptischer Charakter leicht dadurch erkannt wird, dafs sie allen Wendungen des Auges folgen und trotz der Änderung der Einstellung mit gleicher Deutlichkeit im Gesichtsfelde auftreten. Wer diese Mouches volantes bei sich wahrnimmt — und wahrscheinlich ist dies bei allen in mehr oder weniger hohem Grade der Fall —, der braucht sich deshalb nicht zu ängstigen, am allerwenigsten aber darf er ihr Auftreten aus dem Gebrauche des Mikroskopes ableiten und dasselbe vielleicht deshalb bei Seite stellen; sie werden durch das Mikroskopieren weder veranlafst, noch vermehren sie sich dadurch. Allerdings können dieselben bei anstrengenden Untersuchungen hinderlich werden, indem sie störend auf die Sichtbarkeit feiner Einzelheiten wirken. Um dieselben wenigstens vorübergehend zum Verschwinden zu bringen, braucht man nur das Auge einigemale rasch noch oben zu richten, damit jene Körperchen in der hinteren

Augenkammer (Ausscheidungsprodukte des Auges), welche diese Erscheinung veranlassen, aus der Augenachse kommen und nach unten sinken.

Allgemein verbreitete oder zufällige Bewegungserscheinungen an mikroskopischen Objekten können bei einem Anfänger gleichfalls irrige Auffassungen erzeugen. Die in einer zu untersuchenden Flüssigkeit durch mechanische Einwirkungen hervorgerufenen Bewegungen lassen sich allerdings meist sofort als das, was sie sind, richtig erkennen. Etwas schwieriger richtig zu deuten sind die Bewegungen, welche durch die Vermengung zweier ungleichartiger Flüssigkeiten entstehen, namentlich wenn eine davon sehr flüchtig ist. Die Bewegung hält jedoch in diesem Falle nur so lange an, bis die Vermengung der Flüssigkeiten vollständig erfolgt, oder bis der flüchtige Bestandteil ganz verdunstet ist.

Eine weitere Bewegung, welche sowohl bei organischen als unorganischen Stoffen dann auftritt, wenn dieselben in Form von hinreichend kleinen Teilchen in einer Flüssigkeit schweben, ist die sog. Molekularbewegung. Wer mikroskopische Untersuchungen vornehmen will, mufs sich bald mit dieser Erscheinung bekannt machen; denn man ist nur zu gerne geneigt, darin eine eigentümliche organische Bewegung zu suchen, während dieselbe doch nur als eine allgemeine Eigenschaft der Materie anzusehen ist. Diese Molekularbewegung hat etwas Zitterndes, indem die kleinen Körperchen bald oszillieren, bald anscheinend um ihre Achse rotieren und dabei bald vor- bald rückwärts schreiten. Bei organischen Körperchen ist sie in der Regel am stärksten und hält am längsten an. Sehr günstige Objekte zur Beobachtung der Molukularbewegung organischer Substanzen bildet bei mittelstarker Vergröfserung der Inhalt der Pollenkörner, welcher aus der gesprengten Hülle ausgetreten ist; bei starker Vergröfserung der Inhalt der Speichelzellen, sowie die platten nadelförmigen Krystalle, aus denen der metallglänzende Überzug der Iris der Fische besteht, welche, bei auffallendem Lichte in einem Tropfen Wasser beobachtet, ein anhaltendes Flimmern wie von gelben, grünen oder roten

Fünkchen zeigen, welche von der Oberfläche dieser Krystalle reflektiert werden.

Auch die Geschwindigkeit, mit welcher sich ein Körper im Gesichtsfelde bewegt, wird vielfach weit überschätzt, indem man aufser acht läfst, dafs sie sich in dem Mafse vergröfsert, als die Vergröfserung des Mikroskopes zunimmt. Bewegungen, die bei einer 200 bis 300fachen linearen Vergröfserung schon als in rasender Eile ausgeführt erscheinen, reduzieren sich in Wirklichkeit auf ein sehr bescheidenes Mafs, welches man nur dann richtig zu bestimmen im stande ist, wenn man den wirklich im Gesichtsfelde zurückgelegten, durch mikrometrische Messung zu ermittelnden Weg mit der hierzu verwendeten Zeit in Vergleich bringt. Bei einer 200 bis 300fachen Vergröfserung beträgt der Durchmesser des Gesichtsfeldes eines sehr guten Mikroskopes etwa 1 bis 1,5 mm. Wird nun beispielsweise dieser Weg von einem in Bewegung befindlichen Körper in einer halben Sekunde zurückgelegt, so ist die Geschwindigkeit desselben 3 mm pro Sekunde oder 180 mm pro Minute, welche Geschwindigkeit man, aufserhalb eines Mikroskopes wahrgenommen, gewifs nicht als eine bedeutende bezeichnen wird.

Behandlung des Mikroskopes.

Der Ankauf eines guten Mikroskopes ist eine kostspielige Sache, es wird daher wohl jeder Besitzer eines solchen ernstlich bestrebt sein, dasselbe vor Schaden zu bewahren, und darnach trachten, es möglichst lange in gutem Stande zu erhalten. In erster Linie ist hierzu nötig, dafs das Arbeitszimmer des Mikroskopikers wo möglich zu keinem anderen Zwecke benützt wird, und dafs von demselben Dämpfe und Gase aller Art ferne gehalten werden. Die Lage desselben gegen Süden ist, der ungünstigen Beleuchtungsverhältnisse wegen, unzweckmäfsig. Kehrbesen und Abstaubfedern werden sicherlich die dauernde Ursache zu gründlichem Ärger, wenn ihnen der Mikroskopiker einmal den Eintritt in sein Zimmer gestattet hat. Der Arbeitstisch, der keinerlei besondere, für das Mikroskopieren etwa speziell erforderliche Einrichtungen zu besitzen braucht, erhält am besten seinen dauernden Platz in unmittelbarer Nähe eines Fensters, so dafs der Arbeitende sein Gesicht dem Fenster zukehrt; es fällt dadurch das Licht in der vorteilhaftesten Richtung und in ausreichender Menge sowohl für das Präparieren, als für die Untersuchung ein. So zweckmäfsig es einerseits auch sein mag, wenn der Präparierende die sämtlichen benötigten Utensilien in unmittelbarem Bereich seiner Hände auf dem Arbeitstische untergebracht hat, so fordert doch die Rücksicht auf das Mikroskop, dafs alle Gläser und Reagentien, Zusatz- oder Mazerationsflüssigkeiten, soweit sie ätzende oder sonst zersetzend wirkende Dämpfe verbreiten, nicht nur von dem Arbeitstische, sondern selbst aus dem Arbeitszimmer entfernt werden; denn trotz der eingeschliffenen Stöpsel verflüchtigt sich aus denselben doch jederzeit ein Teil des Inhaltes, der häufig schädliche Einflüsse auf die Linsen oder Metallteile des Mikroskopes ausübt.

Das Instrument mufs dem Arbeitenden immer bequem zur Hand sein, deshalb darf dasselbe nicht nach dem jedesmaligen Gebrauch in den Kasten eingepackt werden, sondern soll auf dem Arbeitstische, allerdings gegen Staub und andere Verunreinigungen geschützt, stehen bleiben. Am zweckmäfsigsten ist es wohl, wenn dasselbe mit einer Glasglocke, wie solche zur Umhüllung von Standuhren und ähnlichen Dingen in Gebrauch sind, bedeckt wird. Ob während der Nichtbenutzung die Linsen am Stative belassen oder von demselben weggenommen werden, scheint mir, wenn nur sonst mit denselben vorsichtig umgegangen wird, nicht von Bedeutung zu sein. Ich belasse z. B. bei meinen Instrumenten die Linsen an ihrer Stelle, selbst den Revolver-Objektivträger mit seiner ganzen Armatur, und habe dabei in langjähriger Benutzung keinerlei schlimme Erfahrung gemacht. Fleifsiges Reinigen aller Teile des Statives, namentlich aber derjenigen, welche in unausgesetzter Berührung mit dem Wasserdampf führenden Atem des Beobachters stehen, ist unbedingtes Erfordernis und mufs insbesondere während der kälteren Jahreszeit nach jedesmaligem Gebrauche erfolgen. Dagegen empfiehlt es sich sehr, durch vorsichtiges Behandeln des optischen Teiles dafür Sorge zu tragen, dafs eine Reinigung desselben möglichst selten erforderlich wird; denn die Linsen, insbesondere die der Objektive, werden durch häufiges Abreiben leicht beschädigt. Die Metallteile reinigt man am besten durch Abreiben mit einem trockenen weichen Leinenlappen; nie befeuchte man denselben für diesen Zweck mit Weingeist, da dieser den Firnis, mit welchem die Messingteile zum Schutze gegen Grünspanbildung überzogen sind, auflöst und dadurch dem sauberen Aussehen des Instrumentes Eintrag thut. Auch vergesse man nicht, alle der Bewegung dienenden Vorrichtungen, namentlich die Hülse, in der sich der Tubus verschieben läfst, den Zahn und Trieb, wo ein solcher vorhanden, und die Mikrometerschraube von Zeit zu Zeit etwas einzuölen, wozu am besten das sog. Uhrmacheröl verwendet wird.

Den auf den Linsen und dem Spiegel leicht haftenden Staub entfernt man durch Überfahren mit einem weichen, trockenen Malerpinsel; fester aufliegende Verunreinigungen, wie Schmutz- und Fettflecken, entfernt man durch vorsichtiges Abreiben mit einem feinen, in destilliertes Wasser getauchten Leinwand- oder Rehlederlappen. Läfst sich auf diese Weise die Verunreinigung nicht bequem oder nicht vollständig beseitigen, so tauche man das Läppchen in Weingeist, vergesse aber dabei nicht, dafs alle Doppellinsen durch Kanadabalsam zusammengekittet sind, welcher sich in Weingeist auflöst, sorge also dafür, dafs nicht etwa Weingeist zwischen die Fassung der Linsen eindringt und den Kanadabalsam erweicht.

Nach jeder Untersuchung überzeuge man sich, ob die Objektive nicht etwa durch Flüssigkeiten auf den Objektträgern, Reagentien u. s. w. verunreinigt sind, in welch letzterem Falle sofortige Reinigung durch Abspülen in destilliertem Wasser und nachfolgendes sorgfältiges Abtrocknen erfolgen mufs. Geht man bei Anwendung der Untersuchungsflüssigkeiten sparsam und sorgfältig zu Werke, so werden derartige Reinigungen übrigens nur sehr selten notwendig werden. Immersionssysteme bedürfen, soferne sie in destilliertes Wasser oder in reines Cedernholzöl tauchen, keiner besonderen Reinigung nach dem Gebrauche, man trocknet sie einfach ab. Ist dagegen der Immersionsflüssigkeit ein fettes Öl (Ricinusöl, Olivenöl) beigemengt, so entfernt man nach dem Abtrocknen die haften bleibende schwache Fettschichte leicht und vollständig durch Abwischen mit Cedernholzöl.

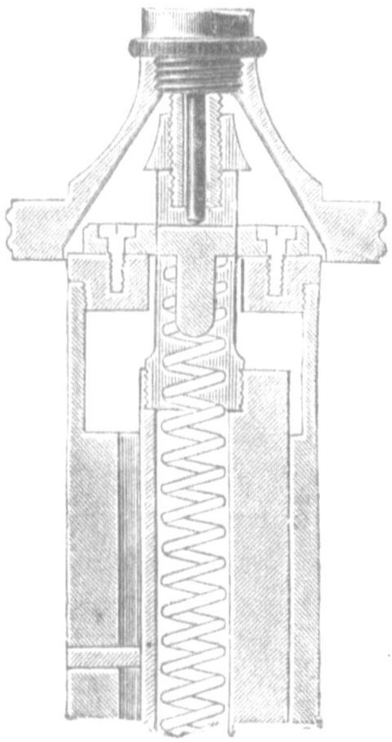

Fig. 1.
Die Mikrometerschraube.

Besondere Vorsicht in der Behandlung erheischt die Mikrometerschraube für die feine Einstellung. Man gewöhne sich daran, die grobe Einstellung, gleichgültig, ob dieselbe mittels Zahn und Trieb oder durch freies Schieben des Tubus erfolgt, so lange wirken zu lassen, bis das Objekt überhaupt im Gesichtsfelde erscheint, und erst dann zur Benutzung der Mikrometerschraube zu schreiten. Der Wirkungskreis dieser Schraube ist nämlich gewöhnlich auf eine Höhendifferenz von etwa 1 cm beschränkt; an der einen oder anderen Grenze angelangt, versagt die Schraube den Dienst, indem die regulierende Feder entweder ihre Ruhelage oder das Maximum ihrer Spannkraft erreicht hat. Beide äufsersten Lagen sind möglichst zu vermeiden, mindestens ist die Schraube nach Gebrauch in eine mittlere Lage zurückzuführen und darin während des Nichtgebrauches zu belassen. In obenstehender Fig. 1 ist die innere Einrichtung der Mikrometerschraube, wie sie die meisten gröfseren Stative besitzen und wie solche in der optischen Werkstätte von E. Leitz in Wetzlar angefertigt wird, veranschaulicht.

Noch ein Punkt, der schon manchem etwas neugierigen angehenden Mikroskopiker Schaden verursachte, soll hier Erwähnung finden. Unsere modernen Linsensysteme sind nämlich dauernd fest verbundene Kombinationen. Gerade in der feststehenden Vereinigung und der hierdurch ermöglichten aufserordentlich genauen Zentrierung des ganzen optischen Linsenapparates beruht der hohe Grad ihrer Leistungsfähigkeit. Begreiflich ist es, wenn der Neuling, der sein Instrument nach allen Richtungen hin auf seine Brauchbarkeit untersucht, auf den Gedanken kommt, den inneren Bau seiner Linsensysteme näher kennen zu lernen, und zu diesem Zwecke die festen Verschraubungen derselben aufdreht und wieder vereinigt. Ist ein solches Unternehmen schon bei Systemen für geringe Vergröfserung in hohem Grade bedenklich, weil dadurch die genaue Zentrierung der einzelnen Teile leidet, so besteht hierin für Systeme der stärkeren Vergröfserungen geradezu die Gefahr, dieselben für ihren Zweck unbrauchbar zu machen.

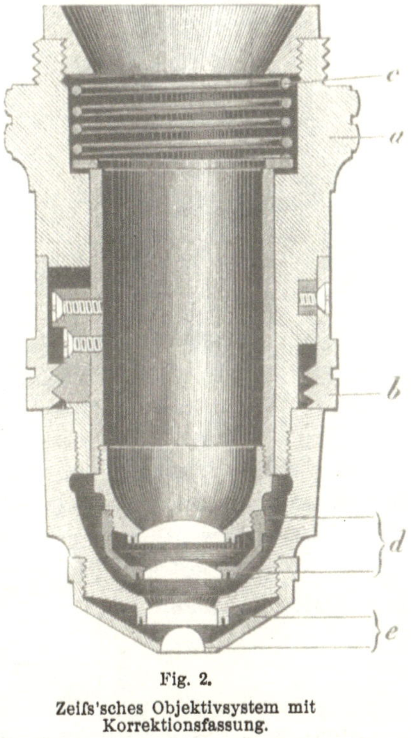

Fig. 2.
Zeifs'sches Objektivsystem mit Korrektionsfassung.

Um die innere Einrichtung unserer Linsensysteme für stärkere Vergröfserungen anschaulich zu machen, führe ich in Fig. 2 den Durchschnitt eines Objektivsystemes mit Korrektionsfassung von Karl Zeifs in Jena in etwa doppelter, und in Fig. 3 Ansicht und Durchschnitt eines gleichen Systemes von C. Reichert in Wien in 1½facher Vergröfserung vor. Bei beiden Systemen sind — was von grofsem Vorteile ist, da hierdurch beim Gebrauche der Korrektion das Bild dem Beobachter nicht entschwindet — die Frontlinsen fest gefafst. Bei Drehung des Korrektionsringes *b* (*cc*) wird

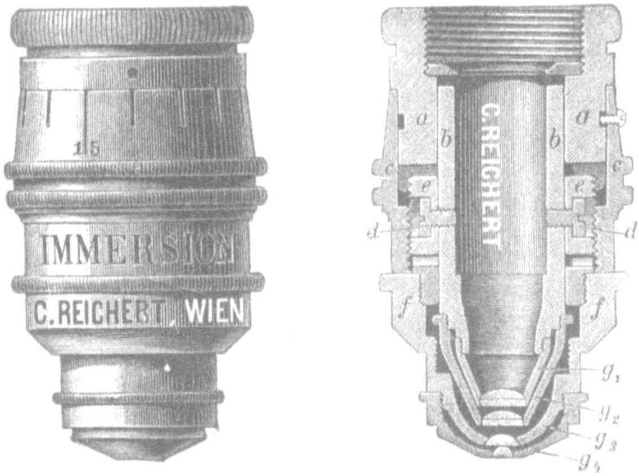

Fig. 3.
Reichert'sches Objektivsystem mit Korrektionsfassung.

also an beiden Systemen der innere Zylinder, auf welchem die beiden hinteren Linsen des Objektives gefafst sind, auf- oder abwärts bewegt, während die beiden vorderen Linsen, welche auf dem äufseren Zylinder gefafst sind, ihre Stellung unverändert beibehalten.

Achromat-, Apochromat- und Semiapochromat-Objektive. Kompensationsokulare.

Da wohl manche Freunde dieses Leitfadens nicht Gelegenheit haben, sich auf anderem Wege mit den neuesten Fortschritten der wissenschaftlichen Mikroskopie vertraut zu machen, erachte ich es für angezeigt, hier in kurzen Zügen die wesentlichsten Errungenschaften der Neuzeit auf diesem Gebiete zu erwähnen, um bei Neuanschaffung bzw. Komplettierung eines Mikroskopes die erforderlichen Anhaltspunkte zu gewinnen.

Für die feinsten und subtilsten Zwecke der Mikroskopie waren die früher für starke Vergröfserungen sowohl als Trockensysteme wie auch als Systeme für Wasser- und homogene Immersion gelieferten, als achromatische Systeme bezeichneten Objektive mit manchen Unvollkommenheiten belastet, die nach dem früheren Stande der konstruierenden Technik einfach nicht beseitigt werden konnten. Vor sieben Jahren gelang es nun dem glastechnischen Laboratorium der Herren Dr. Schott und Prof. Abbé unter Mitwirkung der optischen Werkstätte von C. Zeifs in Jena, eine Reihe neuer Glasarten (namentlich Borat- und Phosphatgläser) für optische Verwendung herzustellen, welche in Brechungsvermögen und Farbenzerstreuung günstigere Verhältnisse für die Konstruktion des Mikroskopes darbieten, als das bis dahin einzig angewendete Crown- und Flintglas. Ja man gelangte, indem man reinen, farblosen krystallisierten Flufsspath *(Fluorit)* als Material zur Herstellung der Linsen mit benutzte und gleichzeitig neue Konstruktionstypen für den Aufbau der Systeme in Anwendung brachte, zur Erzeugung von Objektivsystemen, welche eine wesentlich vollständigere Korrektion der chromatischen wie der sphärischen Abweichungen und dadurch eine wesentlich vollkommenere Lichtkonzentration im Bilde zeigen, als dies bis dahin erreicht werden konnte. Diese neuen Konstruktionen, welche unter der Benennung Apochromat-Objektive bekannt sind, haben sich im Dienste der feineren wissenschaftlichen Forschung auch im vollem Mafse bewährt.

Das unterscheidende Merkmal, durch welches die Apochromat-Objektive sich von allen früheren beim Mikroskopieren gebrauchten Linsensystemen, also den achromatischen Systemen, auszeichnen, ist unter dem optischen Gesichtspunkte die gleichzeitige Erfüllung zweier Bedingungen, welche bis dahin von keiner Art von optischen Konstruktionen erreicht wurde, nämlich die Vereinigung von drei verschiedenen Farben des Spektrums in einem Punkte der Achse, d. h. die Aufhebung des sog. sekundären Spektrums der bisherigen achromatischen Systeme, und die Korrektion der sphärischen Aberration für zwei verschiedene Farben, statt der früher allein erreichbaren Korrektion für eine einzige (die hellste) Farbe des Spektrums.

Die praktischen Vorteile, welche diese Neuerungen darbieten, liegen auf der Hand. Eine erheblich vermehrte Lichtkonzentration, für die gewöhnliche Okularbeobachtung wie auch für jeden anderen Gebrauch, verleiht diesen Systemen anerkanntermaſsen einen Vorsprung vor allen früher konstruierten ebensowohl in der Kraft ihrer Wirkung wie in der möglichen Mannigfaltigkeit ihres Gebrauches.

Die natürlichen Farben der Präparate werden durch diese Objektive, auch in den feineren Abstufungen, unverfälscht im Bilde wiedergegeben. Die Bilder sind bis dicht zum Rande des Sehfeldes fast von gleicher Schärfe wie in der Mitte. Allerdings macht die starke Apertur wie der relativ groſse Objektivabstand eine Krümmung der Bildfläche auch bei diesen Objektiven unvermeidlich, so daſs Rand und Mitte des Bildes nicht gleichzeitig scharf erscheinen, sondern nacheinander mit Hilfe der Mikrometerschraube eingestellt werden müssen. Die Objektive gestatten infolge der groſsen Lichtkonzentration im Bilde den Gebrauch sehr starker Okulare ohne Einbuſse in der Präzision oder der Helligkeit des Bildes, gewähren also hohe Vergröſserungen bei verhältnismäſsig groſsen Objektivbrennweiten und stellen eine Reihe sehr verschiedener Vergröſserungen in einem und demselben Objektive zur Verfügung. Es repräsentieren somit die Apochromat-Objektive die höchste bis heute erreichbare optische Leistungsfähigkeit des Mikroskopes.

Um den diesen Objektiven noch anhaftenden, durch die beträchtliche Apertur (halbkugelige Frontlinse) bedingten geringen Fehler (gegen den Rand des Sehfeldes zu wachsende Farbensäume) möglichst zu korrigieren, werden zu denselben eigene Kompensations-Okulare angefertigt, mit welchen sie die beste Wirkung geben.

Zu diesem Zwecke sind die Okulare so konstruiert, dafs sie ihrerseits den entgegengesetzten Fehler der Objektive in gleichem Betrage haben. Durch den Gebrauch solcher Okulare wird daher die Übervergröfserung der Objektive kompensiert, und die Bilder erscheinen gleichmäfsig farbenrein bis zum Rande des Sehfeldes.

Die Herstellung eines guten Apochromaten ist für die Optiker eine verhältnismäfsig recht mühevolle Arbeit. Ein wirklich reiner Fluorit, wie er in diesen Systemen Verwendung findet, ist selten zu bekommen und steht daher sehr hoch im Preise, weshalb auch der Preis dieser Systeme wesentlich höher ist, als der der Achromate. Die Optiker waren daher bestrebt, neben der Konstruktion der Apochromaten ihre älteren achromatischen Objektive unter Benutzung der neuen Glassorten, jedoch mit Weglassung des kostspieligen Fluorits, und unter Beibehaltung des bisher gebrauchten Typus der Zusammensetzung, derart zu verbessern und auf eine Stufe der Vollendung zu bringen, dafs sie den Apochromaten nicht viel nachstehen und dabei doch vor diesen den grofsen Vorteil voraus haben, dafs sie wegen ihres einfacheren Baues auch bei bester Herstellung doch zu wesentlich niedrigeren Preisen geliefert werden können, als die viel komplizierteren und in der technischen Ausführung weit schwierigeren Apochromaten. Man bezeichnet diese verbesserten älteren Systeme mit dem Namen Semi-Apochromate, auch wohl Pantachromate.

Diese Objektive sind betreffs der Auflösungsfähigkeit den Apochromaten vollkommen ebenbürtig. Auch hinsichtlich der sphärischen Aberration ist zwischen beiden kein Unterschied. Nur in Bezug auf chromatische Vollendung stehen dieselben — jedoch nur an den subtilsten Probeobjekten wahrnehmbar — den Apochromaten ein wenig nach. Diese neuen Systeme zeigen demnach sehr helle, farbenreine Bilder und gewähren eine sehr hohe Auflösung; man kann daher auch bei ihnen noch die stärksten, und zwar die gewöhnlichen Huyghens'schen, Okulare mit grofsem Vorteile gebrauchen.

Faſst man nun das Ergebnis dieser neuen optischen Errungenschaften zusammen, so ergibt sich — da ja hauptsächlich die Güte und Brauchbarkeit der Objektivsysteme den Wert eines Instrumentes bestimmen — für die Einrichtung eines modernen Mikroskopes folgendes:

Auf den subtilsten und schwierigen Arbeitsgebieten der mikroskopischen Forschung sind die Apochromate den Achromaten entschieden überlegen, und werden auf solchen Gebieten diese von jenen wohl ganz verdrängt werden. — Es gibt jedoch in der mikroskopischen Forschung der Aufgaben genug, bei welchen es nicht gerade auf die äuſserste, noch eben erreichbare Vollkommenheit des optischen Apparates ankommt, bei welchen deshalb die bisherigen achromatischen Systeme, wenn sie nur in ihrer Art gut, d. h. sachverständig und sorgfältig unter Benutzung der neuen Glassorten, also in der Form der Semi-Apochromaten hergestellt werden, nach wie vor sehr gute und vollkommen ausreichende Dienste leisten werden. — Bei den schwächsten Objektiven, die hauptsächlich nur als Orientierungssysteme in Verwendung genommen werden, kommen die Vorteile, welche in der Benutzung der neuen Glassorten liegen, fast gar nicht zur Geltung; für dieselben können also auch jetzt noch wie früher gewöhnliche achromatische Linsen in Gebrauch genommen werden.

Die Vergröſserungstabellen, ihre Bedeutung und Anwendung.

Das dem Beobachter im Mikroskope erscheinende Bild wirkt auf das Auge wie ein Gegenstand, der in deutlicher Sehweite (Bildweite) wahrgenommen wird.

Die allgemein angenommene mittlere deutliche Sehweite ist auf 250 mm festgesetzt.

Bringt man einen in 0,01 mm geteilten Maſsstab (Objektmikrometer) zur Abbildung auf den Objekttisch und miſst man dann die Längenausdehnung des Bildes, so erhält man ein Mafs für die Vergröfserung des optischen Apparates. Man legt zu diesem Zwecke neben das Mikroskop einen in Millimeter geteilten Mafsstab in einer Entfernung von 250 mm von der Augenlinse des Okulares.

Beobachtet man nun mit beiden Augen einerseits das mikroskopische Bild des Mikrometers, andererseits den Mafsstab, so ergibt sich die Vergröfserung, wenn man die Länge des Bildes dividiert durch die faktische Gröfse des abgebildeten Mafsstabes.

Fallen z. B. 126 mm des Mafsstabes zusammen mit neun Zehntel des abgebildeten Mikrometers, so beträgt die Vergröfserung 126 : 0,9 = 140.

Umgekehrt erhält man die wirkliche Gröfse eines gemessenen Gegenstandes, wenn man die in einer Entfernung von 250 mm abgelesene Länge des Bildes dividiert durch die Vergröfserungszahl, welche nach der Tabelle zu der betreffenden Kombination von Objektiv und Okular gehört.

Bei sämtlichen Instrumenten aus deutschen Werkstätten ist dabei die Tubuslänge — wenn nicht ausdrücklich anders angegeben — von 160 mm zu Grunde gelegt. Dieselbe ist von der Ansatzfläche des Objektivgewindes bis zum oberen Tubusrand, auf welchem das Okular aufliegt, gerechnet.

Unter der Eigenvergröfserung eines Objektives versteht man die Vergröfserung, welche ein Objektiv allein, als Lupe gebraucht, auf die Weite des deutlichen Sehens ergeben würde. Diese ist einfach gleich der Weite des deutlichen Sehens (250 mm) dividiert durch die Brennweite des Objektives in Millimetern. Ein System mit einer Äquivalentbrennweite von 8 mm besitzt daher eine Eigenvergröfserung von 250 : 8 = 31.

Die Klassifikation der Kompensationsokulare ist allgemein nach dem von Prof. Abbé aufgestellten Prinzip durchgeführt. Die Zahl, welche angibt, wievielmal ein Okular bei einer Tubuslänge von 160 mm die Eigenvergröfserung des Objektives erhöht, gibt das richtige Mafs für die Okularvergröfserung und gewährt zugleich die Ziffer für eine rationelle Numerierung der Okulare. Ein Kompensationsokular, welches beispielsweise die Ziffer 8 trägt, besitzt eine achtfache Okularvergröfserung.

Man erhält demnach sofort die Vergröfserung, die ein Kompensationsokular mit einem Apochromat-Objektiv gewährt, indem man seine Nummer mit der — in der betreffenden Tabelle der Apochromate angeführten — eigenen Vergröfserung des Objektives multipliziert.

Zubereitung der Objekte.

I. Apparate und Hilfsmittel zur Herstellung mikroskopischer Präparate.

Nächst dem Mikroskop nehmen unter allen Apparaten die schneidenden Instrumente den ersten Platz ein.

Rasiermesser und deren Instandhaltung. Das wichtigste Instrument zur Anfertigung jeder Art von Schnitten ist das Rasiermesser, weshalb der Mikroskopiker mit einem entsprechenden Vorrate derselben, mindestens mit drei Stücken, versehen sein mufs. Da mit dem Rasiermesser Gegenstände von verschiedener Widerstandsfähigkeit zu schneiden sind, so mufs man für weiche und zarte Objekte Messer mit dünner, hohlgeschliffener Klinge, für etwas härtere Körper kräftiger gebaute Messer und für Hölzer und dergleichen Gegenstände Messer mit starker, möglichst eben geschliffener Klinge anwenden. Wo man Gelegenheit hat, von Barbieren zurückgelegte Messer sich zu erwerben, mag dies zur Ersparung von Kosten immerhin geschehen; denn für die Zwecke der Mikroskopie sind solche Messer, wenn sie geeignet hergerichtet werden, in der Regel noch sehr wohl zu gebrauchen.

Die Hauptsache bleibt immer, dafs man seine Rasiermesser, wenn sie einmal hergerichtet sind, in gutem Zustande und namentlich bei scharfer Schneide erhält. Wenn dieselben durch anhaltenden Gebrauch zu sehr gelitten haben, so versteht es sich wohl von selbst, dafs man sie dem Schleifer zur Wiederinstandsetzung übergibt. Hat sich aber blofs die Schärfe des Messers abgestumpft, dann mufs man selbst im stande sein, diese wieder herzustellen, da in dieser Richtung die Schleifer den Mikroskopiker wohl selten vollständig befriedigen werden. Das Schärfen des Messers ist nun anscheinend etwas ganz leichtes, aber nur wenige verstehen es gut; die meisten schleifen ihre Messer nicht flach, sondern konvex, so dafs die Schneide zwar scharf, aber zugleich auch keilförmig ist, wodurch der Vorteil einer dünnen, hohlgeschliffenen Klinge wieder verloren geht. Es ist deshalb hier wohl am Platze, diesen Gegenstand etwas eingehender zu behandeln.

Zuerst bearbeitet man seine Klinge auf dem Abziehsteine, indem man von einem etwas grobkörnigen zu einem feinkörnigen übergeht. Als bester Stein erscheint für den ersten kräftigen Abzug der sog. Arkansas- oder Mississippistein, der in allen gröfseren Messerschmiedgeschäften zu erhalten ist, und dessen vorzügliche Eigenschaften den etwas hohen Preis vollkommen ausgleichen. Auch die weifsen französischen Steine mit etwas gröberem Korne sind hierzu sehr geeignet. Zu dem feinsten Schliffe empfehlen sich dagegen die gelben belgischen Abziehsteine; es sind dies Steine, welche aus zwei Schichten zusammengesetzt sind, einer oberen gelben, welche die allein brauchbare ist, und einer unteren graublauen, die nur zur Verstärkung des Steines dient und zum Abziehen nicht benutzt werden kann. Zur Benetzung der Steine nehme man Wasser, niemals Öl, da dieses die Poren des Steines verstopft und dadurch seine Wirkung aufhebt. Auch mit Palmölseife kann man die stark mit Wasser benetzte Abziehfläche bestreichen, so dafs sich auf dem Stein ein Seifenschaum bildet, der während der ganzen Dauer des Abziehens erhalten werden mufs. Hierdurch wird schnelleres Abziehen, besonders feiner Schnitt und leichtes Reinigen des Messers erzielt. Ferner sehe man darauf, dafs die Schleiffläche immer eine möglichst vollkommene Ebene bildet. Ist dieselbe durch längeren Gebrauch in der Mitte etwas hohl geworden, so lasse man sich dieselbe von dem Schleifer wieder ebnen. Besitzt man, was von grofsem Vorteile ist, zwei derartige gleichgrofse Steine, so kann man das Ebnen derselben leicht selbst besorgen, indem man dieselben, erst unter Anwendung von ganz feinem Schmirgel mit Wasser und dann lediglich durch Anwendung von Wasser, gegenseitig aufeinander abschleift.

Harting empfiehlt zur Vermeidung der Nachteile, welche aus dem Schleifen der Messer auf einem ausgehöhlten Steine entstehen, die Benutzung eines Stückes Spiegelglas als Schleiffläche, wobei als Schleifpulver feinst geschlämmter Trippel mit Wasser dient. Ich vermag dem Schleifen auf einer Spiegelglasfläche vor dem auf einem feinkörnigen, eben gehaltenen Steine keinen Vorzug zuzugestehen, da das käufliche Trippelpulver selten den gewünschten Grad der Feinheit besitzt, und die Herstellung eines entsprechend feinen Pulvers mit Weitläufigkeiten verknüpft ist. In meiner mehr als zwanzigjährigen Praxis bin ich mit dem Schleifen auf Steinen, selbst wenn dieselben nicht immer das wünschenswerte feine Korn aufwiesen, immer noch gut gefahren, da der eigentliche Schwerpunkt in der richtigen Schleifart liegt.

Beim Schleifen selbst halte man das Messer stets ganz flach, d. h. so, dafs Rücken und Schneide gleichzeitig den Stein berühren, und ziehe es, mit der Schneide voran und unter stetem Wechseln der Seiten, auf dem Steine hin und her. Während der ersten Arbeit darf man einen mäfsigen Druck ausüben, später jedoch mufs man denselben möglichst vermeiden. Ferner achte man darauf, dafs das Messer in entsprechender diagonaler Richtung, das Heft stets voran, über den Stein geführt wird, weil dadurch die Schneide weit gleichmäfsiger ausfällt.

Um der Schneide des Messers die gröfste Feinheit und Schärfe zu verschaffen, mufs dasselbe noch einigemale, den Rücken der Klinge voran, in diagonaler Richtung über einen Streichriemen geführt werden. Der letztere ist aufserdem noch unentbehrlich, um nach kürzerem Gebrauche der Schneide des Messers wieder die erforderliche Schärfe zu geben. Da diese schon nach wenigen Schnitten, namentlich bei härteren Gegenständen, immer etwas verliert, so soll man es sich zur Regel machen, schon nach kurzem Gebrauche des Messers den Streichriemen wieder in Anwendung zu bringen.

Als Streichriemen eignet sich am besten weiches Leder, welches mit der Haarseite nach oben auf einer hölzernen Unterlage befestigt ist, und welches man mit einer Mischung von fein geschlemmtem Eisenoxyd (Englischrot oder Colcothar vitrioli) und Olivenöl bestreicht. Solche Streichriemen bringt schon seit einer langen Reihe von Jahren die Firma Philipp J. Goldschmidt in Berlin und Wien in den Handel, und sind dieselben wohl bei den meisten Messerschmieden nebst der Streichmasse zu haben. Diese Streichriemen haben zwei Streichflächen, eine rote und eine schwarze, die beigegebene Pasta wird nach der Belehrung der Fabrik von Zeit zu Zeit nur auf der roten Seite mit der flachen Hand verrieben. Zum Schärfen nur schwach angegriffener Schneiden bedient man sich lediglich der schwarzen Seite; stark abgestumpfte Schneiden werden zuerst auf der roten und dann auf der schwarzen Seite fünf- bis sechsmal gestrichen[1]).

Mikrotome. Seit man sich mit mikroskopischen Beobachtungen beschäftigt, hat man auch darnach gestrebt, schneidende Werkzeuge zu erfinden, mittels deren man auf mechanische Weise sehr dünne aber gleichmäfsige Schnitte der zu beobachtenden Gegenstände herstellen kann. Solche Instrumente bezeichnet man mit dem Namen Mikrotome. Sie beruhen entweder darauf, dafs der zu schneidende Gegenstand mittels einer feinen Schraube nach oben bewegt wird, bis er aus der Öffnung einer Platte oder aus einem Hohlzylinder hervorragt, über welche sodann das schneidende Messer mittels freier Hand oder durch mechanische Mittel bewegt wird, oder sie beruhen auf dem Prinzipe des Hobels.

---

[1]) Auch die Firma W. Walb in Heidelberg liefert alles zur Herstellung mikroskopischer Schnitte erforderliche in sehr guter Qualität: Messer, Abziehsteine und Streichriemen.

Diese Instrumente — und es sind deren in neuerer Zeit von verschiedenen Mikroskopikern mehr als ausreichend genug ersonnen worden — hatten sich indessen früher nur geringer Verbreitung zu erfreuen. Je vollkommener jedoch im Laufe der Zeit die Konstruktion des optischen Apparates der Mikroskope, namentlich der Objektivsysteme, sich gestaltete, je mehr die vergröfsernde, definierende und penetrierende Kraft der Systeme sich steigerte, desto schwieriger wurde die Aufgabe, die zu untersuchenden Objekte in möglichst dünnen und gleichmäfsigen Schichten herzustellen. Die Herstellung von Schnitten aus freier Hand zur Untersuchung mit so vollkommenen Systemen ist aber einerseits eine Kunst, deren Erlernung vielfache Schwierigkeiten bietet, andererseits liefern Freihandschnitte nur dann ein zufriedenstellendes Resultat, wenn der Schneidende es darin wirklich zu einer Virtuosität gebracht hat. Mit der Erkenntnis dieser Thatsachen hat sich denn auch die Anwendung der verschiedenen Mikrotome allmählich eingebürgert.

Um irrigen Auffassungen zu begegnen, sei hier bemerkt, dafs die Benutzung der Mikrotome immerhin eine beschränkte ist und bleiben wird. Mag ein derartiges Instrument für die Folge auch noch so sehr verbessert werden, die Herstellung jeder Art von Schnitten wird es nie übernehmen, das Schneiden aus freier Hand also nie ersetzen können. Wer es daher nicht so weit bringen sollte, aus freier Hand brauchbare Schnitte für mittelstarke Vergröfserungen zu fertigen, der taugt überhaupt nicht zum Mikroskopiker, auch dann nicht, wenn man ihm das vollkommenste Mikrotom in die Hand gibt.

Zweifellos hat die optisch-mechanische Werkstätte von C. Reichert in Wien der Verbesserung und Vervollkommnung der Mikrotome die gröfste Aufmerksamkeit gewidmet, und zählen daher wohl deren Modelle in ihrer heutigen Ausführung (Einfachheit, Dauerhaftigkeit und Zweckmäfsigkeit) zu dem Besten, was auf diesem Gebiete geleistet wird.

Nachstehend sind die Haupttypen der Reichert'schen Mikrotome kurz erörtert.

Mikrotom zum Schneiden aus freier Hand und Einbetten der Objekte mit Wachs oder Paraffin.

Dieses von Ranvier zuerst konstruierte Instrument (Fig. 4) besteht aus zwei auseinandernehmbaren Teilen, einem Hartgufs-Hohlzylinder, der an seinem oberen Ende eine horizontale, als Auflage für das Messer dienende Kopfplatte und am unteren Ende eine feingearbeitete Mikrometerschraube trägt, und einem kurzen massiven Zylinder, der Bodenplatte, welche durch die Mikrometerschraube in die Höhe gehoben werden kann. Das zu schneidende Präparat, welches in eine

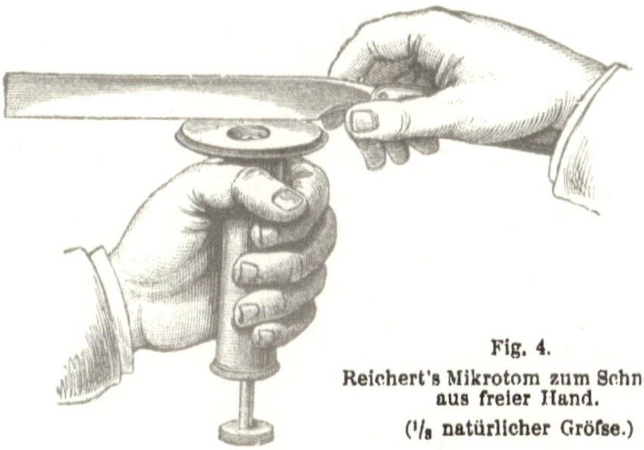

Fig. 4.
Reichert's Mikrotom zum Schneiden aus freier Hand.
($^1/_2$ natürlicher Gröfse.)

geeignete Einbettungsmasse eingeschmolzen ist und mit der Oberfläche der Einbettungsmasse die Innenwand des Hohlzylinders wenigstens in einer Längskante berührt, wird auf dem massiven Zylinder befestiget, welcher das Präparat zum Zwecke des Schneidens durch die Mikrometerschraube auf die Höhe der Kopfplatte bringt. Beim Gebrauche wird, wie die Figur zeigt, das Instrument mit der linken Hand gefafst und mittels eines mit der rechten Hand geführten gewöhnlichen Rasiermessers Schnitte von der gewünschten Dünne hergestellt. Auf Wunsch wird auch ein Halter geliefert, welcher es ermöglicht, das Mikrotom an irgend einem Tische zu befestigen, wodurch der Arbeitende beide Hände frei erhält. Dieser Halter besteht aus einer Schraubenklammer, mit welcher er an einem Tische befestigt wird, und einem ringförmigen, aus zwei Stangen gebildeten Träger, welcher zur Aufnahme des Mikrotomes dient. Es erhöht diese Einrichtung die Brauchbarkeit dieses einfachen und zweckmäſsigen Instrumentes, weil dadurch das Mikrotom rasch und bequem vom Halter entfernt werden kann und auſserdem der Mikrotomzylinder mit dem eingeschmolzenen Objekte in eine wechselnde Stellung zur Tischplatte gebracht werden kann.

Mikrotom zum Festklemmen der Objekte und Schneiden mit freier Hand.

Dieses handsame und praktische Instrument empfiehlt sich überall da, wo die Methode des Einbettens mittels

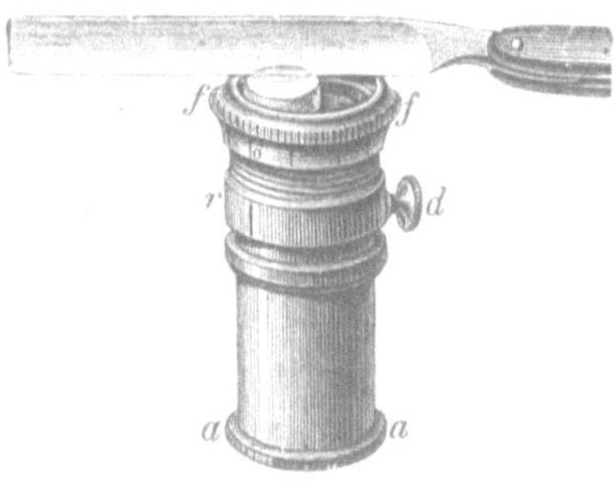

Fig. 5.

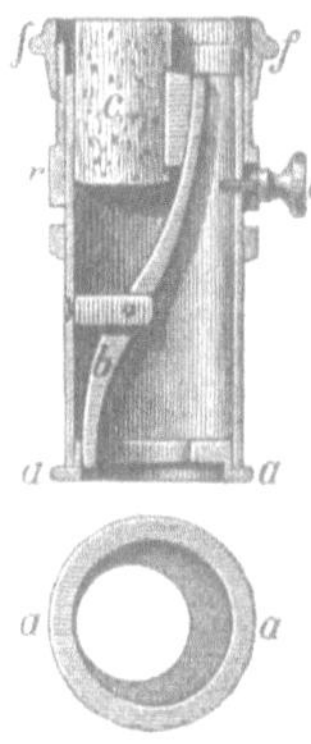

Fig. 6.

Reichert's Mikrotom zum Festklemmen der Objekte.
(1/3 natürlicher Gröſse.)

Wachs oder Paraffin zu umständlich erscheint. Das Objekt wird zwischen Hollundermark gelegt und auf sehr einfache und rasche Weise befestigt.

Dieses Instrument, welches Fig. 5 in Ansicht und Fig. 6 im Durchschnitte zeigt, besteht aus einem hohlen Metallzylinder, der an seinem unteren Ende eine exzentrisch durchbohrte, abnehmbare und drehbare Scheibe *a a*, und an seinem oberen Ende eine den Zylinder umfassende Hülse trägt, welche an ihrem unteren Teile in einen Verstärkungsring *r* mit einer Stellschraube *d* verläuft, durch welch letztere die Hülse an den Hohlzylinder festgeschraubt werden kann, während in ihrer oberen Hälfte ein feines Schraubengewinde (ein Umgang = 1 mm) eingeschnitten ist. Im Innern des Hohlzylinders ist in einer Gabel ein zweiarmiger Hebel befestigt, dessen längerer, nach oben gerichteter Arm das zwischen Hollundermark liegende Präparat *c* aufnimmt, während der kürzere, nach unten gerichtete Arm *b* in die exzentrische Kreisbohrung der Scheibe *a a* eingreift, durch deren Drehung das Präparat nach Bedürfnis festgeklemmt wird. Über die Schraubengänge der Hülse legt sich die Schraubenmutter *ff*, deren nach oben gerichteter Rand als Führungsfläche für das Messer dient.

Durch Abwärtsdrehen der Schraubenmutter kommt das Präparat in den Bereich des Messers, und können Schnitte von beliebiger Dicke gemacht werden. Zur Bestimmung der Dicke der Schnitte ist die Schraubenmutter auf ihrem äufseren Rande mit einer Teilung versehen, deren Abstände einer Senkung von 0,1 mm entsprechen. Ich kann dieses Instrument insbesondere Anfängern und Studierenden auf das wärmste empfehlen, zumal in neuester Zeit dasselbe mit einer gröfseren, aus einer dicken runden Glasplatte bestehenden Auflagfläche für das Messer versehen wird.

Patent-Schlittenmikrotom von C. Reichert.

Dieses neue Mikrotom unterscheidet sich von allen bisherigen Schlitten- und Schraubenmikrotomen wesentlich dadurch, dafs das zu schneidende Objekt automatisch gehoben wird. Es wird dadurch die Herstellung von Serienschnitten beliebiger Dicke aufserordentlich erleichtert.

Das Mikrotom zeigt die Abbildung Fig. 7 auf S. 34. Der Schlitten, auf welchem mittels der Flügelschraube *F* das Messer *M* befestigt ist, ruht nur auf fünf Punkten, wodurch seine Führung mit geringer Reibung und doch mit hinreichender Sicherheit erfolgt. Der Messerschlitten stöfst vorne (also bei jedem Rückgange der Schnittführung) an die Hebelstange *h*, deren horizontaler (auf der Rückseite der Figur befindlicher und daher nicht sichtbarer) Arm in das Zahnrad Z eingreift und es um einen oder mehrere Zähne dreht.

Fig. 7. Reichert's Patent-Schlittenmikrotom. (Kleines Modell, $^1/_3$ natürlicher Größe.)

Die Rückbewegung des Zahnrades hindert der mittels der Schraube *a* festgestellte Sperrhaken.

Sowie nämlich der Druck des Schlittens gegen die Hebelvorrichtung aufhört, also bei beginnender Schnittführung, zieht die Spiralfeder *s* den Hebelarm aus dem Zahnrade zurück und stellt ihn für den folgenden Schnitt ein. Das Mafs des Ausgreifens des Hakens hängt aber von der Gröfse ab, um welche die Hebelstange *h* durch das anstofsende Messer vorgeschoben wird, und diese wird durch die Schraube *c* (mit der Gegenmutter *b*) reguliert. Die Einrichtung ist so getroffen, dafs in maximo der Hebel bei jedem Anstofs des Messers um zehn Zähne vorgreift, und dafs dieser Weg durch Anziehen der Schraube *c* nach Belieben bis auf je einen Zahn reduziert werden kann.

Die vertikale Achse des Zahnrades ist in ihrem unteren (in der Figur nicht sichtbaren) Teile eine Schraube, deren einmalige Umdrehung eine Steigung von 0,5 mm herbeiführt, und da auf dem oberen, zugespitzten Teile der Achse der Objektschlitten ruht, so wird auch dieser in demselben Mafse gehoben. In die Peripherie des Zahnrades sind 150 Zähne eingeschnitten, eine ganze Umdrehung des Rades bewirkt eine Steigung von 0,5 mm, die Drehung um die Distanz eines Zahnes daher eine Steigung von ca. 0,003 mm, und diese Zahl gibt zugleich die obere Grenze für die Dicke der automatisch herstellbaren Schnitte. Diese theoretische Grenze wird in der praktischen Anwendung nur bei wenigen Präparaten erreicht, weil ja nicht allein die Führung des Objektes, sondern auch die Konsistenz desselben und die Schärfe des Messers auf die Dicke der Schnitte Einflufs haben. Von günstigen Objekten können jedoch Schnitte von 0,01 bis 0,03 mm Dicke hergestellt werden, also von einer Feinheit, die allen Anforderungen genügt, in den meisten Fällen gar nicht gewünscht wird. Die untere Grenze ist ca. ein Zehntel Umdrehung, daher 0,03 mm Schnittdicke. Will man dickere Schnitte machen, so mufs entweder der Automat zweimal bewegt oder ausgeschaltet werden. Letzteres geschieht dadurch, dafs man die Schraube *a* des Sperrkegels lüftet und die Spiralfeder *s* aushängt. Um auch jetzt noch die Dicke der Schnitte leicht bestimmen zu können, trägt die Peripherie des Zahnrades eine Teilung, auf welcher der Zeiger *i* den zurückgelegten Weg anzeigt. Aufserdem kann man an dem hörbaren Eingreifen des Sperrkegels in die Zähne auch durch Zählen leicht bestimmen, wie weit jeweils das Rad aus freier Hand gedreht wurde.

Der Stift *k* dient dazu, die Schraube, mit welcher das Messer befestigt wird, heraus- und in ein anderes auf dem Messerschlitten befindliches Loch zu schrauben.

Die Wanne *W* dient als Reservoir für die abträufelnde Flüssigkeit.

Die Bahn und der Mikrotomkörper sind aus Gufseisen, die Führungspunkte des Messerschlittens aus Stahl. Der Mikrotomkörper wie die übrigen Bestandteile sind vernickelt.

Diese Mikrotome werden in zwei Gröfsen angefertigt. Das grofse Modell hat eine Bettlänge von 38 cm und Messer von 25 und 16 cm; das kleine Modell besitzt eine Bettlänge von 26 cm und 13 cm lange Messer.

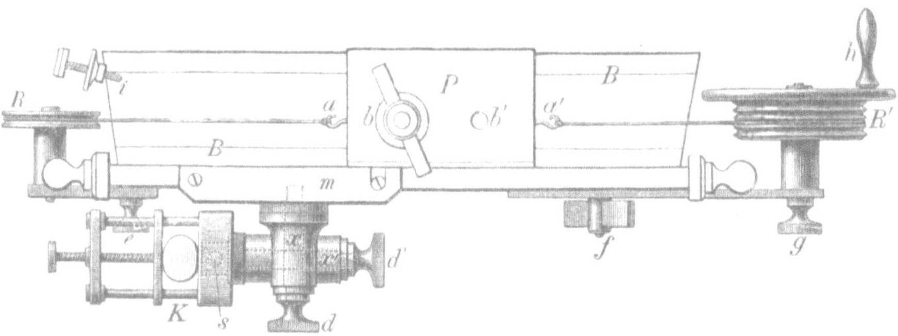

Fig. 8.

Mechanische Messerführung zu den Mikrotomen Fig. 7 und 9.

Obwohl die bisher allgemein übliche Bewegung des Messerschlittens direkt mit der Hand bei einiger Übung und Vorsicht beinahe in allen Fällen ausreicht, so hat sich doch die neu eingeführte, in Fig. 8 abgebildete mechanische Messerführung in solchen Fällen auf das beste bewährt, wo es sich neben der äufsersten Leistungsfähigkeit auch um Bequemlichkeit handelt.

Durch die Drehung der Rolle *R'* wird vermittels der einigemal um dieselbe geschlungenen Schnur der Messerschlitten ohne Berührung mit der Hand äufserst gleichmäfsig in seiner Bahn bewegt, so dafs stets nur das eigene, sich

Fig. 9.
Reichert's kleines Schlittenmikrotom mit schiefer Ebene. (1/2 natürlicher Gröfse.)

immer gleichbleibende Gewicht des Schlittens zur Geltung gelangt, während bei direkter Bewegung mit der Hand, durch den nicht immer absolut gleichbleibenden Druck auf denselben, immerhin, wenn auch nur kleine, Abweichungen vorkommen.

Ein in der Ausführung etwas kleiner und einfacher gehaltenes, übrigens gleich zweckmäfsig konstruiertes Mikrotom derselben Firma ist das in Fig. 9 abgebildete kleine Schlittenmikrotom mit schiefer Ebene.

Hierbei wird der Objektschlitten auf der schiefen Ebene entweder mit der Hand, wobei die Teilung am Mikrotomkörper den Mafsstab für die Verschiebung bildet, oder sicherer mittels der Mikrometerschraube, die eine Schnappvorrichtung besitzt, vorwärts bewegt.

Der Messerschlitten ruht auch hier zur Verminderung der Reibung auf fünf Punkten, ebenso der Objektschlitten. Um das Objekt bequem in jede Lage zum Messer bringen zu können, besitzt die Klammer ein Kugelscharnier. Die Bahnlänge des Messerschlittens ist 25 cm. Material und Ausstattung ist dieselbe wie bei dem vorbeschriebenen Mikrotom. Die mechanische Messerführung kann auch an diesem Mikrotom mit Nutzen verwendet werden.

II. Reagentien und Zusatzflüssigkeiten.

Wie schon kurz angedeutet, befinden sich die meisten Gegenstände, aus denen man Präparate anzufertigen beabsichtigt, ohne weiteres nicht in einem für die Beobachtung und Präparation geeigneten Zustande, sie müssen vielmehr erst durch geeignete verschiedenartige Manipulationen dahin gebracht werden. Die wichtigsten Chemikalien und Präparate, welche hierzu nötig sind, sowie ihre Wirkungsweise sollen nachstehend näher betrachtet werden.

Äther, Schwefeläther (*Aether sulphuricum*). Derselbe dient vorzugsweise als Auflösungsmittel für Harze, Fette und Öle in pflanzlichen und tierischen Geweben, dann als Lösungs- und Verdünnungsmittel für Kanadabalsam, Mastix und ähnliche als Einschlufsmasse zur Verwendung gelangende Harze; endlich als Lösungsmittel für Asphalt bei Bereitung der Ludwig'schen Injektionsmasse. — Zum Töten von Insekten und anderen niederen Tieren, falls aus denselben nachträglich mikroskopische Präparate hergestellt werden sollen, eignet sich derselbe nicht gut, weil durch ihn mancherlei Störungen in der Präparation hervorgerufen werden.

Alkohol (*Alkohol absolutus*). Der Alkohol ist sowohl in absolutem Zustande als in den verschiedensten Graden von Wasserhaltigkeit für den Mikroskopiker eine der wichtigsten Flüssigkeiten. In demselben können nicht nur die verschiedenartigsten und meisten Organe des Tierreiches, sowie ganze Tiere, dauernd aufbewahrt werden, um zu beliebiger Zeit als Untersuchungs- und Präparationsmaterial dienen zu können, sondern auch die allerweichsten Organe, mit Ausnahme des Zentral-Nervensystemes und der Gefühlsorgane, werden in demselben im Laufe der Zeit so erhärten, dafs man von ihnen ohne jede weitere Präparation die feinsten Schnitte anfertigen kann, wobei die feineren Strukturverhältnisse keinerlei störende Veränderungen erleiden. — Infolge seiner wasserentziehenden Eigenschaft wird derselbe auch überall angewendet, wo es sich darum handelt, Präparaten, die später in Kanadabalsam oder einem anderen Harze eingeschlossen werden sollen, ihren Wassergehalt zu entziehen. Aufserdem bildet er vielfach den wichtigsten Bestandteil der verschiedensten Mischungen von Reagentien.

Zum Zwecke des Erhärtens empfiehlt es sich, die betreffenden Objekte zuerst in ein Gemenge von gewöhnlichem Alkohol und Wasser, dann in gewöhnlichen Alkohol von 30 bis 40%, später in stärkeren, und endlich, wenn die gewünschte Erhärtung schon nahezu erreicht ist, kurze Zeit in absoluten Alkohol zu legen. In den seltensten Fällen ist der käufliche sog. absolute Alkohol genügend wasserfrei, es ist daher zweckmäfsig, sich denselben selbst herzustellen. Zu diesem Zwecke erhitzt man gewöhnlichen Kupfervitriol (*Cuprum sulphuricum*) auf einem Eisenbleche so lange, bis derselbe den gröfsten Teil seines Krystallisationswassers verloren hat, was man daran erkennt, dafs er seine blaue Farbe verliert und zu einem weifsgrauen Pulver zerfällt. Sofort nach dem Erkalten bringt man den nun entwässerten Kupfervitriol in die Flasche, welche den absoluten Alkohol aufzunehmen bestimmt ist, und füllt dieselbe etwa zu ein Drittel damit an, worauf die Flasche mit möglichst starkem Alkohol, mindestens von 95%, gefüllt, verschlossen und tüchtig durchgeschüttelt wird. Der entwässerte Kupfervitriol entzieht dem Alkohol die letzten Reste seines Wassers und verwandelt denselben nach kurzer Zeit in absoluten Alkohol. Es ist nicht nötig, den Alkohol von dem Bodensatze abzufiltrieren, da letzterer in keiner Weise stört, vielmehr vorteilhaft wirkt, weil er längere Zeit hindurch dem Alkohol das allenfalls aus der Luft aufgenommene Wasser wieder entzieht.

Eine weitere Verwendung findet der Alkohol auch noch als Auflösungsmittel für verschiedene Tinktionsmaterialien, namentlich für Anilinfarben, dann in verdünntem Zustande zum Reinigen der Linsenoberflächen des Mikroskopes, sowie der Objektträger und Deckgläschen.

Ameisensäure. Diese wird zur Reduktion von Goldpräparaten empfohlen und mit Vorteil angewendet. Näheres hierüber unter Goldchlorit.

Ammoniak. Dasselbe wird als gesättigte Lösung zur Auflösung des Karmines verwendet. In verdünntem Zustande wirkt es wie Kali- und Natronlauge, jedoch weniger intensiv.

Anisöl. Es dient wie das Nelkenöl zur Aufhellung einer Reihe mikroskopischer Schnittpräparate, doch verdient das Nelkenöl, wenigstens wasserhaltigen Präparaten gegenüber, den Vorzug. Anisöl bildet ferner einen Bestandteil einer der Abbe'schen Immersionsflüssigkeiten für homogene Immersion.

Arsenige Säure. Sie wird mit Glycerin und Wasser vermengt zur Untersuchung eingetrockneter Blutkörperchen benutzt und ist für diesen Zweck, besonders bei forensischen Untersuchungen, ein sehr geschätztes Reagens. Zur Bereitung dieser Flüssigkeit wird reines Wasser unter überschüssiger Beigabe von gepulverter arseniger Säure etwa eine Stunde lang gekocht, so dafs eine gesättigte wässerige Lösung dieser Säure entsteht; hierauf wird filtriert und mit Glycerin auf das dreifache Volumen verdünnt. — Aufserdem bildet arsenige Säure noch einen wesentlichen Bestandteil der Farrants-schen Mischung und der Wickersheimer'schen Flüssigkeit.

Beale'sche Flüssigkeit. Sie wird in zwei verschiedenen Zusammensetzungen zubereitet und angewendet. Nach der ersten besteht sie aus 30 g Wasser, 60 g Alkohol, 30 g Glycerin, 2 g Salpetersäure und 2 g Essigsäure; diese Mischung ist vorteilhaft bei Untersuchung von Epithelien, da sie auf diese aufhellend und erhärtend wirkt. — Nach der zweiten besteht sie aus 4 g Alkohol mit Zusatz von 8 bis 10 Tropfen kaustischem Natron, und dient in dieser Zusammensetzung vorzugsweise zum Erkennen embryonaler Verknöcherungen.

Benzin. Man benützt dasselbe zum Aufhellen des Fettgewebes, nachdem das betreffende Präparat kurze Zeit zuvor in Alkohol gelegt wurde. Benzin wird ferner noch zum Lösen und Verdünnen von Kanadabalsam, sowie zum Töten von Insekten verwendet.

Chloroform. Man verwendet dasselbe als geeignetstes Lösungs- und Verdünnungsmittel für Kanadabalsam und andere in der Mikroskopie verwendete Harze. Ferner gebraucht man dasselbe zur Demonstration der Saftwege des Knorpels. Die Knorpelschnitte werden zu diesem Zwecke in Chloroform untersucht. Wenn die Schnitte einzutrocknen beginnen, werden die Saftkanäle, welche die Knorpelzellen miteinander verbinden, deutlich sichtbar.

Chromsäure. Diese ist ein vorzügliches Mittel zur raschen Erhärtung tierischer Organe, besonders des Zentral-Nervensystemes und der Embryonen. Es ist zweckdienlich, hierbei die Präparate anfangs in ganz schwache Lösungen, etwa von 0,1%, zu bringen und diese dann nach ein bis zwei Tagen durch 0,2 bis 0,5, ja selbst bis zu 1% starke und darüber zu ersetzen. Um die allzu grofse Erhärtung und dadurch hervorgerufene leichte Zerbrechlichkeit der Präparate zu verhindern, ist es zweckmäfsig, der Chromsäure gleich anfangs etwas Glycerin zuzusetzen. Ich habe öfters für den gleichen Zweck statt der Chromsäure doppeltchromsaures Kali, allerdings in beträchtlich höheren Prozentsätzen, selbst in konzentrierten Lösungen, in Verwendung genommen und war mit dem Erfolge ebenso zufrieden; die Wirkung erforderte nur längere Zeit.

Wird der Chromsäure etwas Salzsäure zugesetzt, so ist dieselbe ein geeignetes Mittel, um Knochen zu erweichen, was in zwei bis drei Wochen erreicht wird. Die Knochen werden dadurch so sehr erweicht, dafs man von denselben Schnitte mit dem Rasiermesser herstellen kann. Die in den Knochen eingelagerten Gebilde werden von der genannten Mischung in keiner Weise alteriert, lediglich gelb gefärbt, was von Vorteil ist.

Clarke's Flüssigkeit. Dieselbe besteht aus 3 Teilen Alkohol und 1 Teil Essigsäure und hellt in wenigen Stunden die Schnitte des Rückenmarkes auf.

Doppeltchromsaures Kali. Dieses Salz wird in konzentrierten Lösungen zum Erhärten tierischer Organe, namentlich des Zentral-Nervensystemes, verwendet und wirkt ebenso wie reine Chromsäure, nur langsamer. In der Müller'schen Augenflüssigkeit bildet es den Hauptbestandteil.

Essigsäure. Hierunter ist in der Mikroskopie immer das *Acidum aceticum glaciale* (Eisessig) der Apotheken zu verstehen. Sie spielt in der tierischen Gewebelehre eine wichtige Rolle und kommt entweder allein oder mit anderen Flüssigkeiten gemengt zur Anwendung. Die Essigsäure dient zur Aufhellung der Gewebe der Bindesubstanz, zur Untersuchung der Endigungen der Muskelnerven, zur Demonstration der Zellkerne, Zellenhüllen und Nervenganglien, zum Isolieren der glatten Muskelzellen und zur Mazeration entomologischer chitinfreier Objekte. Mit Ausnahme des letzteren Zweckes wird sie meist in 1 bis 1,5prozentigen Lösungen angewendet. Der Umstand, dafs Eisessig die meisten Präparate im Laufe der Zeit verdirbt, beschränkt seine Anwendung auf Präparate, welche zu sofortiger Untersuchung bestimmt sind. Dauerpräparate lassen sich von Objekten, welche mit Eisessig behandelt wurden, nur in den wenigsten Fällen herstellen.

Entomologische Objekte, welche durch Behandlung mit Glycerin allein noch nicht genügend aufgehellt werden können, müssen zuerst eine Zeit lang mit Eisessig behandelt werden. Rodrich stellt sich zu diesem Zwecke sechs verschiedene Verdünnungen desselben her, deren schwächste 10% und deren stärkste 50% Eisessig enthält, und bringt die zu untersuchenden Insektenweichteile oder, bei feineren Insekten oder deren Larven, die ganzen Tiere nacheinander, dem Bedürfnisse entsprechend, erst in die schwächste, dann in die folgenden stärkeren Mischungen, bis der erforderliche Grad von Klarheit erreicht ist. Sollen aus so behandelten Objekten Dauerpräparate angefertigt werden, dann sind dieselben mit gröfster Sorgfalt so lange in reinem Wasser auszuwaschen, bis blaues Lackmuspapier nicht mehr gerötet wird. Ausführlicheres hierüber bei der Anfertigung entomologischer Präparate.

Glycerin. Diese stark lichtbrechende Flüssigkeit ist teils rein, teils mit Wasser verdünnt oder mit anderen Stoffen vermengt ein sehr schätzbares Reagens in der Tier- wie Pflanzenhistologie. Bei der Untersuchung frischer Präparate wird es zwar selten benutzt, weil es infolge seines starken Lichtbrechungsvermögens die Präparate zu sehr aufhellt, wodurch feinere Strukturverhältnisse nicht wahrgenommen werden können. Desto vorteilhafter wirkt es aber bei Untersuchung und Aufbewahrung erhärteter, sowie gefärbter Präparate. Seine Hauptrolle spielt indes das Glycerin, rein oder mit anderen Substanzen gemengt, als Einschlufsflüssigkeit. Was der Kanadabalsam für wasserfreie Objekte ist, das ist das Glycerin für wasserhaltige.

Die Verdünnung des Glycerins geschieht mit destilliertem Wasser, Kampherwasser oder Chloroformwasser.

Um Kampherwasser herzustellen, bringt man in eine mit destilliertem Wasser gefüllte Flasche einige Stücke festen Kampher und läfst die Flasche, gut verkorkt, einige Wochen stehen, nach Verlauf welcher Zeit sich etwas Kampher in dem Wasser gelöst hat, mit welchem nun das Glycerin nach Bedürfnis verdünnt wird. Will man bei stark verdünntem Glycerin, um Pilzbildungen auf den eingelegten Präparaten zu verhindern, dem Glycerin etwas mehr Kampher zusetzen, so bringt man zu dem Glycerin einige Tropfen Kampherspiritus.

Chloroformwasser erhält man, wenn man in eine gut verschlossene, mit destilliertem Wasser gefüllte Glasflasche etwas Chloroform gieſst, tüchtig durchschüttelt und einige Tage stehen läſst. Ein Teil des Chloroforms löst sich in dem Wasser auf, der überschüssige Teil setzt sich zu Boden, und das Wasser kann abgezogen und in wohlverschlossenen Flaschen aufbewahrt werden.

Jod. Es ist dies das empfindlichste Reagens für Stärke, da es sich mit derselben zu Jodamylum vereinigt, welches durch seine intensiv blaue, leicht zu erkennende Färbung ausgezeichnet ist. Am geeignetsten für den Nachweis von Stärke ist unter allen Umständen ein wässerige Lösung von Jod-Jodkalium, da diese sich mit den sonstigen Zusatzflüssigkeiten am leichtesten mischt, was bei der alkoholischen Lösung, welcher man früher den Vorzug gab, nicht immer der Fall ist.

Diese wässerige Jod-Jodkaliumlösung stellt man sich dadurch her, daſs man zunächst 1 g Jodkalium in 160 g destilliertem Wasser auflöst und dieser Lösung dann $^1/_3$ g metallisches Jod zusetzt.

Ferner bildet das Jod in der Form von Chlorzinkjod in der Pflanzenhistologie ein wichtiges Reagens auf Cellulose. Zur Bereitung der wässerigen Lösung dieser Flüssigkeit gibt Radlkofer folgende Vorschrift: Man bereite sich bei gewöhnlicher Temperatur eine gesättigte Lösung von metallischem Zink in Salzsäure. Diese wird nun im Wasserbade bis zu einem spec. Gewichte von 2,0 eingedampft. Diese syrupartige Masse wird nunmehr mit reinem Wasser bis zu einem spec. Gewichte von 1,8 verdünnt, wozu auf 100 Teile der Chlorzinklösung 12 Teile Wasser erforderlich sind. In 100 Teilen dieser Flüssigkeit löst man nun 6 Teile Jodkalium und Jod bis zur Sättigung bei gelinder Temperatur auf. Für den Gebrauch stellt man sich verschiedene Verdünnunden her, da die Wirkung eine nach dem Grade der Konzentration verschiedene ist. Die Anwesenheit von Cellulose erzeugt eine dunkelblaue Färbung.

Kalilauge (*Liquor Kali caustici*). Zur Herstellung derselben bedient man sich der geschmolzenen Form, des *Kali causticum fusum*, von welchem 33 Gewichtsteile in 67 Gewichtsteilen destillierten Wassers gelöst werden, oder man läfst sich die offizinelle Lösung in der nächsten Apotheke bereiten. Stellt man sich die Lauge selbst her, so ist zu beachten, dafs die Lösung des *Kali causticum fusum* in Wasser sehr rasch und unter bedeutender Wärmeentwicklung stattfindet; man stelle daher das Glas, in welchem die Auflösung erfolgt, in ein Gefäfs mit kaltem Wasser. Da die Kalilauge mit grofser Begierde Wasser und Kohlensäure aus der Luft anzieht und in kurzer Zeit einen Korkstöpsel durchfrifst, mufs sie stets in mit Glasstöpseln verschlossenen, Gefässen aufbewahrt werden. Um sich vor Schaden zu hüten, merke sich der angehende Mikroskopiker, dafs nach längerem Stehen, auch bei dem sorgfältigsten Verschlusse, die stets zwischen dem inneren Halsrande und dem Stöpsel, wenn auch in noch so geringer Menge, zurückbleibende Lauge aus der Umgebung begierig Kohlensäure anzieht und dadurch den Stöpsel so fest in den Hals kittet, dafs sich derselbe nur selten ohne Zertrümmerung des Gefäfses herausnehmen läfst. Man beugt diesem Übelstande vor, wenn man den Stöpsel an der Verschlufsstelle mit geschmolzenem Paraffin überstreicht.

Die Kalilauge zerstört alle tierischen Bindesubstanzen, weshalb dieselbe zur Isolierung von Nerven-, Muskel-, Flimmer- und Riechzellen, sowie der Drüsen verwendet wird. Unter Einwirkung von Kalilauge werden ferner schon zur Ruhe gekommene Cilien des Flimmerepithels wieder erregt, und quellen eingetrocknete Blutkörperchen auf. Die Wirkungsweise der Kalilauge fällt aber nach ihrer Stärke ganz verschieden aus. Eine gesättigte oder überhaupt sehr starke Lauge erweicht viele Stoffe, ohne sie aufzulösen oder stärker anzugreifen, während diesen Effekt verdünnte Lösungen mehr oder weniger stark herbeiführen. Wenn die Kalilauge im kalten Zustande die gewünschten auflösenden Wirkungen nicht hervorbringt, so werden die betreffenden Objekte in Kalilauge erwärmt, unter Umständen sogar kürzere oder längere Zeit hindurch darin gekocht. Letzteres ist namentlich bei entomologischen und Molluskenpräparaten der Fall und erfordert einige Vorsicht. Das Kochen der Kalilauge erfolgt stofsweise, verbunden mit einem kräftigen Aufwerfen von Blasen, die nicht selten aus dem Gefäfse geschleudert werden. Um dies zu vermeiden, wende man nur eine schwache Spiritusflamme an und halte während des Erhitzens die Flüssigkeit fortwährend in schüttelnder Bewegung; auch richte man das offene Ende des Siedezylinders stets nach auswärts und nie gegen das Gesicht gekehrt.

Auch für vegetabilische Gewebe ist Kalilauge ein vortreffliches Mazerationsmittel, da sie auch hier die, die einzelnen Gewebe mit einander vereinigenden Kittsubstanzen löst, ohne die Gewebe merklich anzugreifen; doch ist auch hier in der Regel ein kürzeres oder längeres Kochen der Gewebe in der Lauge nötig. In verdünntem Zustande, etwa 5 bis 10% stark, ist Kalilauge ein sehr gutes Mittel, um geschichtete Zellstoffhüllen aufquellen und dadurch die Schichtung deutlicher zu machen.

Von grofser Bedeutung ist endlich die Kalilauge als analytisches Reagens für die Pflanzenhistologie, da sie in Verbindung von schwefelsaurem Kupferoxyd sowohl zum Nachweis von Eiweifssubstanzen, als auch verschiedener Kohlenhydrate vorzügliche Dienste leistet.

Kalkwasser. Dasselbe verursacht in einigen Tagen den fibrillären Zerfall der meisten Bindesubstanzen.

Karbolsäure. Dieselbe dient in reinem Zustande, in wässerigen oder glycerinhaltigen Lösungen als Zusatz zu Tinktions- und Einschlufsmitteln, um Schimmelbildung zu vermeiden.

Kochsalz. In der Tierhistologie dient eine 10prozentige Lösung dieses Salzes zur Isolierung der Epithelialgebilde, insbesondere der zwischen den Epithelzellen vorkommenden sog. Riffzellen. In der Pflanzenhistologie wird es benutzt, um die Zellhaut (Primordialschlauch) von der Zellstoffhülle zurückzuziehen und dieselbe dadurch innerhalb der Gewebe zur Anschauung zu bringen.

Königswasser. Krausz empfiehlt diese Mischung von Salpetersäure und Salzsäure zur raschen und deutlichen Demonstration des Achsenzylinders der Nerven und zur leichten und schnellen Isolierung der Nervenzellen, Knorpelzellen, Knochenkörperchen, Linsenfasern und glatten Muskeln. Nach Thanhoffer sollen dadurch sehr schöne Präparate erhalten werden.

Kollodium. Es eignet sich besonders gut zur raschen Demonstration der Nervenachsenzylinderfaser. Ein Stückchen eines Nerven wird zerzupft, ein Tropfen Kollodium zugesetzt und das Präparat, mit einem Deckgläschen bedeckt, untersucht.

Labarracque'sche Flüssigkeit (*Liquor Natri chlorati*). Man bereitet sich diese Flüssigkeit, indem man 20 g Chlorkalk in eine Flasche bringt, dazu 100 ccm destilliertes Wasser giefst und längere Zeit unter öfterem Umschütteln stehen läfst. In einer zweiten Flasche übergiefst man 25 g krystallisiertes kohlensaures Natron mit 50 ccm Wasser und wartet, bis letztere Lösung sich vollzogen hat. Nun bringt man beide Lösungen zusammen, verschliefst die Flasche gut und läfst die Masse einige Stunden stehen, worauf man die klare Flüssigkeit vom Bodensatze abgiefst und in gut verschlossenen Gefässen, möglichst gegen Lichteinwirkung geschützt, aufbewahrt. Beim Gebrauche wird die Flüssigkeit, dem Bedürfnisse entsprechend, mit dem fünf- bis zehnfachen Volumen Wasser verdünnt.

Man benützt dasselbe zur Entfernung des Chlorophylls aus grünen Pflanzenteilen, um die Gewebselemente von Blättern, Stengeln u. dergl. zu studieren. Man legt zu diesem Zwecke die grünen Pflanzenteile, namentlich frische Blätter, erst kurze Zeit in destilliertes Wasser, sodann ebenso lange in stark verdünnten Alkohol, worauf man sie in eine weithalsige Flasche bringt und mit der verdünnten Labarracque'schen Flüssigkeit übergiefst, gut verkorkt und von Zeit zu Zeit sanft schüttelt. — Nachdem das Chlorophyll vollständig verschwunden ist, was je nach der Natur der Objekte in 1 bis 24 Stunden der Fall sein wird, wäscht man sie in reichlichen

Quantitäten kalten Wassers gründlich aus, worauf man sie mehrere Stunden in gewöhnlichen Spiritus bringt. Hierauf kann die Tinktion derselben vorgenommen werden.

Auch aus chlorophyllhaltigen Pflanzenschnitten kann in gleicher Weise das Chlorophyll entfernt werden; nur hat man in diesem Falle die Flüssigkeit noch stärker zu verdünnen, auch die Einwirkung wird kürzere Zeit beanspruchen.

Methylalkohol. Diese Bezeichnungsweise ist aus den Vorschriften englischer Forscher in die deutsche Mikroskopie unrichtig übertragen worden. Man versteht in England unter der dort geläufigen Bezeichnung »*methyladet spirits*« keineswegs wirklichen Methylalkohol, es ist dies vielmehr unser gewöhnlicher Alkohol (Äthylalkohol), der in England, wie in neuerer Zeit auch in Deutschland, zur Ersparung des sehr hohen englischen Einfuhrzolles für Trinkalkohol durch eine kleine Zugabe von Kreosot als Getränke unbrauchbar gemacht (denaturiert) wurde und dortselbst ausschliefslich für technische Zwecke, also auch für den Zweck des Mikroskopierens, verwendet wird. — Wirklicher Methylalkohol wird in der Mikroskopie lediglich bei Bereitung der Wickersheimer'schen Flüssigkeit gebraucht.

Moleschott'sche Flüssigkeit. Dieselbe besteht aus Eisessig, Alkohol und Wasser und ist lediglich eine Modifikation der Clarke'schen Flüssigkeit Sie wird in zweierlei Stärken angewendet.

Die starke Mischung besteht aus 1 Vol. starker Essigsäure (spez. Gew. 1,07), 1 Vol. Alkohol (spec. Gew. 0,815) und 4 Vol. destillierten Wassers. Sie wird von Balogh zur Untersuchung der Dünndärme, der Riech- und Jakobsohnschen Organe des Schafes empfohlen.

Die schwache Lösung besteht aus 1 Vol. Essigsäure, 25 Vol. Alkohol und 50 Vol. destillierten Wassers und findet dieselbe Anwendung wie die Clarke'sche Flüssigkeit.

Müller'sche Augenflüssigkeit. Dieselbe empfiehlt sich namentlich zur Erhärtung des Auges, eignet sich übrigens auch gut zur Erhärtung und Konservierung anderer Organe, wie der Schleimhäute, der Flimmerzellen, der Drüsen, ja selbst von Embryonen. Sie besteht in ihrer schwächsten Wirkung aus 2 g doppeltchromsaurem Kali, 1 g schwefelsaurem Natron und 100 g destilliertem Wasser. Bei derberen Geweben kann die Wirkung durch vermehrten Zusatz von doppeltchromsaurem Kali erhöht und beschleunigt werden.

Natronlauge (*Liquor Natri caustici*). Sie wird von manchen Mikroskopikern statt der Kalilauge zu denselben Zwecken wie diese verwendet, nur nimmt man von ihr eine etwas schwächere Lösung. Einen Vorteil gegenüber der ersteren konnte ich aber bei dem verschiedenartigsten Gebrauche nicht beobachten, wohl aber ist ihre Aufbewahrung schwieriger als die der Kalilauge, weil sie das Glas weit stärker angreift und selbst polierte und mit Paraffin überzogene Glasstöpsel in kurzer Zeit so festkittet, dafs man den Hals der Flasche abschlagen mufs, um zu dem Inhalte zu gelangen.

Nelkenöl (*Oleum Caryophyllorum*). Dieses flüchtige Öl wird sowohl in der Pflanzenhistologie, als auch in der tierischen Gewebelehre zur Aufhellung wenig durchsichtiger Gewebe benutzt. Es hat die vorteilbietende Eigenschaft, dafs es sich sowohl mit Alkohol als mit Kanadabalsam leicht und in jedem Verhältnisse mischt, wodurch man bei dem Einschliefsen der betreffenden Präparate mancher Zwischenarbeit enthoben ist. Auch wasserhaltige Präparate hellt das Nelkenöl, wenn auch langsam, auf. Man wendet es in der Art an, dafs man die aufzuhellenden Präparate kürzere oder längere Zeit in einigen Tropfen dieses Öles liegen läfst.

Oxalsäure. Die kalte, gesättigte Lösung dieser Säure (1 Teil krystallisierte Säure auf 15 Teile Wasser) macht die Bindesubstanz aufquellen und hellt sie auf. Aus Eiweifssubstanzen bestehende Elemente erhärten in derselben und lassen sich isolieren. Die Retina und die Fasern der Geruchsnerven können in derselben gut konserviert werden. Thanhoffer hat dieses Reagens auch bei Untersuchung der gestreiften Muskelröhren mit Erfolg angewendet. Statt in Wasser wird diese Säure zu den gleichen Zwecken auch in Alkohol gelöst benutzt.

Pyrogallol. Es wird nach Boret wegen seiner fäulniswidrigen Eigenschaft in 1 bis 1½ prozentiger wässeriger Lösung verwendet, um tierische oder pflanzliche Gewebe vor Zersetzung zu schützen.

In 2 bis 3% starken Lösungen verhindert es die Alkoholgährung und jede Schimmelbildung.

Platinchlorid. Dasselbe erhärtet die Gewebe und färbt sie zugleich gelblich. Eine Mischung von gleichen Teilen Platinchloridlösung und Lösung von Chromsäure, beide in einer Verdünnung von 1 : 400 hergestellt, dient zur Demonstration des Gerüstes der Netzhaut.

Salpetersäure. Man benutzt die gewöhnliche käufliche Salpetersäure und verwendet sie entweder für sich allein, oder in Verbindung mit Ammoniak, zum Nachweise von stickstoffhaltigen Substanzen der Tier- und Pflanzengewebe. Für sich allein dient sie unter Erwärmen zum Ausziehen der sog. inkrustierenden Substanzen der Zellstoffhüllen verholzter Pflanzenzellen, sowie zur Isolierung dieser letzteren; ferner zur Isolierung der glatten Muskelzellen, der Bindegewebskörperchen, Zahnröhren und Knochenkörperchen. In 20 bis 35prozentiger Lösung verwendet sie Brücke zur Erweichung der Knochen.

Die mazerierende Wirkung dieser Säure wird bedeutend gesteigert durch einen Zusatz von chromsaurem Kali.

Salzsäure. Dieselbe wird für sich allein zur Lösung von Stärkekörnern (Schacht) und in Verbindung mit Ätzkali und konzentrierter Schwefelsäure zur Isolierung der tertiären Verdickungsschicht verholzter Zellstoffhüllen von Laubhölzern benutzt (Kabsch).

In der Zoohistologie leistet die konzentrierte Salzsäure sehr gute Dienste zur Isolierung der Bindegewebskörperchen und, mit Wasser verdünnt, zur Darstellung des Knorpelgerüstes der Knochen, indem sie die Knochenerde löst.

Schultze'sches Mazerationsmittel. Man bringt zu gewöhnlicher Salpetersäure einige Körnchen chlorsaures Kali und erhitzt vorsichtig. In diese Flüssigkeit gebrachtes Bindegewebe wird nach kurzer Zeit zerstört und die Muskelfasern dadurch isoliert. In gleicher Weise wird dieses Mittel angewendet zur Lockerung stark verholzter Zellen.

Schwefelsäure. Man gibt etwa 3 bis 4 Tropfen englische Schwefelsäure auf 30 g Wasser. In dieser Verdünnung eignet sich dieselbe besonders gut zur Untersuchung der Horngebilde, Nägel und namentlich der Haare. Läfst man Haare eine bis mehrere Stunden, unter Umständen selbst einen ganzen Tag, in dieser Flüssigkeit, so schwellen die linienartigen plattgedrückten Zellen derselben an, lösen sich los und erscheinen als Epithelialzellen.

Jendrássik hat bei seinen Arbeiten die Schwefelsäure zur Untersuchung des mit Blut gefüllten Thymus angewendet. Hierbei koaguliert das Blut in den Gefäfsen, und letztere können somit ohne Injektion untersucht werden. Klug empfiehlt das gleiche Verfahren bei den Untersuchungen der mit Blut gefüllten Kranzarterien des Herzens.

In der Pflanzenhistologie verwendet man konzentrierte Schwefelsäure bei den Untersuchungen des Pollens und der Sporen und als Aufquellungsmittel für Zellstoffhüllen. Verdünnungen von 100 Teilen Säure mit 20 bis 60 Teilen Wasser dienen in Verbindung mit Jod als Reagens auf Zellstoff, und in Verbindung mit Zuckerlösung zum Nachweis eiweifshaltiger Substanzen.

Terpentinöl. Man verwendet dasselbe zum Auflösen und Flüssigmachen verschiedener Harze und Lacke. Auch zum Aufhellen der in Alkohol erhärteten Präparate leistet es gute Dienste, doch ist es für diesen Zweck nur dann zu gebrauchen, wenn es in offenen Gefäfsen, allerdings gegen etwa eindringende Verunreinigungen geschützt, mindestens ein Jahr lang gestanden und unter dem Einflusse des Sauerstoffes der Luft eine dickflüssige Konsistenz erlangt hat.

Überosmiumsäure. Diese Säure ist ein wichtiges Hilfsmittel geworden zur Demonstration von Nerven, Nervennetzen, Epithelialgebilden und deren Kittsubstanz. Man verwendet dieselbe meist in 1 prozentiger Lösung. Organische Substanzen reduzieren nämlich diese Säure, ohne dafs dieselben direkt dem Lichte auszusetzen sind, wodurch eine dunkel schwarzblaue Färbung des Präparates entsteht. Diese Reduktion erfolgt im Gewebe nicht als körniger Niederschlag, vielmehr behalten frisch eingelegte Gewebe ihre ihnen im Leben eigentümliche Durchsichtigkeit und Struktur. Die Färbung erfolgt bei verschiedenen Substanzen verschieden schnell, und hierin liegt ein weiterer Vorteil dieser Methode. Besonders vorteilhaft ist die Anwendung dieser Säure bei Muskeluntersuchungen. Ganz kleine Tiere, Froschlarven, oder die Füſse gröſserer Insekten, werden lebend, oder direkt vom lebenden Tiere kommend, ganz kurze Zeit, etwa eine Minute, in eine 1prozentige Lösung dieser Säure gebracht, worauf sich die Muskelfasern in Glycerin isolieren lassen, so daſs ihre Struktur deutlich erkannt zu werden vermag.

Man verwendet diese Säure ferner in 1prozentiger Lösung zur Demonstration der unter dem Epithel der Hornhaut gelegenen Nervennetze, sowie zum Färben und Isolieren der Ganglienzellen (Thanhoffer) und der Netzhautstäbchen (Schultze). Fettzellen werden in Überosmiumsäure schwarz gefärbt, während die Achsenzylinder der Nerven graubraun gefärbt werden. Langsamer als die vorgenannten Substanzen färben sich die eiweiſshaltigen Elementargebilde, wie Protoplasmazellen, rote Blutkörperchen, die Linsenfasern; am langsamsten die Interzellularsubstanz des Bindegewebes, Zellulose, Amylum und die wässerige Interzellularflüssigkeit vieler Pflanzen.

Der Hauptwert dieser Methode beruht in der Eigenschaft der Überosmiumsäure, die zartesten, vergänglichsten, gegen Reagentien empfindlichsten Gewebeteile in einem dem lebenden ähnlichen Zustand dauernd zu konservieren.

Die Dämpfe der Überosmiumsäure sind übrigens den Atmungsorganen wie den Augen sehr nachteilig, weshalb man sich vor denselben sorgfältig in Acht zu nehmen hat.

Wasser (*Aqua destillata*). Überall, wo es sich darum handelt, daſs Gegenstände zur vorbereitenden Präparation in Wasser gebracht werden, oder Flüssigkeiten mit Wasser verdünnt werden sollen, ist unter Wasser immer destilliertes Wasser zu verstehen. Man bezieht es am bequemsten aus der nächstgelegenen Apotheke und bewahrt es in wohlverschlossenen Flaschen auf.

III. Konservierungs-, Einbettungs- und Einschlufsflüssigkeiten.

Celloidin. Es ist dies eine in neuerer Zeit für besonders zarte Objekte empfohlene Einbettungsmasse an Stelle des etwas derberen Paraffins. Besonders eignet sich dasselbe zum Einbetten von weichen Präparaten, die mit dem Mikrotome in Schnitte zerlegt werden sollen.

Chlorcalciumlösung. Eine Lösung dieses Salzes, aus 1 Teil Chlorcalcium und 3 Teilen destillierten Wassers bestehend, ist eine vorzügliche Einschlufsflüssigkeit für zarte botanische Objekte. Um das nicht selten auftretende Auskrystallisieren von salzsaurem Kalk zu verhindern, ist es zweckmäfsig, der Lösung einige Tropfen Salzsäure zuzusetzen.

Damarharz. Dieses Harz wird, in Terpentinöl gelöst, als Einschlufsmittel für wasserfreie Präparate an Stelle des Kanadabalsams vielfach empfohlen. Ich kann diese Empfehlung nicht teilen. Wenn auch der Brechungsexponent dieses Einschlufsmittels etwas geringer ist, als der des Kanadabalsams, und infolgedessen eine übermäfsig starke Aufhellung der Präparate im Laufe der Zeit nicht zu befürchten ist, so hat doch die Anwendung dieses Mittels für den praktischen Mikroskopiker schwerwiegende Nachteile im Gefolge. Selbst nach 6 und 8 Monaten ist die Einschlufsmasse noch nicht so weit erhärtet, dafs sie nicht eine Verschiebung der Deckgläschen mit Leichtigkeit gestattet. Dazu kommt noch, dafs das Terpentinöl den Lackring aufweicht und unbrauchbar macht. Kanadabalsam verdient zweifellos den Vorzug.

Eiweifs. Dasselbe dient, mit Kochsalz gemengt, zur Untersuchung frischer Gewebe, zur Bereitung des Jodserums und als Einbettungsmasse. Für den letzteren Zweck werden nach Bunge 24 ccm frisches Eiweifs in einem Reagensgläschen mit 2,5 ccm Sodalösung von 10% Stärke eine Zeitlang durchschüttelt und stehen gelassen. In einem zweiten Gläschen werden 9 ccm Talg geschmolzen und in den flüssigen Talg die obige Lösung langsam und vorsichtig eingegossen, wobei besonders darauf zu achten ist, dafs keine Luftblasen entstehen, was durch Hin- und Herbewegen des Glases erreicht wird. Aus dieser Mischung wird nun ein Teil in ein Papiertrögchen gegossen, nach dem Abkühlen das Präparat darauf gelegt, erforderlichenfalls mit Nadeln befestigt, und sodann ganz übergossen. Nach vollkommenem Erkalten wird das Papiertrögchen abgelöst und das eingebettete Präparat einige Tage in Alkohol gelegt, worauf es schnittreif ist.

Farrants'sche Mischung. Dieselbe besteht aus gleichen Gewichtsteilen Gummi arabicum, Glycerin und konzentrierter wässeriger Lösung von arseniger Säure. Sie wird vielfach zum Einschlusse von Pflanzenpräparaten, namentlich für niedere Pilze, angewendet. Vorteilhafter und bequemer für den genannten Zweck ist jedoch, falls das betreffende Präparat eine Erwärmung auf etwa 40° C. unbeschadet zu ertragen vermag, die Anwendung von Glycerin-Gelatine, im anderen Falle der Einschlufs in die Wickersheimer'sche Flüssigkeit.

Glyceringelatine. Eines der vorzüglichsten und dabei bequemsten Einschlufsmittel ist die Glyceringelatine. Es können in derselben feuchte wie trockene Präparate des Tier- und Pflanzenreiches mit gleich günstigem Erfolge eingeschlossen werden. Wer diese Einschlufsmasse einmal in Gebrauch genommen hat, wird ihre guten Eigenschaften täglich mehr schätzen lernen und dieselbe sicher nicht mehr beiseite legen. Man kann dieselbe zwar auf verschiedene Weise zusammengesetzt käuflich erwerben, doch ist es vorzuziehen, sich dieselbe nach der hier gegebenen, vollständig verlässigen Anleitung selbst zu bereiten, weil man es dadurch bequem in der Hand hat, die Masse in der jeder Präparatengruppe am besten entsprechenden Weise abzuändern, und weil die Einschlufsmasse in gut verschlossenen Gefäfsen sich Jahre lang unverändert aufbewahren läfst[1]).

[1]) Ich bewahre meine Glyceringelatine in gewöhnlichen Arzneigläsern von 45 und 90 g Wasserinhalt mit Korkstöpseln verschlossen auf und stelle mit 12 und 15jähriger Glyceringelatine Präparate her, die eben so rein und durchsichtig sind wie mit frisch bereiteter Einschlufsmasse.

Ein Quantum möglichst reine und farblose Gelatine, wie solche in allen Droguengeschäften erhältlich ist, wird in reinem Wasser eingeweicht und nach erfolgtem Aufquellen in frisches Wasser gebracht, im Wasserbade unter Anwendung der Siedehitze und unter fleifsigem Umrühren aufgelöst. Ich nehme dabei auf 1 l Wasser etwa 300 g trockene Gelatine. Will man die Einschlufsmasse hauptsächlich für Präparate verwenden, welche die aufhellende Wirkung der Glyceringelatine ohne Schaden ertragen können, oder gar dieselbe nötig haben, so geht man über das angegebene Quantum an Gelatine hinaus und verdünnt später entsprechend durch erhöhten Zusatz von Glycerin, im entgegengesetzten Falle bleibt man hinter demselben etwas zurück. Besondere Ängstlichkeit in der Menge der zu verwendenden Gelatine braucht man dabei nicht zu haben, da einerseits die käufliche Gelatine sich nicht in allen Fällen gleich ergiebig zeigt, andererseits ein zu viel oder zu wenig später ohne besondere Mühe ausgeglichen werden kann. Zu der so erhaltenen Lösung bringt man nun das gleiche Volumen reines käufliches Glycerin, sowie 8 bis 10 Tropfen konzentrierter alkoholischer Karbolsäurelösung, rührt gut durcheinander und filtriert möglichst heifs durch Flanell. Das erhaltene Filtrat wird dann in gut verschlossenen Gläsern aufbewahrt.

Man kann als Regel festhalten, dafs die Einschlufsmasse um so weniger konsistent sein soll, je zarter das einzuschliessende Präparat ist. Erscheint eine Verdünnung angezeigt, so geschieht dieselbe — je nachdem das Lichtbrechungsvermögen der Masse erhöht werden soll oder nicht — mit Glycerin oder Wasser. Zeigt die Einschlufsmasse umgekehrt zu wenig Konsistenz, so wird dieselbe auf einer warmen Herdplatte in einer offenen Glasdose so lange stehen gelassen, bis die genügende Wassermenge verdunstet ist.

Bezüglich der Anwendung dieses Einschlufsmittels hat sich das nachbeschriebene Verfahren besonders zweckmäfsig erwiesen. Man erwärmt die in dem Aufbewahrungsglase enthaltene Glyceringelatine, bis sie vollkommen flüssig ist, und entleert dann den Inhalt in eine mit gut schliefsendem Deckel versehene Glasdose, setzt den Deckel auf und stellt die Dose zum Gelatinieren an einen kühlen Ort. Die Art des Einschlusses läfst, je nach der Natur des Präparates, mannigfache Modifikationen zu.

Handelt es sich um den Einschluss von Objekten, die in ihrem Innern nicht viele Hohlräume aufweisen, bei welchen also die Einschlufsmasse das Objekt bequem und schnell allseitig durchdringen kann, so entnimmt man der Glasdose mittels eines Skalpelles ein entsprechend grofses Stückchen Glyceringelatine, bringt es auf die Mitte des Objektträgers und erwärmt letzteren im Mittelteil über einer schwachen Spiritusflamme, bis die Einschlufsmasse schmilzt. Nunmehr bringt man das Präparat in die geschmolzene Masse und sucht es mit derselben innig zu durchtränken, wobei man zugleich die Flüssigkeit über eine Fläche ausbreitet, die gröfser ist als das anzuwendende Deckglas und etwa auftretende Luftblasen mit der Klinge des Skalpelles nach dem Rande hinzieht. Nunmehr setzt man das schwach erwärmte Deckglas auf und drückt dasselbe leicht in der gewünschten Lage fest. Man darf mit der anzuwendenden Menge der Einschlufsmasse nicht zu sparsam sein, hat vielmehr von derselben so viel zu nehmen, dafs beim leichten Festdrücken des Deckglases noch ein guter Teil derselben über den Rand hinausgedrückt wird. Es hat dies den Vorteil, dafs dadurch alle etwa noch vorhandenen kleinen Luftblasen mit der Einschlufsmasse gleichfalls unter dem Deckglase herausgetrieben werden.

Handelt es sich aber um den Einschlufs von Objekten mit gröfseren Hohlräumen, oder will man eine gröfsere Anzahl von Präparaten mit derselben Einschlufsmasse herstellen, oder endlich will man die vorbereiteten Präparate für den erst später zu bewerkstelligenden Einschlufs aufbewahren, so empfiehlt sich folgendes Verfahren. Man füllt einen kleinen Glaszylinder teilweise mit der flüssig gemachten Einschlufsmasse an und bringt die gehörig vorbereiteten Präparate in die Flüssigkeit. Durch wiederholtes leichtes

Erwärmen hält man die Masse flüssig und durch Schütteln des Zylinders sucht man die Präparate gründlich mit der Einschlufsmasse zu durchtränken. Hierauf wird der Zylinder gut verkorkt und aufrecht bei Seite gestellt, bis die Masse wieder erhärtet ist. So vorbereitet können die Objekte beliebig lange Zeit aufbewahrt werden. Für den Zweck des Einschlusses hat man nur die Masse flüssig zu machen und dann wie oben angegeben weiter zu verfahren.

Glycerinleim. Derselbe besteht aus zwei Gewichtsteilen gewöhnlichen Tafelleims und einem Gewichtsteil reinen Glycerins und ist eine vielfach für tierische wie manche pflanzliche Objekte angewendete Einbettungsmasse. Zu diesem Zwecke wird der Leim zerschlagen und so lange in Wasser gelegt, bis er gehörig aufgequollen ist, was nach einigen Stunden der Fall sein wird. Hierauf wird das Wasser abgegossen, statt desselben das Glycerin zugesetzt und die Mischung im Wasserbade unter fleifsigem Umrühren erhitzt, bis die Masse gleichmäfsig flüssig ist. Die Einbettung der Präparate in die flüssige Masse erfolgt auf die gewöhnliche Weise. Die Schnitte werden mit in Glycerin getauchtem Messer hergestellt. — Ein in Weingeist erhärtetes Präparat kann samt der Einbettungsmasse 1 bis 2 Tage in Alkohol gelegt und dann leicht in Schnitte zerlegt werden (Klebs).

Glyceringummi. Statt Glycerinleim wird, namentlich bei porösen Gebilden wie Lungen etc., vielfach Glyceringummi mit Vorteil angewendet. Die oberflächlich erhärteten Präparate werden in honigdicke Gummi-arabicum-Glycerinlösung gelegt und bleiben in derselben so lange, bis sie darin auf den Grund sinken, was der Fall ist, wenn sie von der Einbettungsmasse gehörig durchdrungen sind. Dann werden dieselben herausgenommen und zur vollständigen Erhärtung in Weingeist gelegt. Die Erhärtung ist vollendet, wenn ein Teil des Gummi als weifse Masse an der Oberfläche erscheint. Geschnitten werden die Präparate mit in Weingeist getauchtem Messer. Die Entfernung der Einbettungsmasse aus dem Schnitte erfolgt durch Erweichen in Wasser, nötigenfalls durch Auspinseln.

Goadby'sche Flüssigkeit. Dieselbe war früher sehr beliebt zum Einschlusse undurchsichtiger Präparate. Sie wird bereitet aus 120 g Kochsalz, 60 g Alaun, 0,25 g Sublimat und 2,5 l heifsem Wasser. — Einen besonderen Vorzug derselben vor den übrigen gebräuchlichen Einschlufsmitteln scheint mir dieselbe übrigens nicht zu besitzen.

Gummi arabicum. Es wird dieses in Lösung vielfach als Zusatzflüssigkeit verwendet. Bezüglich der Herstellung der Gummilösung sei bemerkt, dafs das im Handel vorkommende Gummi arabicum in hohem Grade mit Staub, Holz- und Rindenstücken, erdigen Teilen u. s. w. verunreinigt ist, und diese Verunreinigung nicht nur eine oberflächliche, sondern meist durch die ganze Gummimasse sich ausdehnende ist. Um nun eine entsprechend reine Lösung zu erhalten, beseitigt man zunächst oberflächlich die groben Verunreinigungen, löst dann das Gummi in heifsem Wasser auf und verdünnt die erhaltene Lösung so lange mit Wasser, bis eine Filtration derselben durch einen Leinenlappen möglich ist, worauf das Filtrieren vorgenommen und nötigenfalls wiederholt wird. Durch langsames, einige Stunden fortgesetztes Erhitzen des Filtrates im Wasserbad läfst man einen Teil des zugesetzten Wassers wieder verdunsten, bis die gewünschte Konsistenz erreicht ist.

Holzessig (*Acetum pyrolignosum rectificatum*). Derselbe eignet sich besonders zur Konservierung der mikroskopischen Wasserorganismen, wie Infusorien, Rhizopoden, Flagellaten, Ciliaten, Acineten, Daphnien- und Cyclops-Arten, Chlorophyllaceen, Diatomaceen, Desmidien etc.

Um Dauerpräparate von den in Rede stehenden Organismen anzufertigen, bringt man mittels einer Pipette oder einer als Heber benutzten Glasröhre innerhalb einer auf dem Objektträger angebrachten, wenn möglich noch nicht völlig erhärteten, Lackzelle einige Tropfen der Flüssigkeit, in welcher die zu konservierenden Tiere oder Pflanzen leben, legt das Deckglas auf und gibt an den Rand des letzteren ein paar Tropfen Holzessig derart, dafs sich dieser allmählich unter das Deckglas saugen kann. Es erfolgt dies ohne jede weitere Nachhilfe infolge der Diffusion beider Flüssigkeiten ganz leicht, wenn man nur das Deckglas nicht an die Lackzelle andrückt. Das Resultat wird das sofortige Absterben aller Organismen sein, ohne dafs eine Veränderung in Form oder Beschaffenheit derselben eintritt. Man hat nun nichts weiter zu thun, als das Deckglas fest gegen die Lackzelle zu drücken, die überschüssige Flüssigkeit mit Löschpapier behutsam abzuwischen und durch ein paar weitere Lackringe das Präparat dauernd abzuschliefsen. Sollte der Holzessig durch längeres Stehen in der Farbe sehr dunkel geworden sein, so mufs derselbe vor dem Gebrauche durch Papier filtriert werden.

Mit dieser Konservierungsmethode läfst sich übrigens sehr bequem auch eine Tinktion der Objekte mit irgend einer Anilinfarbe verbinden, was in vielen Fällen von grofsem Vorteile sein kann. Man stellt sich zu diesem Zwecke eine Lösung von einem Gewichtsteile einer in Wasser löslichen Anilinfarbe (sehr schöne Tinktion erzeugt *Rose de Naphthalin*) in etwa 200 Gewichtsteilen destillierten Wassers her und setzt zu der filtrierten Flüssigkeit 800 Gewichtsteile Holzessig. Mit der so erhaltenen Flüssigkeit verfährt man genau so wie mit reinem Holzessig, nur mufs man die Flüssigkeit mehrere Stunden auf die Organismen einwirken lassen, nach Verlauf welcher Zeit die Objekte eine völlig gleichmäfsige Färbung angenommen haben. Ehe der Einschlufs vorgenommen wird, ist der gefärbte Holzessig durch farblosen zu ersetzen.

Kanadabalsam. Dient als allgemein gebräuchliches Einschlufsmittel für wasserfreie Präparate, welche starke Aufhellung unbeschadet ertragen können. Guter Balsam mufs dickflüssig, hellweingelb und vollkommen durchsichtig sein. Man bewahrt ihn, wenn man nicht die Benutzung des Tubenbalsams vorzieht, in weithalsigen Gefäfsen auf, die mit einem eingeschliffenen, den Hals des Gefäfses umschliefsenden Stöpsel (Glaskappe) verschlossen werden. Man verwendet den Kanadabalsam teils unverdünnt, teils mit Chloroform, Terpentinöl oder Xylol verdünnt. Der in Xylol gelöste

Balsam wird fast ausschlieſslich zur Herstellung bakteriologischer Präparate benutzt. — Des in Terpentinöl gelösten Balsams bedient man sich mit Vorteil zum Einschlusse aller derjenigen Objekte, welche ein langsameres Austrocknen des Balsams, sowie das Auftragen desselben in etwas dickerer Schicht wünschenswert erscheinen lassen. In allen anderen Fällen jedoch verdient der in Chloroform gelöste Balsam den Vorzug.

Ich habe zwar früher rückhaltslos dem in Terpentinöl gelösten und in Metalltuben eingeschlossenen Balsam meine Anerkennung gezollt, sehe mich heute jedoch veranlaſst, auf Grund jahrelangen Gebrauches, diese einigermaſsen einzuschränken. Die früher betonten Vorteile besitzt derselbe nach wie vor, doch liegt etwas Miſsliches in dem Umstande, daſs eine Verdünnung desselben nicht gut ausführbar ist, er also immer in der Konsistenz, wie er sich in der Tube befindet, angewendet werden muſs, was nicht in allen Fällen von Vorteil ist. Ich beschränke daher seine Verwendung nur auf die Fälle, in welchen die Terpentinlösung gegenüber der Chloroformlösung ausgesprochene Vorteile besitzt.

Am besten ist es, wenn man den Balsam in reinem Zustande kauft und sich denselben mit Chloroform, dem jeweiligen Bedürfnisse entsprechend, selbst verdünnt. Hierzu mag folgende Anleitung dienen. Man nimmt ein Quantum gewöhnlichen Kanadabalsams, erwärmt denselben im Wasserbade vorsichtig bis er dünnflüssig ist, bringt ihn dann in das zu seiner gewöhnlichen Aufbewahrung dienende Gefäſs (etwa ein Drittel des Gefäſsinhaltes), setzt etwa das gleiche Quantum Chloroform hinzu, verkorkt sorgfältig und setzt die Flasche unter öfterem Schütteln so lange in warmem Wasser einer gelinden Erwärmung aus, bis der Balsam sich vollständig gelöst hat. Selbstverständlich hat man während dieser Manipulationen, der leichten Entzündbarkeit der beiden Stoffe wegen, die Anwendung einer offenen Flamme zu vermeiden.

Als Ersatz für Kanadabalsam wurden vielfach empfohlen:

eine Lösung von Damarharz in Terpentinöl, eine Lösung von Mastixharz in Chloroform und eine Lösung von Sandarakharz in absolutem Alkohol. Wohl läfst sich nicht in Abrede stellen, dafs die Übertragung der Objekte in eine der drei letztgenannten Einschlufsflüssigkeiten in vielen Fällen auf eine bequemere, weniger Zeit und Umstände verursachende Weise erfolgen kann, als bei Anwendung von Kanadabalsam. Allein Bequemlichkeit ist keine Eigenschaft, die ein Mikroskopiker sich anzueignen hat, zumal wenn dadurch der beabsichtigte Zweck nicht in gleich guter Weise erreicht wird. Ich habe früher nebeneinander die genannten drei Lösungen in der von Prof. Dr. Frey publizierten Zusammensetzung angewendet, auf Grund betrübender Erfahrungen aber allen dreien wieder den Abschied gegeben. Die in der ersten Flüssigkeit eingelegten Präparate waren nach 6 Monaten noch nicht so weit erhärtet, dafs sich das Deckgläschen nicht hätte bequem verschieben lassen; die beiden anderen Flüssigkeiten liefsen trotz des Lackringes (von welchem noch überdies ein Teil erweicht und unter das Deckglas gezogen wurde) das Lösungsmittel verdunsten, so dafs die spröden Harze auf und zwischen dem Präparate lagen.

Monobrom-Naphthalin. Diese Flüssigkeit wird ihres starken Brechungsvermögens wegen von dem Diatomaceen-Präparator Möller in Wedel auf Verlangen zum Einschlusse seiner Testobjekte, sowie seiner Typen- und Probeplatten verwendet. Die Herstellung oder Zusammensetzung dieser Einschlufsflüssigkeit wurde mir indes von dem genannten Herrn, trotz freundlichen Ersuchens, nicht mitgeteilt. Wenn, wie ich vermute, die Einschlufsflüssigkeit reines Monobrom-Naphthalin ist, so wäre die Anwendung dieser Einschlufsflüssigkeit lediglich auf einige wenige, den höchsten Grad der optischen Leistungsfähigkeit erfordernde Objekte beschränkt.

Nicht unerwähnt soll hier bleiben, dafs die Firma Zeifs in Jena seit 3 Jahren einen Apochromaten von der gröfsten, mit den gegenwärtig zu Gebote stehenden Mitteln erreichbaren Apertur 1,60 hergestellt hat, und dafs dieses System eine Monobromnaphthalin-Immersion ist.

Pacini'sche Flüssigkeit. Diese Konservierungsflüssigkeit wird dadurch erhalten, dafs man 1 Teil Sublimat und 2 Teile reines Chlornatrium in 13 Teilen reinen Glycerins und 113 Teilen destillierten Wassers auflöst. Die Lösung mufs mindestens 2 Monate lang stehen bleiben, worauf beim Gebrauche 1 Teil derselben mit 3 Teilen destillierten Wassers verdünnt und filtriert wird.

Diese Flüssigkeit eignet sich vorzüglich zur Konservierung der roten Blutkörperchen, dann auch für Nerven, Ganglien, Krebszellen, Retina und ähnliche Objekte.

Pacini stellt auch eine zweite Mischung dar, bestehend aus: 1 Teil Sublimat, 2 Teilen Essigsäure, 43 Teilen Glycerin und 215 Teilen destillierten Wassers.

In dieser Mischung sollen die roten Blutkörperchen zu Grunde gehen, die farblosen aber unversehrt bleiben.

Paraffin. Dasselbe wird, gemengt mit anderen Substanzen, wie: Wachs, Stearin, Schweinefett, Talg, Spermazet, Glycerin u. s. w., als Einbettungsmasse verwendet.

Sublimat. Es ist dies ein vorzügliches Konservierungsmittel für einige besonders zarte tierische und pflanzliche Gebilde. Man verwendet es in sehr stark wässeriger Solution, 1 Teil Sublimat in 100 bis 400 Teilen reinen Wassers. Besonders empfehlenswert ist das Sublimat für die Konservierung der Blutkörperchen, die sich in keinem anderen Medium dauernd so unverändert erhalten, wie in Sublimat. Für das Blut des Menschen und der Säugetiere verwendet man Solutionen im Verhältnis 1 : 100, für Vogelblut 1 : 200, für Froschblut 1 : 300. Ferner eignen sich sehr schwache Solutionen auch für die Elementarteile des Gehirnes, des Rückenmarkes und der Netzhaut, wenngleich diese Teile darin, gleichwie in allen anderen Flüssigkeiten, stets eine kleine Veränderung erleiden.

Für Präparate zarter pflanzlicher Gewebe im allgemeinen, namentlich solche, in denen man Amylumkörner und Chlorophyll dauernd unverändert erhalten will, desgleichen für

Süfswasseralgen, Diatomaceen, niedere Pilze und niedere Tiere leistet eine Solution von 1 Teil Sublimat in 400 Teilen destillierten Wassers vorzügliche Dienste.

Transparentseife. Sie wird als sehr brauchbare Einbettungsmasse verwendet und bietet hier vermöge ihres hyalinen Zustandes vor den übrigen Einbettungsmassen den Vorzug, dafs sich die Lage des Präparates in der Masse genau erkennen läfst, was hinsichtlich der Richtung der Schnittführung oft von grofsem Vorteile ist. Man löst zur Herstellung derselben 1 Teil gewöhnlicher weifser Waschseife in der Hälfte oder dem dritten Teil Weingeist im Wasserbade auf. Die gelöste Masse kann sofort verwendet werden. Nach 1 bis 2 Tagen ist das eingebettete Präparat trocken und schnittreif. Durch Abspülen in Wasser werden die Schnitte von der anhängenden Seife befreit. Sollten sich hierbei einzelne Seifenpartikelchen nicht von dem Präparate ablösen, so bläst man durch die feine Öffnung einer Pipette einen Luftstrom in die Flüssigkeit, worauf die Ablösung sicher erfolgen wird. Die Präparate werden in Glycerin oder Glyceringelatine eingeschlossen.

Wachs. Dasselbe wird, mit anderen Substanzen zusammengeschmolzen, als Einbettungsmasse verwendet. Für das nachträgliche Schneiden mit Mikrotomen empfiehlt sich besonders folgende Zusammensetzung: 12 Teile reines Schweinefett, 15 Teile Stearin und 1 Teil Wachs. Die Schnitte werden in Terpentin- oder Nelkenöl von der anhaftenden Einbettungsmasse befreit.

Wickersheimer'sche Flüssigkeit. Diese patentierte, von dem Deutschen Reiche behufs freier Anfertigung und Verwendung innerhalb seiner Grenzen käuflich erworbene Flüssigkeit ist ein vorzügliches Konservierungsmittel für alle Arten tierischer Organe, ja selbst ganzer Leichname. Die Leichname von Menschen und Tieren behalten in derselben vollkommen ihre Form, Farbe und Biegsamkeit. Nach Jahren können an denselben noch wissenschaftliche oder kriminalgerichtliche Sektionen vorgenommen werden. Die Fäulnis, und der dadurch verursachte üble Geruch, fallen ganz weg;

das Muskelfleisch zeigt beim Einschneiden ein Verhalten wie bei frischen Leichen; die aus einzelnen Teilen gefertigten Präparate, wie Bänderskelette, Lungen, Gedärme und andere Weichteile, behalten ihre Weiche und Biegsamkeit, so dafs Hohlteile derselben sogar noch aufgeblasen werden können. Käfer, Krebse, Würmer etc. bleiben ohne Herausnahme der Eingeweide beweglich, die Farben bleiben vollkommen erhalten.

Die Konservierungsflüssigkeit wird folgendermafsen bereitet: In 300 g kochenden Wassers werden gelöst 10 g Alaun, 2,5 g Kochsalz, 1,2 g Kalisalpeter, 6 g Pottasche, 1 g arsenige Säure. Diese Lösung wird nach dem Abkühlen filtriert, und zu 1 l der hierdurch erhaltenen farb- und geruchlosen Flüssigkeit werden 0,4 l Glycerin und 0,1 l Methylalkohol zugesetzt.

Hier handelt es sich lediglich um die Anwendung dieser Flüssigkeit behufs Herstellung mikroskopischer Präparate bzw. um die Konservierung von tierischen oder menschlichen Objekten, welche für eine später vorzunehmende Präparation möglichst unverändert aufbewahrt werden sollen. Dieser Zweck wird durch die genannte Flüssigkeit vollkommen erreicht, wenn man die betreffenden Objekte einfach in dieselbe einlegt und bis zur vorzunehmenden Präparation darin liegen läfst. Bei Herstellung von entomologischen und Molluskenpräparaten vermochte ich nach einer Reihe von Jahren, während welcher die fraglichen Gebilde ununterbrochen in der Flüssigkeit lagen, die gewünschten Präparationen in vorzüglicher Weise auszuführen.

IV. Tinktions- und Imprägnationsmittel.

Organische Gewebe besitzen nicht selten einen so hohen Grad von Durchsichtigkeit, dafs sie, wenn sie zugleich farblos sind, kaum im Gesichtsfelde des Mikroskopes sich zu erkennen geben, geschweige denn eingehend untersucht werden können; in diesem Falle kann das Sichtbarwerden durch färbende Mittel erhöht werden. In anderen Fällen beruht das deutlichere Sichtbarwerden zarter Objekte, und die Differenzierung verwickelter Strukturverhältnisse darauf, dafs nur gewisse Teile eines Objektes einen in Auflösung befindlichen indifferenten Farbstoff in sich aufnehmen. — In der Technik der Histologie spielt die Färbemethode eine ganz bedeutende Rolle, ja sie bildet wohl den wichtigsten Teil derselben. Seit der Einführung und ausgedehnten Anwendung dieser Methode datieren die bedeutsamen Fortschritte, welche die Histologie in neuerer Zeit gemacht hat.

In Nachstehendem sind die wichtigsten Tinktionsflüssigkeiten und Tinktionsmethoden, sowie Imprägnationsflüssigkeiten und Imprägnationsmethoden aufgeführt, wobei ich übrigens bemerke, dafs der Konzentrationsgrad der anzuwendenden Flüssigkeiten, sowie die Zeit der Einwirkung der tingierenden Substanz, je nach der Natur der Objekte und der Vorbehandlung, welche sie bereits erfahren, vielfachen Modifikationen unterworfen sind, und dafs man durch häufiges Beobachten des Färbungserfolges und unverdrossene Übung leichter als durch die beste Beschreibung die nun einmal nicht zu umgehenden Erfahrungen sich sammeln mufs. Wo irgend thunlich, werde ich in Nachstehendem nicht unterlassen, die Mittel anzugeben, wodurch eine etwa eingetretene Überfärbung wieder beseitigt werden kann.

Einfache Tinktion.

Anilinfarben. Dieselben haben in neuester Zeit in der Mikroskopie eine ziemlich ausgedehnte Anwendung als Tinktionsmittel gefunden. Sie kommen im Handel teils als ausschliefslich in Alkohol, teils als ausschliefslich in Wasser, teils als sowohl in Wasser als auch in Alkohol lösliche Präparate vor. — Die in der Mikroskopie meist benutzten Farben sind: Fuchsin, Safranin, Rose de Naphthalin, Eosin, Parme soluble, Bleu soluble, Methylblau, Methylviolett, Gentianaviolett, Dahlia, Blue black-Anilin (Anilinblauschwarz), Bismarckbraun und Methylgrün. Ich glaube den bei dem Bezuge ihrer notwendigen Chemikalien, Farben etc. nicht genügend orientierten Mikroskopikern einen Dienst erweisen zu können, wenn ich sie hier auf die Firma J. Klönne und G. Müller in Berlin (NW., Luisenstrasse 49) aufmerksam mache, welche, wie ich aus Erfahrung bestätigen kann, alle hier einschlägigen Materialien in ganz vorzüglicher Qualität und zu soliden Preisen liefert.

Die Anilinfarben erzeugen ausnahmslos sehr schöne Tinktionen mit einer mannigfachen Abstufung der Farbentöne, dabei sind die betreffenden Tinktionsflüssigkeiten bequem herzustellen und einfach zu benutzen; allerdings haftet ihnen ein Gebrechen an, sie sind im allgemeinen wenig haltbar und gegen ammoniakalische Flüssigkeiten wie auch gegen Sonnenlicht sehr empfindlich.

Fuchsin, Safranin und Rose de Naphthalin (0,02 g des bezüglichen Anilinpräparates in 20 bis 25 Tropfen Alkohol und 15 ccm destilliertem Wasser gelöst) färben die Linse, Glaskörper, Glaskörperhaut, Epithelgebilde, junge Knochen, elastische Fasern, Drüsenzellen, Nervenzellen, Knorpel, die Flimmerfortsätze während der Bewegung, die Zellen (Thanhoffer), die roten Blutzellen, wenn sie früher in Alkohol waren (Ranvier), die Nervenachsenzylinder (Neumann), die hellen opalisierenden Reibplatten der Mollusken, zarte Polypenquallen und Polypen. Zeitdauer der Farbeinwirkung einige Minuten bis eine halbe Stunde. Bei Überfärbung dienen einige Tropfen Alkohol zur Aufhellung. Zu dauerndem Einschlusse, namentlich in Kanadabalsam, eignet sich diese Tinktion nicht gut.

Parme soluble und Bleu soluble (0,02 g Anilinpräparat in 25 g destilliertem Wasser und 20 bis 25 Tropfen Alkohol gelöst), von denen ersteres schön violett, letzteres schön blau färbt, eignen sich besonders zur Tinktion von Rückenmarkspräparaten, der Lymphdrüsen, des Darmes und der Milz. Haltbar ist übrigens die Färbung nur, wenn die Präparate in Glycerin eingeschlossen werden.

Methylanilin, in derselben Lösung wie vorstehende Farbstoffe, wird von mehreren Autoren zur Demonstration der Amyloidsubstanz empfohlen. Wird mit einer solchen Lösung gefärbt, so erscheint an den Geweben alles das, was gesund ist, violett, was aber amyloidartig degeneriert, nimmt rosarote Farbe an.

Anilinblauschwarz. Mit diesem Tinktionsmittel behandelt, wird nach O. Sankey der Zellkern der Gehirn- und Rückenmarkschnitte schwarz, die Zellkörper und Fortsätze der Zellen purpurrot, die übrigen Gewebselemente blafs bläulich purpurfarben. Die Zellfortsätze und Nervenfasern sind sehr scharf zu sehen und können auf mehrere Millimeter verfolgt werden. — Die Schnitte bleiben etwa 12 Stunden im Tinktionsmittel und werden, nachdem sie mit Wasser gewaschen wurden, so lange auf einer Glasplatte getrocknet, bis sie eine käsige Konsistenz erhalten. Nunmehr schneidet man die oberste ungleiche oder die mittlere nicht gut gefärbte Partie mit einem Rasiermesser ab und legt den nun genügend dünnen Schnitt in Kanadabalsam.

Eosin. Unter allen Anilinfarben verdient diese Substanz besonders hervorgehoben zu werden. Die fluoreszierende Lösung dieses Mittels (es sieht bei auffallendem Lichte grünlich orangegelb, bei durchfallendem dagegen rosarot aus) färbt jedes Gewebe, vorzüglich aber die Epithelien, die Bindesubstanzen, die Gefäfse und Nerven rosarot. Als besondere und Hauptwirkung erwähnt Renaut, dafs Eosin die frischen Protoplasmen gut färbt und fixiert. Es wird ferner als wichtiges Reagens für Hämoglobin, für die in den roten Blutzellen vorkommenden gefärbten Eiweifskörper, hochgeschätzt. Wenn man nämlich die roten Blutzellen oder die Blut enthaltenden Blutgefäfse mit Eosin färbt, so nimmt man wahr, dafs alle jene Gebilde, welche auch nur im geringsten Mafse Hämoglobin enthalten, sich orangegelb, während die hämoglobinfreien Teile sich rosarot färben. Thanhoffer hat dieses Verfahren insoferne modifiziert, als er namentlich bei Untersuchung embryonaler Blutgefäfse oder Blutzellen die Organe zuerst einige Sekunden in einer 1prozentigen Lösung von Überosmiumsäure, dann 24 Stunden lang in einer 1prozentigen Eosinlösung liegen läfst. Nach Verlauf dieser Zeit werden die Präparate gewaschen und in Glycerin gelegt.

Hierdurch werden sie nicht nur dauerhafter, sondern die Reaktion des Hämoglobins auch auffallender. Die Hämoglobin enthaltenden Blutzellen oder anderen Gebilde färben sich nämlich glänzend kupferrot, die hämoglobinfreien hingegen rosarot. Nach diesem Verfahren behandelte Präparate zeigten selbst nach 2 Jahren keine Veränderung. War die Überosmiumsäure zu stark, so wird das Kupferrot dunkel.

Die übrigen Anilinpräparate werden vorzugsweise teils bei bakteriologischen Untersuchungen, teils bei der Doppelfärbung (hier auch das Eosin) angewendet.

Karmin. Dieser Farbstoff findet als Tinktionsmittel für sich allein, sowie mit anderen Farbstoffen gemengt, eine ausgedehnte Anwendung.

Die wässerige Karminlösung wird dadurch hergestellt, dafs man 0,2 bis 0,4 g käuflichen Karmin unter Zusatz von einigen Tropfen Ammoniak in einem Porzellanmörser zu einer teigartigen Masse fein zerreibt, hierauf etwa 30 g Wasser unter beständigem Umrühren zusetzt und dann filtriert. Der ungelöste Karmin bleibt auf dem Filter zurück, kann getrocknet und zu späterer Benutzung aufbewahrt werden. Die noch stark nach Ammoniak riechende Flüssigkeit bleibt mehrere Tage in einem unbedeckten Gefäfse stehen, bis der Ammoniakgeruch vollständig verschwunden ist, wird dann nochmals filtriert und kann nun in Gebrauch genommen werden. Es empfiehlt sich dieselbe von Zeit zu Zeit wieder zu filtrieren oder durch einen Zusatz von einem Tropfen Ammoniak den ausgeschiedenen Karmin wieder zur Lösung zu bringen.

Die Glycerin-Karminlösung wird genau in der oben beschriebenen Weise hergestellt, jedoch nach dem zweiten Filtriren noch 30 g Glycerin und 8 g Alkohol zugesetzt.

Schultze stellt sein karminsaures Ammoniak auf folgende Weise her. Man löst 1 Teil Karmin in 1 Teil Ammoniak und 3 Teilen Wasser auf. Von dieser Lösung mischt man 1 Raumteil mit 8 Raumteilen einer Oxalsäurelösung, welche man sich aus 1 Teil krystallisierter Oxalsäure in 22 Teilen Wasser bereitet hat, fügt dann noch 12 Raumteile absoluten Alkohol hinzu und filtriert. Das Filtrat kann nach Belieben durch Zusatz von Oxalsäure dem Orangeroten, durch Zusatz von Ammoniak dem Violetten genähert werden, und beide Nuancen dienen gleich gut zur Tinktion. Fallen bei Zusatz von Oxalsäurelösung Krystalle von oxalsaurem Ammoniak nieder, so können diese entweder durch Filtrieren entfernt oder durch Zusatz von einigen Tropfen Ammoniak wieder gelöst werden.

Ranvier stellt nach zwei Methoden seine saure Karminlösung her. Nach der ersten wird Karmin in Wasser zerrieben und in offenem Gefäſse so lange stehen gelassen, bis Fäulnis eintritt und die Lösung saure Reaktion zeigt, wobei Schimmelbildung ganz unbeachtet bleibt. Hierauf wird Wasser nachgegossen, umgerührt und filtriert. — Nach der zweiten Methode wird Karmin mit Ammoniak zerrieben und die Mischung in unbedecktem Gefäſse so lange stehen gelassen, bis Fäulnis und Eintrocknen eintritt. Nun wird die Mischung in der dreifachen Menge Wasser aufgelöst, 1 g Karbolsäure in 100 ccm Wasser gelöst beigesetzt und filtriert. Zur Verdünnung wird Wasser oder wässeriges Glycerin genommen.

Die sämtlichen vorgenannten Karminlösungen liefern bei einfacher, keineswegs an enge Vorschriften gebundener Anwendung — wie ich mich vielfach überzeugt habe — sehr schön gefärbte Präparate. Überfärbung kommt bei einiger Vorsicht nicht leicht vor.

Grenacher's Karminlösung besteht aus Karmin, der 10 bis 20 Minuten lang mit einer 1 bis 5prozentigen Alaunlösung gekocht wurde. Nach dem Abkühlen wird die Lösung filtriert. Zur Verhinderung der Fäulnis werden einige Tropfen Karbolsäure zugesetzt. — Diese Lösung färbt bei einer Einwirkung von 5 bis 10 Minuten auf die Gewebe fast ausschlieſslich nur die Kerne der Zellen.

Csokor's wässerige Karminlösung besteht nach Thanhoffer aus 3 g Cochenille (kleine Spezies), 100 g Wasser und 0,5 g Alaun. Diese Substanzen werden im Mörser zerrieben, eine halbe Stunde lang gekocht und nach dem Erkalten filtriert.

Die auf diese Weise hergestellte Karminlösung färbt die Gewebe aus Chromsäure oder chromsaurem Kali ebenso intensiv wie die Präparate aus Alkohol. Die Kerne werden intensiver gefärbt als die übrigen Gewebsteile. Die Schnitte des in Chromsäure oder chromsaurem Kali erhärteten Rückenmarkes werden gut gefärbt und zwar die Kerne nahezu violett, die übrigen Substanzen in verschiedenen kirschroten Nuancen. Alkoholpräparate werden in 2 bis 3 Minuten, Chromsäurepräparate nach 1 bis 2 Stunden tingiert. Zur Verhinderung der Schimmelbildung genügt ein Zusatz von einem Tropfen Karbolsäure.

Thiersch stellt eine rote und eine lila Karminlösung her.

Für den Zweck der roten Lösung bereitet man karminsaures Ammoniak durch Auflösen von 1 Teil Karmin in 1 Teil Ammoniak und 3 Teilen Wasser. Nach Filtration dieser Mischung werden zu einem Teile derselben 8 Teile Oxalsäurelösung (1 Teil Oxalsäure in 22 Teilen Wasser) und 12 Teile absoluter Alkohol hinzugesetzt. Diese Mischung färbt schon in wenigen Sekunden. Nach dem Färben wird das Präparat in wässerigem Alkohol gewaschen.

Die lilafarbige Karminlösung wird erhalten, wenn man 4 Teile Borax, 56 Teile Wasser und 1 Teil Karmin auflöst, 1 Teil dieser Lösung mit 2 Teilen Alkohol vermengt und dann filtriert. Dieses Tinktionsmittel färbt weit langsamer als das erstere.

Pikrokarmin. Man bereitet sich wieder, wie oben angegeben, eine Lösung von karminsaurem Ammoniak. Von derselben gießt man so lange tropfenweise zu einer filtrierten Pikrinsäurelösung in Wasser, bis die Mischung neutral reagiert. Die so erhaltene Lösung wird nochmals filtriert und kann dann in Gebrauch genommen werden.

Besonders schön lassen sich mit dieser Flüssigkeit die Reibplatten der Schnecken färben. Man bringt die nach dem Auskochen sorgfältig in reinem Wasser ausgewaschene

Radula in eine kleine Menge des Färbemittels, in welchem der erforderliche Effekt, je nach der Struktur der Radula, in einigen Minuten bis mehreren Stunden erreicht ist. Besonders instruktiv sind hierbei die verschiedenen Farbennuancen, welche ungleichalterige Zahnreihen aufweisen. Sollte die Färbung zu dunkel ausgefallen sein, so wird ein Einlegen der Radula in schwache Kalilauge die gewünschte Färbung hervorbringen. Aufbewahrt oder eingeschlossen wird in Glyceringelatine.

Pikroanilin. Durch Mischung von Pikrinsäure mit Anilinblau erhält man gleichfalls sehr schön tingierte Präparate. Man giefst zu 50 ccm einer gesättigten wässerigen Lösung von Pikrinsäure 2 bis 3 ccm einer gleichfalls gesättigten Lösung von Anilinblau. Sowohl frische als gehärtete Gewebe werden in wenigen Minuten mit bestem Erfolge gefärbt; die Kerne werden in dieser Mischung grün.

Purpurin. Dieser aus der Wurzel der Krapppflanze ausgezogene Farbstoff kommt in festen, dunkelroten Stücken oder gepulvert in den Handel und wird gleichfalls als Tinktionsmittel benutzt. Zu wasserhaltigem Glycerin werden 1 bis 3% Alaunpulver gebracht und der Lösung eine Messerspitze voll Purpurin zugesetzt. Nach 2 bis 3 Tagen ist die Mischung fertig und wird filtriert. — Sie färbt hauptsächlich nur die Zellkerne blafsrot.

Molybdänsaures Ammoniak in 5prozentiger Lösung wurde von Krause eingeführt. Die Lösung färbt die Gewebe binnen 24 Stunden blau. Wird das Gewebe vor der Tinktion in *Acidum gallicum* oder *pyrogallicum* gelegt, so wird das Blau besonders intensiv.

Hämatoxylin. In dieser, aus dem Kampecheholz (*Lignum campechi*) hergestellten Substanz, welche sowohl in festen unregelmäfsigen Stücken, wie auch krystallisiert und in Alaunlösung im Handel zu haben ist, besitzen wir ein sehr geschätztes violettblaues Färbemittel für Nerven und Nervenzellen, Gefäfse, Epithelien, ganz besonders aber für die frische Cornea, welche bei Anwendung dieses Tinktionsmittels ein besonders schönes Bild zeigt; ebenso geben mit

Karmin injizierte gefäſshaltige Gewebe nach Färbung mit dieser Substanz besonders instruktive Präparate. Bemerkt sei indessen, daſs die Gegenwart einer Säure oder eines Alkali, selbst in geringer Menge, eine Verblassung und allmähliche Entfärbung bewirkt, weshalb zum Waschen solcher Präparate nur Wasser oder Alkohol verwendet werden darf. Selbst zum Aufhellen ist besser Terpentinöl als Nelkenöl zu verwenden, da auch das letztere dieser Farbe etwas nachteilig ist.

Zur Bereitung dieses Färbemittels löst man etwa 1 g krystallisiertes Hämatoxylin in 30 g absolutem Alkohol auf. Gleichzeitig bereitet man sich eine Alaunlösung, welche 0,5 bis 1 g dieses Salzes in 30 g Wasser enthält. In diese trägt man tropfenweise die alkoholische Lösung des Hämatoxylin ein, bis man eine tiefe violettblaue Färbung erhält. Die Flüssigkeit bleibt nun einige Tage an der Luft stehen und wird sodann filtriert (Frey).

Eine andere, nicht minder empfehlenswerte Darstellungsweise ist die folgende: 15 g pulverisierter Alaun und 5 g *Extractum ligni campech.* werden in einer Reibschale gemischt, während des Mischens langsam 25 ccm Wasser zugesetzt und dann filtriert. Der filtrierten Flüssigkeit werden 5 g Alkohol zugesetzt. Der auf dem Filter bleibende Rückstand wird in einem Mörser unter Zusatz von 15 ccm Wasser zerrieben, filtriert und nach Beigabe von 2 g Alkohol mit der früheren Mischung vermengt (Klein).

Hat man überfärbt, so kann man durch mehrstündiges Einlegen in eine schwache Alaunsolution nachträglich ein helleres, und zwar ganz hübsches, nur mehr blaues Kolorit erzielen.

Blutlaugensalz (gelbes), Kaliumeisencyanür. Dieses Salz wird in mittelstarken Lösungen gleichfalls als Tinktionsmittel, und zwar bei Untersuchung von Knochen- und Zahnschliffen angewendet. Man bringt die bezüglichen Präparate erst eine bis mehrere Stunden in eine Lösung dieses Salzes, wäscht sodann in Wasser gründlich aus und übergieſst das Präparat mit einem Tropfen irgend einer Eisenoxydsalzlösung, worauf die Färbung augenblicklich eintritt. Besonders schön zeigt sich hierbei die blaue Farbe in den Knochenzellen und an den Rändern der konzentrischen Knochenlamellen.

Doppeltinktion.

Doppeltinktionen werden in neuerer Zeit unter Benutzung von Eosin einerseits, dann von Dahlia, Methylviolett oder Anilingrün andererseits ausgeführt. Die in einer alkoholischen Lösung von Eosin bereits gefärbten Präparate werden nachträglich noch in einer wässerigen 1prozentigen Lösung von Dahlia, Methylviolett oder Anilingrün ein zweitesmal tingiert. Dies geschieht nach Schiefferdecker folgendermassen:

Das durch Eosin tingierte Präparat wird gewaschen, dann mit einem der bereits erwähnten weiteren Tinktionsmittel gefärbt, indem man die Präparate einige Minuten in demselben liegen läſst. Nach genügender Färbung werden die Präparate mit Wasser gewaschen und in Alkohol gelegt. Dieser löst die Färbesubstanz. Der Zeitpunkt der eintretenden Tinktion muſs scharf beobachtet und das Präparat bei entsprechender Färbung sogleich aus dem Alkohol entfernt werden. Dasselbe wird nun in Nelkenöl aufgehellt und in mit Chloroform verdünntem Kanadabalsam aufbewahrt. Das zum Aufhellen dienende Nelkenöl soll jedoch mit Löschpapier aus dem Präparat aufgesaugt werden, da letzteres sonst bald in der Färbung verliert. Das Eosin tingiert zumeist die Zellkörper, die übrigen Färbemittel vornehmlich die Zellkerne.

Nach einer andern, von demselben Autor modifizierten Methode benutzt man zur Doppelfärbung Palladiumchlorür und pikrokarminsaures Natron. Die Schnitte werden hierbei zuerst in eine Lösung des ersten Salzes im Verhältnis von 1 : 300 bis 1 : 600 gelegt und sodann in eine kalt gesättigte Lösung des zweiten Salzes gebracht. Hierbei werden die Nervenzellen und die Achsenzylinderfasern intensiv rot, während die Markscheide sich gelb färbt.

Hämatoxylin und Karmin eignen sich nach Strelzoff zum Färben junger Knochen. Die so gefärbten Knochenschnitte zeigen die Knorpelreste bläulich, die Knochensubstanz aber rot. Die Präparate sollen übrigens nicht dauernd gefärbt sein.

Hämatoxylin und Pikrinsäure wendet Kutschkin für denselben Zweck an. Bei dieser Methode werden die Knorpelreste bläulich, die Knochensubstanz gelb. Die Knochen sollen aber, bevor sie geschnitten werden, in Müller'scher Flüssigkeit liegen.

Gerlach legt Querschnitte getrockneter Gefäſswände einen Tag lang in eine mit etwas Alaun versetzte Hämatoxylinlösung, später auf kurze Zeit in reine Essigsäure und sodann in verdünnte Pikrinsäure. Nach dem Auswaschen zeigt sich eine dreifache Färbung; die Muskeln, die elastischen Gewebe und Bindegewebe erscheinen je anders gefärbt.

Wissotzky verwendet Eosin und Hämatoxylin zur Doppelfärbung bei Untersuchung der Gefäſsentwicklung. Nach dieser vorzüglichen Methode werden jene Zellen der Blutgefäſse, aus welchen sich die Wände bilden, ebenso die weiſsen Blutzellen blau gefärbt, während jene Gebilde, aus denen sich die roten Blutzellen bilden, orangegelb erscheinen. Die Färbung geschieht auf die Weise, daſs der Schnitt oder das dünne Gewebe vorerst in eine Eosinlösung gegeben wird, in welcher es so lange bleibt, bis es rosafarben wird, um dann in Hämatoxylin gefärbt zu werden.

Imprägnationsmethoden.

Man versteht unter Imprägnation jenen Vorgang, wonach tierische Gewebe, wenn sie bei Lichtabschluſs in gewisse Metalllösungen gebracht und dann dem direkten Sonnenlichte ausgesetzt werden, an einzelnen Stellen das Metall in reduziertem Zustande und in Gestalt äuſserst feiner Körnchen ausscheiden. Den hierauf bezüglichen Methoden hat die Histologie ganz wesentliche Fortschritte zu verdanken.

Die zur Imprägnation verwendeten Metalle, bzw. deren Verbindungen, sind folgende: salpetersaures, pikrinsaures, essigsaures, zitronensaures und milchsaures Silber, dann Chlorsilber, Goldchlorid, Goldchloridkalium und Goldchloridnatrium, Überosmiumsäure und Osmiumamid, Paladiumchlorür und endlich Eisenoxydlösung mit gelbem Blutlaugensalz als Berlinerblau.

Höllenstein (*Argentum nitricum*). Thanhoffer verwendet gewöhnlich eine 1 bis 2, ja auch 3prozentige Lösung. Die Imprägnation wird wie folgt ausgeführt: Frisch vom Tiere genommene durchscheinende Gewebe werden in einer Porzellanschale in die Silberlösung gelegt, und die Schale mit einem lichtabhaltenden Deckel versehen. Das Präparat bleibt nun so lange in der Lösung (10 bis 15 Minuten), bis es eine weisse Farbe annimmt, wird dann herausgenommen und in 2prozentigem essigsaurem Wasser in einer Schale oder einem Uhrglase dem direkten Lichte ausgesetzt. Thanhoffer empfiehlt das Präparat nicht ganz in das essigsaure Wasser zu bringen, sondern dasselbe nur bisweilen mit essigsaurem Wasser zu bepinseln. Die mit Höllenstein imprägnierten Präparate werden in reinem Glycerin oder Glyceringelatine dauernd aufbewahrt. Mit Karmin oder Hämatoxylin nachträglich gefärbt erscheinen die Präparate noch deutlicher und schöner.

His wendet statt essigsauren Wassers Kochsalzlösung an.

Legros empfiehlt zur Fixierung der mit Höllenstein behandelten Präparate das auch von den Photographen benutzte unterschwefligsaure Natron, in welchem das Präparat nur einige Momente bleibt und dann ausgewaschen wird.

Alferow empfiehlt pikrinsaure, essigsaure, zitronensaure und milchsaure Silberlösung zum Imprägnieren in Verdünnungen von 1 : 800, wozu noch 10 bis 12 Tropfen freie Säure kommen.

Goldchlorid. Dieses Salz wird in ½ bis 1prozentigen Lösungen, von Vielen sogar in zehnfach gröfserer Verdünnung benutzt, die Goldlösung mufs aber vor dem Gebrauche mit Essig- oder Salzsäure angesäuert werden. Die Imprägnation wird genau so vorgenommen, wie die Höllensteinimprägnation, nur läfst man das Gold tiefer eindringen und deshalb das Präparat ¼ Stunde bis einige Stunden (bis es eine strohgelbe Farbe annimmt) in der Metalllösung. Stellt sich diese Farbe ein, so spült man dasselbe ab und bringt es einige Stunden (manchmal 24 bis 48 Stunden) dem Lichte ausgesetzt in verdünnte Essigsäure. Das Gold wird am besten von Nervensubstanz reduziert. Die Markscheiden der Nerven und die Nervenzellen färben sich dunkelbläulichrot, die Achsenzylinder dagegen werden hellrot.

Zur Präparation der Cornea, dann zur Demonstration der Muskelnerven empfiehlt sich besonders nachstehendes Verfahren. Die betreffenden Präparate kommen auf 15 bis 20 Minuten in eine 1/5prozentige Goldlösung, dann in ein mit Glasstöpsel gut schliefsendes Glas, in welchem sich eine Mischung von 1 Teil Ameisensäure, 1 Teil Amylalkohol und 100 Teilen Wasser befindet. Nach 24 Stunden tritt die Reduktion ein.

Goldchloridkalium wurde von Gerlach und anderen zur Untersuchung des Rückenmarkes und des sympathischen Nervensystems bei Fröschen verwendet. Die Lösung wurde 0,01 %, ja angeblich selbst nur 0,0001 % stark verwendet. Vor der Imprägnierung wurden die Schnitte in chromsaurem Ammoniak erhärtet.

Überosmiumsäure. Auch zum Imprägnieren verwendet man eine 1prozentige Lösung der Säure. Das Färben vollzieht sich in 1/4 bis 1 Stunde. Unangenehm ist das ätzende Gas, welches sich bei seiner Anwendung entwickelt, weshalb man an seiner Stelle auch gerne Osmiumamid anwendet, welches diese unangenehme Eigenschaft zwar nicht hat, dafür aber auch nicht so gut wirkt.

Palladiumchlorür. Es wurde von Schultze zur Demonstration der glatten und quergestreiften Muskeln empfohlen, da es diese gelb färbt, während es das Bindegewebe, Fett und die Hornsubstanz gar nicht färbt.

Thanhoffer empfiehlt dieses Salz zum Färben der Corneanerven und zwar allein oder in Verbindung mit Hämatoxylin. Zur Lösung des Palladiumchlorürs in Wasser ist ein wenig Salzsäure nötig. Man verwendet es in Verdünnungen von 1 : 800 bis 1 : 1500. Die im Handel vorkommende braune Lösung kann man auch benutzen, man hat dieselbe nur so lange mit Wasser zu verdünnen, bis sie eine strohgelbe Farbe annimmt.

Die weitere Ausführung dieses Gegenstandes, namentlich der Doppelimprägnationsmethoden, kann, als aufserhalb des Zweckes dieser Schrift gelegen, hier umgangen werden.

V. Injektionsmittel.

Ein unentbehrliches Hilfsmittel bei der mikroskopischen Untersuchung tierischer Organe ist das Einspritzen gefärbter Substanzen in die feinsten Gefäfse. Von dem Vorhandensein zarter Haargefäfse, ihrem Verlauf und ihren Teilungen kann man sich in der Regel auf andere Weise nicht überzeugen. Eine solche Injektion belehrt uns aber nicht blofs über den Verlauf der Gefäfse, sondern das ganze Bild wird durch den starken Gegensatz in der Färbung der zur Injektion verwendeten Substanzen und des umliegenden Gewebes weit anschaulicher und plastischer und ermöglicht dadurch ein weit klareres Verständnis des mikroskopischen Bildes. Eine kurze Anweisung zur Anfertigung solcher einfacher Präparate soll daher auch hier nicht fehlen, wenn dieselbe auch nur auf das Allernotwendigste beschränkt bleiben mufs.

Das gebräuchlichste Instrument zur Ausführung von Injektionen ist eine entsprechend grofse Metallspritze mit mehreren Kanülen von verschiedenem Durchmesser, entsprechend der Weite der Gefäfse, in welche sie eingeführt werden sollen. Statt der Kanülen kann man auch Glasröhren von 4 bis 5 mm innerem Durchmesser benutzen, die man über einer Flamme zu der erforderlichen dünnen Spitze auszieht, und die man mit Kautschukschlauch an das vordere Ende der Spritze befestigt. — Statt der Spritze kann, namentlich bei Organen von geringem Umfange, auch ein Apparat zur Anwendung gelangen, den man sich leicht selbst herzustellen im stande ist. Man nimmt eine Glaspipette, wie man sie unter den Glaswaren zum chemischen Gebrauche vorrätig findet, und eine weiche, 1 bis 2 dm lange Kautschukröhre, die mit dem einen Ende um den spitz zulaufenden Teil der Pipette, mit dem andern um eine als

Kanüle dienende, in eine geeignete Spitze auslaufende, kurze Glasröhre gestülpt und erforderlichenfalls festgebunden wird.

Beim Gebrauche wird die Pipette und die Kautschukröhre mit der Injektionsmasse gefüllt, diese, behufs Vertreibung der Luft aus dem Innenraum des Apparates, durch sanftes Drücken am Schlauch nach der Austrittsspitze gepreſst, die Spitze in das zu injizierende Gefäſs eingeführt und durch gleichmäſsiges Drücken am Schlauche die Flüssigkeit in das Gefäſs gepreſst.

Das Gelingen einer Injektion ist zum gröſsten Teile von der Brauchbarkeit der Injektionsmasse abhängig.

Injektionsmassen sind im Laufe der Zeit in groſser Anzahl in Vorschlag gebracht worden, von denen sich jedoch einzelne nicht bewährt haben, andere wieder nur in ganz speziellen Fällen angewendet werden können. Ich verzeichne hier nur jene Zusammensetzungen, welche sich allgemein bewährt haben und von den Forschern jetzt noch in Gebrauch genommen werden.

Kalte Injektionsmassen.

Beale's feine blaue Masse, nach den Verbesserungen von Frey: 10 Tropfen Eisenchloridlösung (kann von jedem Apotheker angefertigt werden) werden mit 15 g Glycerin vermengt. In einem zweiten Gefäſse werden 0,18 g gelbes Blutlaugensalz in wenig Wasser gelöst und mit 18 g Glycerin verdünnt. Hierauf werden beide Lösungen vorsichtig unter starkem Schütteln vereinigt und dem Ganzen noch 15 g Wasser und 3 Tropfen starke Salzsäure beigegeben.

Müller's Blau. Dieser bereitet sich in einfacher Weise eine kaltflüssige blaue Masse durch das Ausfällen einer konzentrierten Solution des käuflichen löslichen Berlinerblaus mit 90prozentigem Alkohol, wodurch der Farbstoff in äuſserster Feinheit ausfällt.

Richardson'sches Blau. 0,62 g reines schwefelsaures Eisenoxydul werden in 30 ccm destillierten Wassers gelöst. In einem zweiten Gefäſse 2 g rotes Blutlaugensalz (Kaliumeisencyanid) in gleichfalls 30 ccm Wasser. Unter starkem

Schütteln werden beide Lösungen vereinigt, wobei ein schönes, grünlich schimmerndes Blau entsteht, in welchem der Farbstoff sehr fein zerteilt ist. Hierauf setzt man unter beständigem Umrühren ein Gemenge von 60 g Wasser, 30 g Glycerin und 30 g starkem Alkohol zu.

Kollmann's rote Masse. 1 g Karmin wird in wenig Wasser und in 15 bis 20 Tropfen gesättigter Ammoniaklösung aufgelöst und mit 20 ccm Glycerin gemengt. — In einem zweiten Gefäſse werden 20 ccm Glycerin mit 18 bis 20 Tropfen starker Salzsäure vermengt und unter Schütteln in die Karminlösung gegossen. Das Ganze wird dann mit 40 ccm Wasser verdünnt.

Beale'sches Karmin. 0,3 g käuflichen Karmins werden mit einigen Tropfen Wasser versetzt, sodann in 5 bis 6 Tropfen starken Ammoniaks gelöst und die Lösung unter beständigem Schütteln mit 15 g Glycerin verdünnt. In einem zweiten Gefäſse werden 15 g Glycerin mit 8 bis 10 Tropfen konzentrierter Salz- oder Essigsäure angesäuert und der Karminlösung unter starkem Schütteln zugesetzt. Zur Verdünnung dient ein Gemenge, bestehend aus 15 g Glycerin, 7,5 g gewöhnlichem Alkohol und 22 g Wasser.

Frey's weiſse Masse. Aus 120 g kaltgesättigter Chlorbariumlösung wird schwefelsaurer Baryt durch langsames tropfenweises Zusetzen von englischer Schwefelsäure ausgeschieden. Der Niederschlag setzt sich in einem hohen Glaszylinder nach etwa 12 bis 20 Stunden vollständig ab. Nun wird etwa die Hälfte der klaren Flüssigkeit abgegossen und der Rest mit 30 g Alkohol und ebensoviel Glycerin gemengt.

Müller's rotbraune Masse. Dieselbe wird durch das Digerieren von chromsaurem Kupferoxyd mit einer äquivalenten Menge schwefelsauren Kupferoxyds und chromsauren Kalis gewonnen. Der hierbei entstandene Satz wird ausgewaschen und in überschüssiger Menge von Chromsäure aufgelöst, aus welcher Lösung dann mittels gelben Blutlaugensalzes braunrotes Ferrocyankupfer ausgeschieden wird, welches sodann mit der entstandenen doppeltchromsauren Kalilösung zur Injektion verwendet wird.

Höllensteinlösung. Es ist dies ein besonders schätzenswertes Injektionsmittel, um die Endothelzellen der Gefäfse sichtbar zu machen. Man läfst hierbei die Tiere durch Verbluten absterben, spritzt in die Gefäfse zunächst eine 0,25 bis 0,5- oder 1prozentige Lösung von salpetersaurem Silberoxyd ein, welcher man alsbald einen Strom Wasser nachsendet. Nachdem man die Gefäfse zerschnitten hat, setzt man sie dem Lichte aus und erhärtet nachträglich in Alkohol.

Um die Gefäfse gespannt zu erhalten, kann man die Höllensteinlösung auch mit flüssig gemachter Gelatine vermischen.

Zum Nachweise der in den Wänden der Gefäfse vorkommenden Safträume benutzt Thanhoffer eine reine oder auch mit Gelatine vermischte Höllensteinlösung. Bei solcher Behandlung, einem bestimmten Drucke und nachdem sie eine Zeitlang gestanden, zeigen sich an den Flächenschnitten der Gefäfshäute die Lymphräume (Saftkanälchen Recklingshausen's).

Auch zum Injizieren des zentralen Chylusgefäfses der Dünndarmzotten wird Höllenstein verwendet.

Warme Injektionsmassen.

Aufser den entsprechenden Farbstoffen wird bei allen warmen Injektionsmassen eine indifferente Substanz verwendet, welcher die Aufgabe zufällt, den Farbstoff in sich aufzunehmen. Man verwendet hierzu meist eine wässerige Leimsolution. Wässerige Solutionen haben nämlich zu den feinen Gefäfsen, deren Wände immer mit Blut, also mit einer wasserhaltigen Flüssigkeit, in Berührung sind, eine hochgradige Adhäsion; die Färbung wird also unter Anwendung solcher Massen überall eine gleichmäfsige sein, d. h. der benutzte Farbstoff wird überall ein gleichmäfsiges Ganzes bilden, ohne dafs sich Spuren von ungefärbten Zwischenräumen zeigen; ferner gerinnt die Leimsolution beim Erkalten, und man hat daher bei Anfertigung von Schnitten oder sonstigen Präparaten das Ausfliefsen der Injektionsmasse aus den durchschnittenen Gefäſsen nicht zu befürchten.

Man verwendet zur Herstellung der Leimsolution die reine durchsichtige Gelatine, wie sie im Handel zu haben ist, schneidet sie in Stücke und läſst sie in wenig Wasser aufquellen. Nach dem Aufquellen kommt die Gelatine in frisches Wasser und wird, unter Beigabe von etwas Glycerin, im Wasserbade so lange erwärmt, bis das Ganze flüssig geworden ist. Was das Verhältnis der Gelatine zur Wassermenge anlangt, so darf man annehmen, daſs ein Gewichtsteil Gelatine auf 8 bis 10 Gewichtsteile Wasser meist ein richtiges Verhältnis gibt. Die beim Aufbewahren der Leimsolution bald eintretende Schimmelbildung wird durch Zusatz von ein paar Tropfen Karbolsäure verhindert.

Bei der Anwendung wird nun die warme Gelatinesolution mit den schon vorher im Mörser sorgfältig verriebenen und filtrierten Farbstoffen behutsam vermengt. Kommt Karmin zur Verwendung, so wird dieser in Ammoniak gelöst, und die Lösung der flüssiggemachten Gelatinesolution zugesetzt. — Wenn sich die Farbstoffe nicht sehr fein zerreiben lassen, so muſs man sich dieselben durch Präzipitation aus verdünnten Lösungen selbst herstellen.

Rote Zinnobermasse. Sie besteht aus einer Mischung von Leim, Zinnober und etwas Karmin. Man hüte sich davor, zu wenig Zinnober zu nehmen, da sonst in dem fertigen Präparate die Farbekörnchen getrennt und zerstreut liegen. Wegen der bedeutenden Schwere des Zinnobers ist die Masse unmittelbar vor dem Gebrauche tüchtig umzurühren.

Gelbe Masse. 36 Gewichtsteile Bleizucker werden in 60 ccm Wasser einerseits, und 15 Gewichtsteile chromsaures Kali in gleichfalls 60 ccm Wasser andererseits gelöst. Beim Mischen beider Flüssigkeiten setzt sich chromsaures Bleioxyd zu Boden, das gewaschen und dann mit der warmen Leimlösung vermischt wird.

Blaue Masse. Eine recht passende blaue Injektionsmasse erhält man, wenn man käufliches Berlinerblau mit etwa dem dritten Teile Oxalsäure in einem Mörser zu feinem Pulver zerreibt und unter fortgesetztem Reiben etwa 8 bis 10 Gewichtsteile Wasser zufügt. Nun läfst man das überschüssige Berlinerblau sich zu Boden setzen und giefst die darüber stehende klare Flüssigkeit ab, von welcher dann schon eine verhältnismäfsig geringe Quantität genügt, um eine grofse Quantität Leimsolution für die Zwecke der Injektion ausreichend zu färben.

Weifse Masse. 125 g Bleizucker werden in Wasser gelöst, so dafs die Lösung ein Volumen von 480 ccm erreicht. In einem zweiten Gefäfse werden 95,5 g kohlensaures Natron in so viel Wasser gelöst, dafs das Ganze gleichfalls ein Volumen von 480 ccm hat. Zur Präzipitation des kohlensauren Bleioxydes verwendet man 1 Raumteil der ersten und 2 Raumteile der zweiten Solution und bringt das so erhaltene und gewaschene Bleiweifs in 2 Raumteile der Leimlösung.

Transparente warme Injektionsmassen.

Thiersch's Blau mit Oxalsäure. Man bereitet sich zunächst folgende vier Lösungen:

1. eine kalt gesättigte Lösung von schwefelsaurem Eisenoxydul;
2. eine gleiche von rotem Blutlaugensalz;
3. eine gesättigte Lösung von Oxalsäure;
4. eine warme Lösung von 1 Gewichtsteil feinem Leim in 2 Gewichtsteilen Wasser.

Nun mischt man in einer Porzellanschale 15 g der Leimlösung mit 6 ccm der ersten Solution, und in einer zweiten Schale 30 g der Leimlösung mit 12 ccm der zweiten Solution, zu welcher nachträglich noch 12 ccm der Oxalsäurelösung kommen.

Ist die Masse in beiden Schalen auf etwa 25 bis 30° abgekühlt, so trägt man tropfenweise und unter beständigem Umrühren den Inhalt der ersten Schale zu der Mischung der zweiten ein. — Die hierdurch entstandene tiefblaue Masse wird sodann unter beständigem Umrühren auf 70 bis

100° erhitzt und schliefslich durch Flanell filtriert. Das etwas tiefblaue Kolorit dieser vorzüglichen Injektionsmasse kann durch Beigabe einer gröfseren Menge der Leimlösung auf Wunsch bequem heller gemacht werden. Das im Handel wenig verbreitete rote Blutlaugensalz kann übrigens auch durch das leicht käufliche und bedeutend billigere gelbe Blutlaugensalz ersetzt werden.

Gerlach's Karminmasse. 5 g feiner Karmin werden in 4 g Wasser und 0,5 g Ammoniak gelöst. Die Lösung bleibt in einem offenen Gefäfse mehrere Tage stehen, damit das überschüssige Ammoniak entweichen kann, und wird sodann mit einer warmen Solution von 6 g Gelatine in 8 g Wasser versetzt. Schliefslich werden dem Gemenge noch einige Tropfen Essigsäure zugesetzt. Die Injektion erfolgt bei einer Temperatur von 40 bis 45°. Diese Injektionsmasse läfst sich auch lange Zeit konservieren, wenn man das zur Lösung des Leimes bestimmte Wasser mit etwas Karbolsäure versetzt.

Thiersch's transparentes Gelb. Man bereitet sich eine Lösung von 1 g einfach chromsaurem Kali in 11 g Wasser und eine ebenso starke Lösung von salpetersaurem Bleioxyd.

In einer Schale mischt man nun die Lösung des chromsauren Kali mit einer aus 20 g Gelatine und 80 g Wasser bereiteten Leimsolution, und in einer zweiten Schale die Lösung des salpetersauren Bleioxyds mit einer aus 40 g Gelatine und 80 g Wasser bestehenden Leimsolution.

Der Inhalt beider Schalen wird nun bei einer Temperatur von 25 bis 30° vorsichtig und langsam unter beständigem Umrühren vereinigt und sodann mindestens eine halbe Stunde im Wasserbade erwärmt und dabei auf einer Temperatur von 70 bis 100° erhalten. Schliefslich wird durch Flanell filtriert.

Ludwig's braune Masse. Diese besteht aus Asphalt, welcher in Äther aufgelöst wird. Die damit injizierten Gefäfse werden schön braun. Der Asphalt scheidet sich dabei in sehr feinen Körnchen aus. Die nachträgliche Erhärtung erfolgt in Alkohol.

VI. Werkzeuge zum Zerkleinern der Objekte.

Skalpelle. Zum Zerfasern pflanzlicher und tierischer Gewebe, zum Zerkleinern und Zerlegen entomologischer Objekte, dann bei Anfertigung von Molluskenpräparaten leisten kleine, in hölzernen oder beinernen feststehenden Griffen befestigte Messerchen, die Skalpelle, sehr gute Dienste. Man wird sich zweckmäfsig zwei bis drei von verschiedener Gröfse und mit verschieden geformten Klingen anschaffen. Da dieselben nicht zur Anfertigung feiner Schnitte bestimmt sind, so braucht auf Herstellung und Erhaltung einer vorzüglichen Schärfe nicht jene besondere Sorgfalt, wie sie bei den Rasiermessern erforderlich ist, verwendet zu werden; ihr Schärfen erfolgt auf einem feinkörnigen Schleifstein ohne nachträgliche Anwendung des Streichriemens.

Scheeren. Um bequem feine Zerkleinerungen vornehmen zu können, sind kleine Scheeren durchaus nicht zu entbehren. Man schaffe sich wenigstens zwei davon an, deren eine die Form der gewöhnlichen anatomischen Scheere mit geraden Schenkeln hat, während die andere senkrecht zur gewöhnlichen Schneidfläche gebogene Schenkel besitzt (Cooper'sche Scheere). Bei einiger Vorsicht läfst sich die Schneide der Scheeren ziemlich lange erhalten; hat dieselbe aber durch anhaltenden Gebrauch doch gelitten, so ist es am zweckmäfsigsten, sie durch einen Instrumentenmacher wieder in Stand setzen zu lassen.

Nadeln sind bei einer Reihe mikroskopischer Untersuchungen ganz unentbehrlich. Mit einigen gewöhnlichen, verschieden starken Nähnadeln, die in hölzerne oder beinerne Griffe eingelassen sind, kann man schon viele der wichtigsten Zergliederungen unter dem Mikroskope ausführen. Als Griffe eignen sich auch ganz gut jene Bleistifthalter mit abschraubbarer Spitzenhülse, in die man statt des holzfreien Graphitstiftes eine Nadel einsetzt. Diese Griffe haben vor jenen, in welchen die Nadeln fest sitzen, den Vorzug, dafs man die Nadelspitze beliebig weit zurückschrauben kann, wodurch die Bewegungen derselben an Sicherheit gewinnen.

Um aber für alle Fälle ausgerüstet zu sein, ist es gut, auch eine Nadel mit umgebogener Spitze und eine solche, deren Ende sich skalpellförmig oder dolchartig verbreitet, anzuschaffen.

Stahlpincetten sind zwei erforderlich; eine mit schmalen, feinen und eine solche mit breiten, etwas abgerundeten Spitzen. Die Innenseite der Spitzen soll nicht feilenartig gekerbt, sondern ganz glatt sein, da sie in diesem Zustande zarte Objekte weniger leicht verletzen.

Schraubstock. Ein kleiner Handschraubstock dient zweckmäfsig zum Festhalten solcher Objekte, die man mit der Hand nicht mehr bequem fassen kann, um davon dünne Durchschnitte zu gewinnen. Aufserdem eignet er sich auch zum Einklemmen solcher Gegenstände, welche behufs Anfertigung feiner Schnitte zwischen Hollundermark oder Korkplatten gelegt werden müssen.

Die sämtlichen vorstehend aufgeführten Werkzeuge sind aus jeder optisch-mechanischen Werkstätte in entsprechender Qualität zu beziehen.

Als weiter zur Herstellung von mikroskopischen Präparaten erforderliche Utensilien und Geräte sind zu nennen: Einige feine Feilen, um Objekte, die später geschliffen werden sollen, vorläufig zu ebnen, ein Laubsägebogen mit Laubsägen, einige feine Malerpinsel, mehrere in eine Spitze ausgezogene Glasstäbe, um Flüssigkeiten tropfenweise auf den Objektträger zu bringen, eine genügende Anzahl von Gläsern à 30 bis etwa 60 g Inhalt mit eingeriebenen Glasstöpseln zur Aufbewahrung der bereits beschriebenen Flüssigkeiten und Reagentien, mehrere Präparatenschalen mit Glasdeckeln zur staubfreien Aufbewahrung von Objekten in Flüssigkeiten, verschieden grofse und weite Reagiergläschen, einige kleine Glasglocken, eine Anzahl gewöhnlicher Uhrgläser und eine tubulierte Spirituslampe mit regulierbarem Brenner.

Bei manchen vorzunehmenden Arbeiten mag es immerhin vorkommen, dafs die vorstehend aufgeführten Hilfsmittel und Geräte nicht bequem ausreichen, doch sind sie im allgemeinen genügend. Wenn irgendwo, so findet Franklins bekanntes Wort: »Ein Naturforscher mufs mit dem Bohrer sägen, mit der Säge aber bohren können« hier Anwendung. Der praktische Mikroskopiker wird sich in kritischen Fällen zu helfen wissen und manche seiner Instrumente zu Arbeitsleistungen heranziehen, wozu sie ein Unbeholfener allerdings nicht gebrauchen kann. Übrigens wird in Folgendem an passender Stelle auf besondere Schwierigkeiten hingewiesen und Mittel zu deren Beseitigung angegeben werden.

VII. Objektträger und Deckgläser.

Von besonderer Wichtigkeit, insbesondere für die Herstellung von Dauerpräparaten, ist die Wahl der Objektträger und Deckgläser. Hier hat man es sich zum strengsten Grundsatze zu machen, jederzeit nur das beste Material zu verwenden und nicht den Kostenpunkt an die Spitze zu stellen.

Als Objektträger benutze man nur solche mit geschliffenen Kanten. Allerdings sind dieselben etwas teurer als Objektträger mit ungeschliffenen Rändern; es gewinnen aber auch die Präparate durch erstere bedeutend an Eleganz, und wenn es auch richtig ist, dafs das äufsere Ansehen nicht den wissenschaftlichen Wert eines Präparates bedingt, so wird doch eine Präparatensammlung mit ungleichen, äufserlich unsauberen und unansehnlichen Gläsern dem Besitzer nie die Freude, wie eine, auch in dieser Beziehung allen Ansprüchen genügende, bereiten. Dazu kommt noch, dafs der Mikroskopiker vielfach auf den Tauschverkehr angewiesen ist, der nur dann ein dauernder, beide Teile zufriedenstellender sein und bleiben wird, wenn auch dem angeregten Punkte die gebührende Rücksichtnahme zugewendet wird.

Am meisten gebräuchlich sind jetzt Objektträger aus deutschem Solinglase. Dieselben verdienen unbedingt vor den aus England importierten, im Preise mehr als nochmal so hoch stehenden, den Vorzug, weil sie als mikroskopisch reiner im Glase bezeichnet werden müssen. Das Format der Objektträger ist — soweit nicht die Gröfse des zu präparierenden Objektes ein abweichendes Format erheischt — gegenwärtig fast ausschliefslich das sogenannte englische (76 zu 26 mm). Der angehende Mikroskopiker wird daher am besten dieses, und kein anderes, seiner Sammlung zu Grunde legen. Das früher in Deutschland ziemlich allgemein benützte Giefsener Format (48 zu 28 mm) wird jetzt nur mehr selten angetroffen, und sind aufserdeutsche Tauschverbindungen mit Präparaten in diesem Formate nur schwer anzuknüpfen.

Auf einen Umstand möchte ich hier noch aufmerksam machen, dessen Nichtbeachtung manches Präparat verschlechtert. Jeder Objektträger hat nämlich, wie jedes Ding, seine zwei Seiten resp. Flächen, eine gute und eine schlechte Fläche. Es wird nämlich selten ein Objektträger zu finden sein, der nicht gewisse Punkte aufwiese, welche absolut nicht durch Putzen entfernt werden können. Auf einer Seite des Objektträgers nun erscheinen diese Punkte als Vertiefungen, während sie auf der Gegenseite das Ansehen von Erhöhungen besitzen. Erstere Seite, also diejenige, auf welcher die Punkte als Vertiefungen erscheinen, ist die schlechte Seite des Objektträgers, und ein Präparat soll nie auf diese Fläche gelegt werden. Geschieht dies dennoch, so sieht man diese kritischen Punkte unter dem Mikroskope stets durch das Objekt hindurchscheinen, was nicht der Fall ist, wenn man dasselbe auf die andere, die Punkte als Erhöhungen zeigende, gute Seite des Objektträgers legt.

Auch die Qualität der Deckgläser entspricht nicht immer den Anforderungen, welche der Mikroskopiker verlangen mufs; es ist deshalb dringend notwendig, jedes einzelne Deckglas in Bezug auf seine Brauchbarkeit zu prüfen, wenn man nicht einen grofsen Teil seiner Präparate durch das Aufbringen eines fehlerhaften Deckglases entwerten will.

Ganz besonders ist dieser Punkt bei Anfertigung solcher Präparate zu beachten, deren Studium voraussichtlich bei sehr starken Vergröſserungen vorgenommen werden muſs. Blasen oder kleine sich als Erhebungen bzw. Vertiefungen zu erkennen gebende Punkte darf ein brauchbares Deckglas nicht zeigen, zum mindesten darf eine solche Stelle nicht über das Objekt zu liegen kommen, da auſserdem unklare, verzerrte oder verschwommene Bilder bei der Beobachtung zum Vorschein kommen.

Über die Form, Gröſsen- und Dickenverhältnisse der anzuwendenden Deckgläser finden sich in dem Abschnitte über Anfertigung der Präparate die erforderlichen Angaben.

Objektträger und Deckgläser reinigt man vor dem Gebrauche mit einem weichen, reinen Leinwandlappen (auſser Gebrauch gesetzte weiſse leinene Taschentücher eignen sich hierzu am besten), welchen man mit Wasser, dem etwas Alkohol zugesetzt worden, befeuchtet hat. Die Deckgläser, die ihrer leichten Zerbrechlichkeit wegen besondere Vorsicht erheischen, nimmt man dabei flach in das Tuch zwischen Daumen und Zeigefinger der rechten Hand und dreht sie in dem Tuche mit den gleichen Fingern der linken Hand. Ehe man übrigens die eben besprochene Reinigung der Deckgläser vollzieht, muſs man sie mit konzentrierter Salzsäure behandeln, um den auf der Oberfläche haftenden sogenannten Hüttenrauch zu entfernen. Zu diesem Behufe bringt man die Deckgläser in ein Gefäſs, welches die Säure enthält, läſst dieselben in der letzteren ungefähr 10 Minuten lang liegen und wäscht sie hierauf so lange mit reinem Wasser aus, bis alle Säure vollständig entfernt ist, wovon man sich durch einen hinzugebrachten Streifen blauen Lackmuspapieres überzeugen kann.

Die gereinigten Deckgläser bewahrt man am besten in einem Pappschächtelchen, dessen Bodenfläche man mit einem Stückchen Seidenzeug bedeckt hat, für den späteren Gebrauch auf. Die gereinigten Objektträger reiht man mit Vorteil zwischen die Zahnleisten eines leeren Präparatenkartons ein, in keinem Falle aber läſst man dieselben auf einander geschichtet ohne trennende Zwischenlage liegen, da hierdurch leicht Kritzer auf denselben entstehen können.

Unmittelbar vor dem Gebrauche putzt man Objektträger und Deckglas nochmals mit einem trockenen weichen Leder, um die etwa inzwischen aufgefallenen Staubpartikelchen zu entfernen. Statt des Leders einen trockenen Leinwandlappen zu benutzen, empfiehlt sich nicht, weil sich dabei häufig feine Leinenfasern von dem Tuche ablösen, an dem Deckglase hängen bleiben und mit demselben auf das Präparat gelangen.

Da dem Anfänger wohl manche Präparate mifslingen werden, und selbst der Geübte oft genug in die Lage kommt, aus verschiedenen Ursachen ein aufgelegtes Deckglas durch ein anderes zu ersetzen, so darf hier auch eine Besprechung über die Reinigung gebrauchter, mit der Einschlufsmasse und dem Verschlufslacke verunreinigter Deckgläser und Objektträger nicht übergangen werden. Durch Glycerin, Glyceringelatine oder sonstige in Wasser lösliche Substanzen verunreinigte Gläser bringt man auf einige Stunden in warmes Wasser, ersetzt sodann das unreine gewordene Wasser durch reines Wasser und trocknet die Gläser mit einem reinen Leinwandlappen. Mit Kanadabalsam oder irgend einem anderen in Weingeist oder Terpentinöl löslichen Harze verunreinigte Gläser bringt man in absoluten Alkohol und läfst sie darin unter öfterem Durcheinanderschütteln etwa einen Tag, unter Umständen auch länger, liegen, worauf man sie herausnimmt und ohne jede weitere vorherige Reinigung in heifses Wasser bringt, in welchem Soda oder Pottasche aufgelöst wurde. Alle den Gläsern jetzt noch anhaftenden Verunreinigungen lassen sich nunmehr nach kurzer Zeit mit einem Leinwandlappen leicht und vollständig beseitigen.

Bisweilen kommt es vor, dafs verunreinigte Objektträger, welche längere Zeit in diesem Zustande liegen bleiben, nach dem Reinigen auf der Oberfläche matte Trübungen (Erblindung) zeigen. Man beseitigt dieselben durch kurzes Einlegen in verdünnte Salzsäure und nachfolgendes Auswaschen in verdünntem und absolutem Alkohol.

VIII. Verschlufslack, Drehtisch und Objektpresser.

Zum Schutze der fertigen Präparate versieht man dieselben mit einem Lackabschlusse. Manche Mikroskopiker halten denselben nur für solche Präparate geboten, welche in Flüssigkeiten eingelegt sind, und sind der Meinung, bei in Balsam oder anderen Harzen liegenden Präparaten einen äufserlichen Abschlufs entbehren zu können. Ich bin in dieser Beziehung auf Grund schlimmer Erfahrungen anderer Ansicht und sage: einen Lackabschlufs mufs jedes Dauerpräparat früher oder später erhalten, wenn es anders nicht zu Grunde gehen soll. Wem seine Präparatensammlung, deren Herstellung viele Mühe, Zeit und Geld erforderte, lieb ist, der befolge meinen Rat und versehe, wenn es nicht schon geschehen sein sollte, nachträglich noch alle seine Balsampräparate mit einem Lackringe. — Es ist zwar ganz richtig, dafs der zwischen Objektträger und Deckglas eingeschlossene Balsam allmählich — wenn auch erst nach einer Reihe von Monaten — vollständig erhärtet und dadurch Objektträger, Präparat und Deckglas zu einem mehr oder weniger fest zusammenhaltenden Ganzen vereinigt; aber eben so richtig ist, dafs der vollkommen erhärtete Balsam sehr spröde ist, wodurch oft infolge eines zufälligen, auch nur geringen, Druckes das Deckglas ganz oder teilweise vom Kanadabalsam abspringt, so dafs das Präparat leicht zu Grunde gehen kann. Manchmal reicht ein Fall des Präparates schon von geringer Höhe aus, die Verbindung des Deckglases mit dem Balsam einseitig aufzuheben, und es zeigen sich dann auf dem Deckglase die sog. Newton'schen Farbenringe, welche eine genaue Beobachtung des Präparates sehr erschweren, ja manchmal geradezu unmöglich machen.

Ich halte die Benutzung eines guten, vollkommen zweckentsprechenden Lackes für wichtig genug, um diesen Gegenstand hier näher zu besprechen. Ich habe alle mir bekannt gewordenen Lackkompositionen, selbst die bestechenden, von nordamerikanischen Mikroskopikern häufig benutzten, verschiedenfarbigen Lacke, durchprobiert und bin dabei zu der Überzeugung gekommen, dafs wir die beste Zusammensetzung in unserem, seit einer langen Reihe von Jahren benutzten, Maskenlack[1]) besitzen. Derselbe ist von tiefschwarzer Farbe, kittet ausgezeichnet, fliefst leicht und stetig aus dem Pinsel, ohne zu zerfliefsen, trocknet in 1 bis 2 Tagen vollkommen und wird — wenn er nicht auf einmal in zu dicker Schichte aufgetragen wird — selbst nach Jahren nicht rissig. Ein drei- bis viermaliges Auftragen des Lackes, nachdem die vorhergegangene Lage vollkommen trocken geworden, verschliefst auch die dicksten Präparate mit aller nur wünschenswerten Sicherheit und schützt sie, soweit ein Lackverschlufs dieses übernehmen kann, vor Verletzung.

Mit der Verwendung des Verschlufslackes in einem gewissen Zusammenhange steht die Form der Deckgläschen. Ich benutze für meine Dauerpräparate nie andere als runde Gläschen; der etwas niedrigere Preis der quadratischen oder rechteckigen Gläschen so wenig, wie die Thatsache, dafs sie bei gleichem Durchmesser ein gröfseres für das Präparat nutzbares Feld bedecken als die runden Gläschen, kann ihnen vor letzteren den Vorzug einräumen. Abgesehen von dem weit eleganteren Aussehen der mit runden Gläschen bedeckten Präparate, spricht allein schon die Einfachheit und Sicherheit des nur durch runde Gläschen ermöglichten Verschlusses für die ausschliefsliche Anwendung dieser letzteren.

Zum Auftragen des Lackes bediene ich mich eines mittelkräftigen Haarpinsels an langem Holzstiele. Ist die Konsistenz des Lackes durch längeres Stehen und Verdunsten zu dick geworden, so dafs er nicht mehr leicht aus dem Pinsel fliefst, so verdünne ich denselben unter starkem und längere Zeit andauerndem Schütteln so lange mit möglichst starkem Alkohol, bis er zwar leicht aus dem Pinsel fliefst, aber beim Bestreichen einer Glasplatte noch vollkommen ganzrandige (nicht gewellte oder zackige) Konturen erzeugt. Nach dem Gebrauche wird der Lack sorgfältig ver-

---

[1]) Ich beziehe denselben von J. Klönne und G. Müller in Berlin.

schlossen. Den Pinsel bewahrt man am besten in einem gewöhnlichen Mixturglas in der Art auf, dafs man um den Pinselstiel einen durchbohrten Kork oder Gummiring, der das Glas verschliefst, in solcher Höhe legt, dafs nach dem Verschlusse der Pinsel den Boden des Glases nicht ganz berührt; in das Glas gibt man so viel Alkohol, dafs die Haare des Pinsels vollkommen von demselben umspült werden. Auf diese Weise bleibt der Pinsel stets weich und elastisch, verliert seine Spitze nicht und kann ohne jede Vorbereitung jederzeit sofort in Gebrauch genommen werden.

Die Ringe selbst, wie überhaupt alle Arten von Lackringen, werden am reinlichsten, raschesten und elegantesten auf dem Drehtische verfertigt. Dieser besteht aus einer runden Messingplatte von etwa 1 dm Durchmesser, an deren unteren Seite im Mittelpunkte senkrecht zur Platte eine Führungshülse festgelötet ist, welche sich samt der Platte in einem senkrecht auf einem Holzklotze oder einem Metallfufse befestigten Metalldorne dreht, so dafs die Messingscheibe horizontal rotiert. Die obere Fläche der Scheibe trägt mehrere konzentrisch angebrachte, der Gröfse der gebräuchlichsten Deckgläschen entsprechende Ringe und einen Bügel, welcher zum Festhalten der Objektträger dient, schwach federnd aufdrückt und durch einen Gegendruck der Fingerspitze gehoben wird. Solche Drehtische sind gegenwärtig in allen Handlungen für mikroskopische Utensilien zu haben. Drehtische, deren Zapfen in einem Holzklotze sitzen, der in der Höhe der Drehscheibe eine seitliche Fortsetzung zur Auflage der den Pinsel führenden Hand trägt, verdienen ihrer Bequemlichkeit wegen vor den allein auf Metallfufs ruhenden den Vorzug.

Die Beschreibung eines von A. Münster empfohlenen Drehtisches, den sich jeder einigermafsen Sachkundige leicht selbst anfertigen kann, soll hier erwähnt werden. In einem schweren gufseisernen Lampenfufs ist ein, in seiner vollen Länge gleich stark bleibender, runder, eiserner Zapfen eingelassen. Auf demselben läuft eine mit einem Dorne im Zapfen gehende und mit einer fast die volle Länge des

Zapfens umkleidenden Führungshülse montierte, starke Messingscheibe von etwa 1 dm Durchmesser. Der Abstand zwischen Scheibe und Fufs betrage etwa 8 cm (je kleiner, desto besser). Um den Mittelpunkt der Scheibe werden vier konzentrische Kreise eingerissen, welche in ihren Durchmessern den angewendeten Deckglasgröfsen (10, 12, 15 und 18 mm) entsprechen. Ein fünfter, ebenfalls konzentrisch eingerissener Kreis dient dazu, die Objektträger ohne alle Weiterungen derart auf die Scheibe legen zu können, dafs der Mittelpunkt derselben genau mit dem Mittelpunkte der Scheibe zusammenfällt. Der Kreis hat zu diesem Zwecke einen Durchmesser von 80 mm, der Gröfse der Objektträger im englischen Format (26 : 76) entsprechend. Man hat daher behufs genauer Zentrierung den Objektträger nur so auf die Scheibe zu legen, dafs seine vier Ecken die Peripherie des Kreises berühren. Zwei messingene Federklammern dienen zur Fixierung desselben in der richtigen Lage.

Bei Anfertigung der Lackringe dreht man die Scheibe mit dem darauf fixierten Objektträger einfach unter dem gefüllten Lackpinsel. Die linke Hand versetzt zu diesem Behufe mit Daumen und Zeigefinger die Führungshülse in Rotation, während die rechte Hand den Pinsel führt. Hat der Drehtisch keine Auflage für die Hand, so thut man gut, dieselbe zur Unterstützung auf eine Unterlage zu legen, welche ebenso hoch wie der Drehtisch ist.

Beim Einschlusse sehr dünner Objekte, auch bei dickeren Objekten — soferne der Einschlufs in Glycerin-Gelatine erfolgt — hat man auf dem Objektträger keinerlei Vorkehrung vor dem Einschlusse zu treffen. Hat man aber, wie dies bisweilen namentlich bei entomologischen Präparaten vorkommen wird, dickere Präparate einzuschliefsen, oder fürchtet man, dafs nachträglich der erhärtende Kitt das Deckglas zu stark an das Präparat pressen und dasselbe beschädigen könnte, oder schliefst man Präparate trocken ein, so muss zwischen Objektträger und Deckglas eine feste Einlage gebracht werden; man schaltet zwischen beide eine Zelle ein. Man verwendet hierzu Ringe aus Kautschuk, Glas oder Zinnfolie, oder bringt vor Auflage des Präparates einen entsprechend starken Lackring an, oder bedient sich konkav geschliffener Objektträger.

Ringzellen erfüllen allerdings ihre Aufgabe am vollkommensten und können in allen Fällen angewendet werden, sind aber etwas kostspielig; man kann sie von J. Klönne und G. Müller in Berlin beziehen.

Lackzellen verdienen zwar ihrer Bequemlichkeit und Billigkeit wegen vor allen den Vorzug, doch lassen sich dieselben nur da anwenden, wo die Einschlufsflüssigkeit gegenüber dem Lack ein vollkommen indifferentes Verhalten zeigt, da aufserdem Gefahr besteht, dafs im Laufe der Zeit eine Auflösung und Vermischung des Lackes mit der Einschlufsflüssigkeit stattfinden könnte. Sie finden also vorwiegend Verwendung bei Trockenpräparaten und bei glycerinhaltigen Einschlufsflüssigkeiten, während sie bei Harzeinschlüssen aller Art unbedingt ausgeschlossen sind.

Kommt es bei einem dicken Präparat nicht darauf an, dafs es möglichst genau in einer Ebene liegt, so kann man mit Vorteil Objektträger mit konkav eingeschliffenen Vertiefungen, die gleichfalls von oben genannter Firma bezogen werden können, verwenden.

Bei Anwendung von Ringzellen zieht man auf dem Objektträger einen, der Gröfse der Zellen entsprechenden, schwachen Lackring, drückt auf demselben sofort die etwas erwärmte Zelle fest und läfst das Ganze vor Einschlufs des Präparates gut trocknen. Etwa in das Innere der Zelle eingetretener Lack läfst sich nach dem Trocknen leicht abkratzen. — Die Lackzellen verfertigt man sich auf der Drehscheibe in gleicher Weise wie die Verschlufsringe, nur mufs die Zelle durch wiederholtes Auftragen von Lack nach jedesmaligem Trocknen entsprechend erhöht werden. — Beim trockenen Einschlufs von Objekten bringt man das Präparat auf den Objektträger, ehe der Lackring vollkommen trocken ist, legt sofort das Deckglas darauf, das an seiner ganzen Peripherie gleichmäfsig an den Lackring angedrückt wird, und läfst jetzt den Ring vollkommen trocknen. Es ist unbedingt notwendig, dafs das Deckglas dem Lackring auf der ganzen Peripherie anliegt, da aufserdem bei Anlage des Verschlufsringes der Lack an jeder offenen Stelle unter das Deckglas eintreten und das Präparat verderben würde.

In vielen Fällen — namentlich bei Balsameinschlufs — ist es notwendig, dafs das Deckglas einige Zeit (unter Umständen mehrere Tage und Wochen) hindurch sanft auf das darunter liegende Objekt angedrückt werde, damit letzteres in der ihm angewiesenen Lage und Gestalt während des Trocknens des Balsams verbleibe. Eine sehr einfache, diesen Zweck vollkommen erfüllende Vorrichtung, die sich jeder

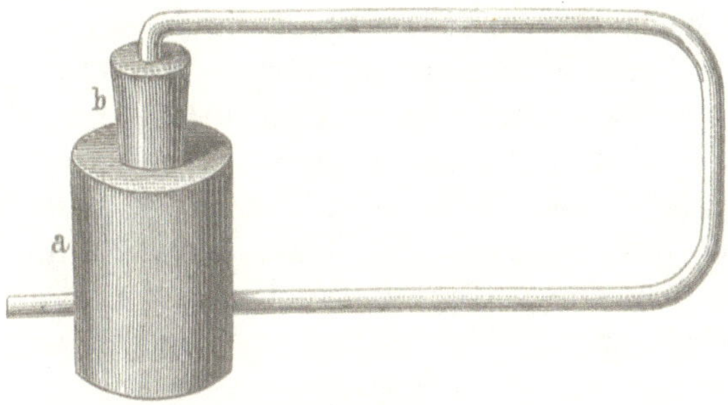

Fig. 10.
Objektpresser.

Mikroskopiker ohne Mühen und Kosten selbst anfertigen kann, ist der in obiger Fig. 10 abgebildete Objektpresser.

Derselbe besteht aus zwei gewöhnlichen Korken *a* und *b*, welche durch einen dreimal rechtwinkelig gebogenen Kupfer- oder Eisendraht gegen einander gedrückt werden. Die Löcher in den Korken, in welche man den Draht steckt, werden durch glühende Stricknadeln vorgebohrt. Durch den Kork *a* geht der Draht vollständig hindurch, während er in den Kork *b* etwa nur zur Hälfte hineinreicht. Der Kork *b* wird, der Gröfse der Deckgläschen entsprechend, nach unten zu kegelförmig zugeschnitten, so dafs sein unterer Durchmesser etwa halb so grofs als der des Deckgläschens ist; auch wird die untere Fläche desselben etwas wenig ausgehöhlt, so dafs er nur mit seinem Rande sanft auf das Deckglas drückt. Die Gröfse des federnden Druckes hängt teils von der Stärke des verwendeten Drahtes, teils von der Länge der Drahtschenkel in der Weise ab, dafs dickerer Draht oder kürzere Schenkel den Druck vermehren, und umgekehrt. Der Präparator hat es also ganz in seiner Hand den Druck nach Belieben zu modifizieren, was übrigens auch schon durch das Nähern oder Entfernen beider Schenkel innerhalb gewisser Grenzen geschehen kann. Solcher Vorrichtungen verfertige man sich mehrere, und befestige sie sodann in Entfernungen von etwa 1 dm von einander mittels Siegellacks auf einem etwa 1 dm breiten und beliebig langen Brettchen. Die Objekte kommen sodann zwischen die beiden Korke und können bis zum Trocknen des Balsams dort bleiben.

Eine andere Prefsvorrichtung, welche ich gleichfalls seit langer Zeit in Gebrauch habe, ist folgende, für ein gleichzeitiges Pressen von zehn Präparaten bestimmt. In Mitte der beiden Längsenden eines etwa 1,5 dm breiten und 5 bis 6 dm langen Brettchens erheben sich zwei schmale 2 dm hohe hölzerne Träger in senkrechter Richtung. Diese Träger dienen zum Befestigen zweier schmaler Holzstreifen, welche mit dem Brette die gleiche Länge haben und in Abständen von je 0,5 dm kreisrunde Durchbohrungen von etwa 8 mm Durchmesser besitzen. Diese beiden Holzstreifen werden an den Trägern in der Weise befestigt, dafs sie parallel zum Bodenbrette und in Abständen von 0,5 und bzw. 1,5 dm von demselben verlaufen, und die Bohrlöcher senkrecht übereinander zu stehen kommen. Die Durchbohrungen sind zur Aufnahme etwa bleistiftlanger und bleistiftdicker runder Eisen- oder Bleistäbchen bestimmt, welche mit ihrem Eigengewichte auf das Bodenbrett drücken. Die untere Fläche der Eisenstäbe ist zur Vermeidung einer Beschädigung des Deckglases mit einem aufgeklebten Kork- oder Kautschukplättchen versehen. Auf dem unteren Brette werden nun die Präparate der Reihe nach derart eingelegt, dafs der eingesteckte Eisen- oder Bleistab auf die Mitte des Deckgläschens drückt. Durch die Verwendung verschieden langer und dicker Stäbe kann der Druck in jeder wünschenswerten Weise geregelt werden.

Anfertigung der Präparate.

I. Herstellung einfacher Trockenpräparate.

Zur Herstellung der einfachsten mikroskopischen Präparate, welche keine Vorbereitungen erfordern, eignen sich besonders die Haare der Säugetiere, die Federn der Vögel,

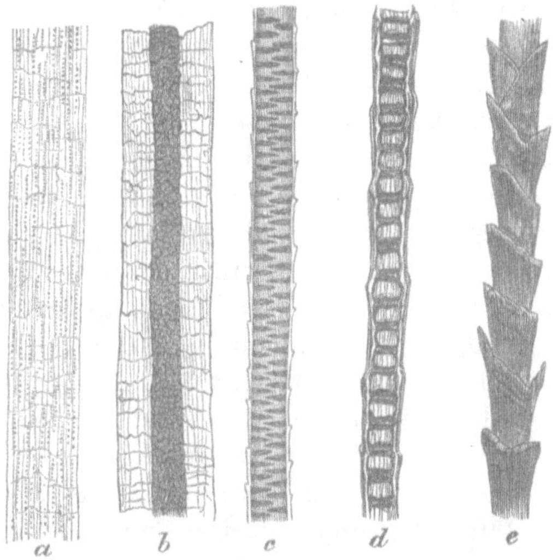

Fig. 11.

Haare: *a* vom Menschen, *b* vom Schaf, *c* vom Eichhörnchen, *d* von der Maus, *e* von der Fledermaus.

die Schuppen mancher Insekten, die mit glänzenden Schüppchen bedeckten hornigen Flügel einiger Käfer, die Pollenkörner verschiedener Pflanzen und kleine Krystalle verschiedener Salze, falls sie nicht hygroskopisch sind.

Besonders hübsche Präparate geben die Haare des Bibers, Bisams, der Fledermaus, des Fuchses, Eichhörnchens, Hamsters, Kaninchens, der Hausmaus, des Nerz, Schafes und Zobels, dann auch die langbehaarten Larven des Speckkäfers (*Dermestes lardarius*) und der beiden Diebkäfer *Ptinus fur* und *Niptus hololeucus*. In Fig. 11 sind einige derselben vergröfsert abgebildet. Man schneidet sich für den Zweck der Präparation die Haare in entsprechender Länge zu, erwärmt einen, mit einer niedrigen Lackzelle versehenen, Objektträger schwach auf der Seite, auf welcher die Lackzelle angebracht ist, bringt sodann die Haare in ausgebreitetem Zustande möglichst parallel nebeneinander in die Mitte der Zelle und setzt ein entsprechend grofses Deckglas auf, welches man ringsherum an seiner Peripherie leicht, aber allseitig, an die erweichte Lackzelle andrückt. Man hüte sich, zu viel Haare auf den Objektträger zu bringen, da sie sonst, wegen Mangels an durchfallendem Lichte, kein helles und deutliches Bild geben. Überhaupt ist der Anfänger in mikroskopischen Arbeiten mit den bescheidenen Mengen und Ausdehnungen, um die es sich bei solchen Arbeiten handelt, noch wenig vertraut, weshalb er meistens in quantitativer wie räumlicher Beziehung über das zulässige Mafs hinausgreift; er sei also bestrebt in dieser Richtung ja ordentlich Mafs zu halten.

Nunmehr wird der Lackverschlufs angelegt. Beim erstmaligen Überzug nehme man nur ganz wenig Lack in den Pinsel, suche daher einen möglichst dünnen, aber ringsherum schliefsenden Ring anzulegen; es ist dies notwendig, weil aufserdem leicht ein Teil des Lackes zwischen Objektträger und Deckglas eindringt und das Präparat verdirbt. Ist der erste Verschlufs vollkommen trocken, so kann ein zweiter kräftiger und gegebenenfalls noch ein dritter Verschlufs angebracht werden.

In ganz gleicher Weise lassen sich Flaumfedern kleinerer Vögel und Teile gröfserer Federn präparieren.

Ferner eignen sich zur Präparation sehr gut die kleinen, oft verschiedenartig gefärbten Schüppchen auf den Integumenten vieler Insekten, insbesondere auf den Schmetterlingsflügeln, den Flügeln der Phyllobius- und Polydrosusarten (Rüsselkäfer), den Flügeln des Brillantkäfers (*Entimus imperialis*) und aller seiner brasilianischen Verwandten, den Flügeln der verschiedenen Arten von Hufkäfern (*Hoplia argentea*, *farinosa* und *coerulea*), am ganzen Körper vom

Zuckergast (*Lepisma saccharina*), Steinhüpfer (*Machilis polypoda*) und Springschwanz (*Podura plumbea*).

Von den Schmetterlingen, deren Schüppchen sich besonders als Probeobjekte zur Beurteilung des unterscheidenden und begrenzenden Vermögens eines Mikroskopes eignen, sind hervorzuheben:

Der **grofse Weinschwärmer** (*Deilephila elpenor*) mit olivengrünen, quer rosarot gebänderten Vorderflügeln und rosaroten, am Grunde und Vorderrande schwarzen Hinterflügeln. Derselbe ist in ganz Deutschland während der Sommermonate häufig auf dem gelben Labkraut, dem Weiderich und Weideröschen, hie und da auch auf den Blättern der Weinrebe anzutreffen. Seine als Probeobjekte dienenden Schüppchen entnimmt man dem rotgefärbten Teil der Unterseite der Vorderflügel; sie lassen die Längs- und Querstreifen schon bei mäfsiger Vergröfserung deutlich erkennen.

Sollte der vorgenannte Schwärmer nicht zu erhalten sein, so kann an seiner Stelle mit gleich gutem Erfolge der **Wolfsmilch-** oder **Labkrautschwärmer** (*Deilephila euphorbiae* und *galii*) verwendet werden, auch bei ihnen entnimmt man die Schüppchen dem schmutzigroten Teile der Unterseite der Vorderflügel.

Der vom April bis September überall fliegende **Zitronenfalter** (*Rhodocera rhamni*). Die Flügel sind beim Männchen einfarbig zitronengelb, beim Weibchen weifs, mit je einem orangefarbenen Mittelfleck. Die Schüppchen entnimmt man auch hier der Unterseite der Vorderflügel, gleichgiltig ob vom Männchen oder Weibchen.

Der **Kaisermantel** (*Argynnis paphia*). Rotgelb, schwarz gefleckt, Hinterflügel unten mattgrün mit silbernen Querstreifen. Vom Juni bis August häufig zu finden. Die Schüppchen entnimmt man den braunen Partien der Oberseite der Vorderflügel.

Der **gemeine Bläuling** (*Lycaena Argus*). Das Männchen ist glänzend blau, breit schwarz gesäumt und weifs gefranst, das Weibchen schwärzlich braun, auf den Hinterflügeln mit rotgelben Randflecken; die Unterseite beider ist grau, mit

Augenpunkten und einem Saumbande von schwarzen Monden und Punkten. Wohl in allen Gegenden Deutschlands ist dieser Schmetterling vom Mai bis Juli, wenn nicht gemein, so doch sicher häufig zu treffen.

Auf der oberen Seite der Vorderflügel des Männchens finden sich drei Arten von Schüppchen: a) Solche, die bei auffallendem Lichte blau, bei durchgehendem hellgelb erscheinen. Diese sind untereinander gleich an Gröſse und Gestalt; die Längsstreifen derselben sind schon bei mäſsiger Vergröſserung sichtbar, die Querstreifen dagegen erfordern mit einem etwa fünf- bis sechsmal vergröſsernden Okulare eine Linearvergröſserung von 200 bis 350 und eine zweckmäſsig eingerichtete Beleuchtung (womöglich Abbé'schen Beleuchtungsapparat). b) Solche, die bei auffallendem Lichte hellbraun und bei durchgehendem graublau erscheinen. Sie sind weniger durchsichtig als die unter a) genannten und zeigen auch nicht in gleichem Maſse unter sich eine übereinstimmende Gröſse. Die Längsstreifen sind bei gleich hoher Vergröſserung ziemlich eben so deutlich wie bei den vorigen; die Querstreifen stehen zwar dichter bei einander (5,5 auf $^1/_{100}$ mm), werden aber gleichwohl, weil sie dunkler sind, etwas leichter wahrgenommen als die unter a), jedoch nicht unter einer 300fachen Vergröſserung. c) Eigentümlich geformte kleine eirunde Schüppchen von gelblicher Farbe, sowohl bei auffallendem als durchgehendem Lichte. Sie unterscheiden sich von den beiden vorgenannten, sowie von denen der meisten übrigen Schmetterlinge dadurch, daſs ihnen eigentliche Längs- und Querstreifen fehlen. An deren Stelle nimmt man Reihen dunkler, scharfbegrenzter, runder Punkte wahr, deren jeder ein helles Pünktchen in der Mitte zeigt. Jeder solche Punkt ist die Basis eines sehr kurzen, kegelförmigen, spitz zulaufenden Härchens, welche Härchen nur bei gutem Begrenzungsvermögen des benutzten Linsensystems gesehen werden können.

Der **groſse Kohlweiſsling** (*Pieris brassicae*). Die Flügel sind weiſs, die Spitzen der Vorderflügel bis etwa zur Hälfte des Saumes herab schwarz; derselbe ist in Deutschland vom

Mai bis Oktober überall gemein. Beim Männchen (erkennbar an dem Fehlen zweier grofser schwarzer Flecken auf der Mitte der Vorderflügel) dieses Schmetterlings kommen zwei Arten von Schüppchen vor, wie in Fig. 12 veranschaulicht.

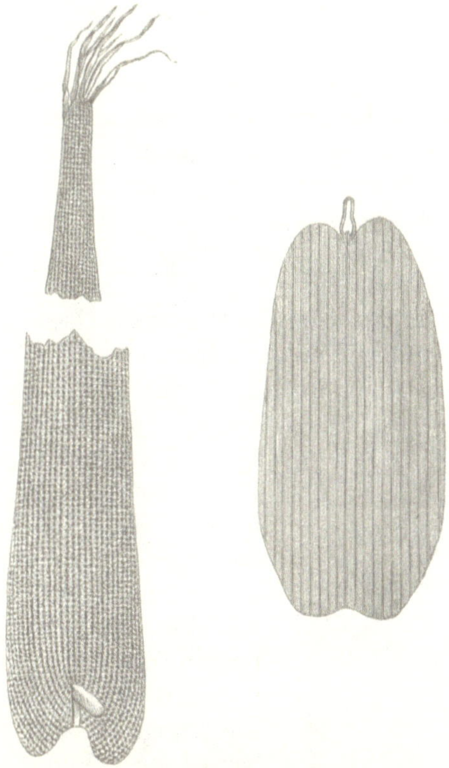

Fig. 12.

Schüppchen vom Flügel des Kohlweifslings.

Als Probeobjekte werden nur jene Schüppchen verwendet, deren Gestalt von jener der meisten anderen Schmetterlinge sehr abweichend ist (die erste Form der Abbildung in Fig. 12). Sie sind nämlich sehr langgestreckt, an der Basis breiter als am entgegengesetzten Ende und herzförmig ausgeschnitten; zwischen den beiden Lappen der Basis befindet sich ein rundliches Stielchen, das als Anheftungsstelle der

Schüppchen dient. Das Auflösen der Querstreifen dieser Schüppchen ist schon eine schwierige Aufgabe für ein mittleres Mikroskop.

Das **gelbe Sandauge** (*Epinephele Janira*). Die Flügel sind dunkelbraun, die Vorderflügel an der Aufsenspitze oben und unten mit einem schwarzen, weifs gekernten Auge, welches beim Weibchen in einer gelben Binde steht und zuweilen auch doppelt gekernt ist, versehen; die Hinterflügel sind unten graubraun mit breiter, heller Binde, worin beim Männchen ein bis drei schwarze, gelbgeringelte Punkte stehen, durchzogen. Dieser Schmetterling, dessen Schüppchen gleichfalls sehr gute Probeobjekte liefern, ist in ganz Deutschland vom Juli bis Oktober auf Wiesen und in Waldödungen häufig.

Der **Zuckergast** oder das **Fischchen** (*Lepisma saccharina*) ist ein bei uns überall an dunkeln Plätzen der Speisekammern das ganze Jahr hindurch vorkommendes Tierchen, dessen Oberseite silberglänzend und dessen Bauchseite gelb ist. Der ganze fischähnliche Körper ist mit Schüppchen bedeckt, welche den perlmutterartigen Glanz des Tieres bewirken. Man kann zwei Hauptformen derselben unterscheiden. Die eine gibt sich durch eine keilförmige Gestalt und schon bei geringer Vergröfserung sehr deutlich auftretende Längsstreifung zu erkennen; die andere besitzt eine mehr rundliche Form (Fig. 13) und hat blassere, dichter bei einander stehende Streifen. Als Probeobjekte verwendet man nur diese letztere Form, deren Längs- und Querstreifen unter Benutzung eines fünf- bis sechsmal vergröfsernden Okulares erst bei 100- bis 150facher Vergröfserung sichtbar werden.

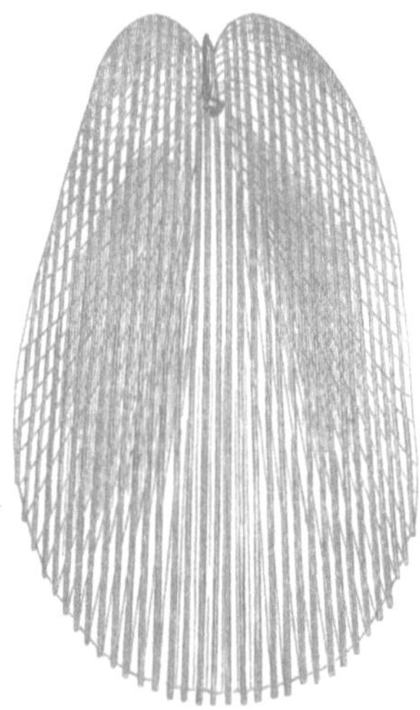

Fig. 13.
Schüppchen von *Lepisma saccharina*.

Der **Steinhüpfer** (*Machilis polypoda*) ist bei uns während des Sommers unter Steinen auf öden Plätzen zu finden. Derselbe ist am ganzen Körper mit verschieden grofsen, teils rundlichen, teils dreieckigen, braunen und gelben Schüppchen bekleidet, die stark irisieren. Die Streifung derselben ist zwar nicht so fein und eng wie beim Zuckergast, dafür zeigen aber die einzelnen Streifungen selbst wieder schmale, rinnenförmige Vertiefungen. Aufserdem verlaufen auf denselben, vom Anheftungspunkte der Schuppen ausgehend, radienförmige zarte Streifungen über die ganze Fläche.

Der **Springschwanz** (*Podura plumbea*) ist bei uns den ganzen Sommer hindurch in Gebüschen anzutreffen. Er hat an seinem Körper zweierlei Schuppen: gröfsere dunkler, und kleinere heller gefärbte. Die ersteren, welche sich aufserdem noch durch ihre in die Länge gezogene Gestalt auszeichnen, dienen als sehr brauchbare Probeobjekte für schwächere Objektive; die letzteren, welche sehr fein gestreift sind, können selbst für sehr starke Objektive der alten Konstruktion als sehr empfehlenswerte Probeobjekte bezeichnet werden. Für apochromatische Systeme mit ihrer grofsen Apertur bilden Schmetterlings- oder ähnliche Schüppchen allerdings kein genügendes Testobjekt; zur Beurteilung der Leistungsfähigkeit dieser Systeme müssen schon die verwickeltsten Strukturverhältnisse der feinsten Diatomaceen in Anspruch genommen werden.

Was nun die Herstellung solcher Schuppenpräparate anlangt, so sei hierüber Nachstehendes bemerkt. Mit einem trockenen, kleinen, weichen, sog. Marderpinsel streicht man einigemale kräftig über jene Stelle des Flügels oder des sonstigen Körperteiles, welchem man die Schuppen entnehmen will; dadurch füllt sich der Pinsel mit einer ausreichenden Menge von Schüppchen. Nun erwärmt man den bereits mit einer sehr flachen Lackzelle versehenen Objektträger ein wenig auf der Zellenseite und läfst, indem man den gefüllten Pinsel wie eine Schreibfeder in der Hand hält, durch einige leichte Schläge des Zeigefingers auf den Pinselstiel die erforderliche Menge von Schüppchen in die Zelle fallen, setzt ein Deckglas auf und verfährt weiter, wie oben angegeben. Wenn die Schläge mit dem Zeigefinger leicht geführt werden, kann man die ganze Zelle gleichmäfsig mit Schüppchen besäen. Schmetterlinge, die erst kurze Zeit vor dem Fange der Puppenwiege entflogen sind, halten ihre Schuppen anfangs ziemlich fest. In solchen Fällen hat man nur einige Tage zu warten, nach welcher Zeit das Abpinseln der Schuppen bequem geschehen kann.

Sehr hübsche Bilder gewähren auch Flügeldeckenstückchen der nachbezeichneten Käfer:

Phyllobius argentatus. Ein blattnagender, 6 bis 8 mm langer Rüsselkäfer, dessen Flügeldecken mit rundlichen, metallischgrün glänzenden Haarschuppen, zwischen welchen einzelne aufrechte Härchen stehen, dicht bedeckt sind. Er ist bei uns von Mitte Mai bis Ende August auf Obst- und Waldbäumen, sowie auf Haselsträuchern überall häufig zu finden. Er wird, da er sich bei Berührung zur Erde fallen läfst, am besten durch Abklopfen mit untergehaltenem aufgespanntem Schirme massenweise gefangen. In gleicher Weise können auch die auf Erlen und Obstbäumen lebenden **Phyllobius pomonae** und **piri** mit grünen oder fast goldglänzenden Haarschuppen und der auf Liguster und Schneeball lebende **Phyllobius uniformis** mit blau- oder gelbgrünen Schuppen gesammelt werden. **Eudipnus micans** lebt auf Obstbäumen und besitzt kupferrot schillernde Schuppen, **Eudipnus sericeus** auf Haselsträuchern mit goldgrünen Schuppen, **Metallites atomarius** und **mollis** auf unseren Nadelhölzern mit kupferroten und bzw. glänzendgrünen Schuppen; diese, wie auch viele verwandte Arten liefern prächtige Präparate, die leicht gelingen und die geringe Mühe ihrer Herstellung reichlich lohnen. Die **Hoplia-Arten** liefern zwar keine so bestechenden Bilder, doch veranlassen sie den Beobachter zu sorgfältiger Benutzung der Mikrometerschraube, wenn die feinen und zierlichen Streifungen dieser Gebilde bei der hier allein in Anwendung zu bringenden Beleuchtung mit auffallendem Lichte deutlich zur Anschauung gelangen sollen. Der Brillantkäfer aus Brasilien, **Entimus**

imperialis, besitzt, wie seine dortigen Verwandten, Flügeldecken mit schwarzen erhabenen Streifen und Furchen, deren vertiefte Grübchen mit Schuppenpolstern bedeckt sind, welche wie Edelsteine in den schönsten Regenbogenfarben erglänzen. Man kann sich diesen Käfer leicht im Tausche von Käfersammlern erwerben, zumal für den hier beabsichtigten Zweck auch stark schadhafte Exemplare, die in eine Coleopterensammlung nicht eingereiht werden können, ganz gut zu verwenden sind.

Um Präparate von Flügeldecken herzustellen, schneidet man dem getöteten Käfer die Flügeldecken an der Anhaftungsstelle ab, wobei man sich soviel als möglich hüten mufs, die Schuppen mit der Hand zu berühren, da dieselben leicht abfallen, oder doch die hübsche regelmäfsige Anordnung derselben dadurch gestört würde. Sodann werden mit einer feinen Scheere aus dem Flügel kleine rechteckige oder quadratische Scheibchen geschnitten, wobei man den Flügel mit einer Pincette hält. Zum Einschliefsen verwendet man nur die am wenigsten konvexen Mittelstückchen, weil nur diese sich, ohne zu zerreissen, in eine Ebene ausbreiten lassen, bringt dieselben sodann zwischen zwei Objektträger und setzt sie hier einige Zeit einem gelinden Drucke aus. Will man sie nicht sofort einlegen, was bei frisch getöteten Käfern wegen der den Flügeln immer noch anhaftenden Feuchtigkeit auch nicht ratsam ist, so umschnürt man die Objektträger samt den dazwischen liegenden Flügelstückchen mit Bindfaden und kann sie so, in Papier eingehüllt, beliebig lange aufbewahren.

Der Einschlufs erfolgt genau, wie früher angegeben, nur ist hier schon eine etwas höher angelegte Lackzelle erforderlich. Damit das eingeschlossene Stückchen der Flügeldecke bei dem Bestreben, seine ursprüngliche gekrümmte Form wieder anzunehmen, das Deckgläschen nicht von der Lackzelle absprengt, ist der Objektträger vor dem Einschlusse etwas stärker zu erwärmen, und das Deckglas kurze Zeit hindurch gleichmäfsig gegen die Lackzelle anzupressen.

Da die hornigen Flügeldecken nicht, oder nur wenig,

durchsichtig sind, so geschieht die Beobachtung dieser Präparate stets bei auffallendem Lichte. Hat sich der Anfänger später auch mit dem Einschlusse einfacher Objekte in Kanadabalsam und Glyceringelatine vertraut gemacht, so empfiehlt es sich, einige der vorgenannten trocken eingelegten Objekte auch in Kanadabalsam und Glyceringelatine einzuschliefsen; er lernt dabei am einfachsten die aufhellende Wirkung der beiden letztgenannten Einschlufsmittel kennen.

Weitere hübsche Trockenpräparate liefern die Pollenkörner (Blütenstaub) verschiedener Phanerogamen. Mit unbewaffnetem Auge erscheinen diese dem Beobachter als feiner, mehlartiger Staub von verschiedener, doch meist gelber, Farbe. Unter dem Mikroskope betrachtet, gewahrt man aber, dafs derselbe aus einzelnen bald kugeligen, bald langgestreckten, bald eckigen Zellen besteht, die oft eine sehr merkwürdige Gestalt besitzen und an ihrer Oberfläche häufig Leisten, Stacheln, Wulste und blasenartige Anhänge zeigen. Besonders interessante Pollenkörner besitzen nachgenannte Pflanzen: der Kürbis (*Cucurbita Pepo*), die Passionsblume (*Passiflora coerulea*), die Krummkapsel (*Cuphaea procumbens*), die Weberkarde (*Dipsacus fullonum*), die Gartenwinde (*Convolvulus sepium*), die Haferwurz (*Scorzonera humilis*), der Weiderich (*Lythrum salicaria*), die Golddistel (*Scolymus maculatus*), die Cichorie (*Cichorium Intybus*, s. Fig. 14), der Haselstrauch (*Corylus avellana*), die Kiefer und überhaupt alle Nadelhölzer.

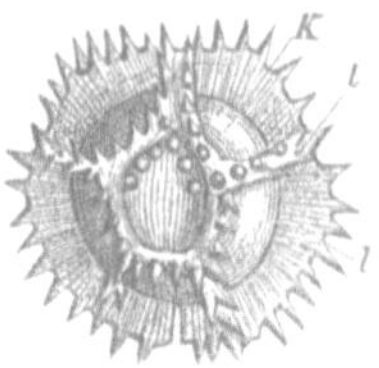

Fig. 14.
Reifes Pollenkorn der Cichorie.

Um die Pollenkörner zu erhalten, nehme man von der betreffenden Pflanze einige Blüten, in denen die Antheren bereits aufgesprungen, also der Blütenstaub vollkommen ausgebildet ist, und lege dieselben zum Zwecke des vollständigen Abtrocknens einige Stunden an die Sonne oder sonst einen warmen Ort. Nunmehr entnehme man den Antheren in der gleichen Weise, wie bei den Schmetterlingsschüppchen gesagt wurde, mit einem weichen Pinsel eine Partie Pollenkörner und übertrage sie auf einen leicht angewärmten, mit einer niedrigen Lackzelle versehenen Objektträger möglichst gleichmäfsig, worauf das Deckglas aufgesetzt und verschlossen wird.

Viele Salze bilden, wenn man sie in wässerigen Lösungen auf einem Objektträger langsam verdunsten läfst, mikroskopisch kleine Krystalle, die sich, wenn die Krystallisation in charakteristischer Weise erfolgt ist, als vorzügliche Trockenpräparate einschliefsen lassen. Zu diesem Zwecke stellt man sich sehr schwache Lösungen der betreffenden Salze in destilliertem Wasser her und bringt hiervon einen Tropfen auf die Mitte eines Objektträgers. Durch Anhauchen kann man diesen Tropfen leicht zu einem entsprechend grofsen Kreise erweitern. Nunmehr bedeckt man die Mitte des Objektträgers mit einem Glasglöckchen oder einem Uhrglase, oder bringt den ganzen Objektträger unter einen Glassturz, damit keinerlei Unreinigkeit in die Flüssigkeit gelange, und stellt denselben an einen ruhigen, nicht zu kalten Ort, bis die Krystallisation erfolgt ist. Im allgemeinen ist anzunehmen, dafs die Krystallbildung um so regelmäfsiger vor sich geht, je langsamer sie erfolgt und je weniger Erschütterungen die Lösung ausgesetzt ist; doch kennt man in dieser Richtung auch Ausnahmen.

Um möglichst ausgebildete Krystalle zu erhalten, darf man nicht so lange warten, bis die ganze Flüssigkeit verdunstet ist, weil zum Schlusse die Krystallisation meist eine unregelmäfsige und verworrene wird; man mufs vielmehr die Krystallisation dann unterbrechen, wenn sich die ersten Krystalle am Rande der, durch Verdunsten konzentrierter gewordenen, Flüssigkeit ausgeschieden haben; man erhält hierdurch in der Regel die schönsten und am besten ausgebildeten Formen. Die überschüssige Flüssigkeit entfernt man durch rasches Schwenken des Objektträgers in der Luft.

Chlorkalium und **Jodkalium** erhält man sehr schön, wenn man in einem kleinen Reagiergläschen einige Krystalle des Salzes in wenigen Tropfen Wasser auflöst, so dafs die Lösung konzentriert ist. Einen Tropfen dieser Lösung bringt man nun in ein zweites Reagierglas, gibt dazu 10 bis 15 Tropfen Wasser, schüttelt gut durcheinander und bringt von dieser zweiten Lösung einen Tropfen auf einen mit einer kräftigen Lackzelle versehenen Objektträger. Nach 1 bis 2 Tagen wird bei einer Temperatur von etwa 16° C. die Krystallisation erfolgt sein.

Salpetersaures Natron oder **Würfelsalpeter** krystallisiert aus stark verdünnten wässerigen Lösungen in rhomboëdrischen Tafeln, die aber häufig untereinander verwachsen sind und dendritische Figuren darstellen.

Chlornatrium oder **Kochsalz** krystallisiert bei gewöhnlicher Temperatur aus schwachen Lösungen in regelmäfsigen Oktaëdern, deren Flächen immer gestreift sind, bisweilen findet man auch Zwillingskrystalle. Erfolgt aber die Verdunstung des Wassers rasch, z. B. auf einem Objektträger über der Weingeistflamme, so treten die Oktaëder nicht mehr frei auf, sondern verwachsen zu unregelmäfsigen Figuren, die manchmal auch dendritisch werden.

Chlorammonium oder **Salmiak** zeigt, wenn es aus einer stark verdünnten Lösung herauskrystallisiert, eine eigentümliche, federförmige oder kreuzförmige Krystallverästelung. Da dieses Salz hygroskopisch ist, so will die Krystallisation häufig gar nicht gelingen; man erreicht jedoch den beabsichtigten Zweck, wenn man vorsichtig schwach erwärmt. Bei stärkerer Erwärmung würde sich das Salz verflüchtigen.

Oxalsaures Ammoniak. Bei langsamer Krystallisation entstehen einzelne liegende quadratische Prismen oder dünne prismatische Platten. Schiefsen die Krystalle jedoch rasch an, so entstehen dünne, sehr spitze Nadeln, die bald isoliert daliegen, bald strahlenförmig von einem gemeinsamen Mittelpunkte ausgehen.

Oxalsaurer Kalk. Derselbe krystallisiert aus einer wässerigen Lösung in Quadratoktaëdern. Übrigens kommt dieses Salz allgemein im Inhalte der Pflanzenzellen vor, entweder als modifizierte Quadratoktaëder oder nadelförmig, als sog. Raphiden, oder zu Krystalldrusen vereinigt.

Die grofse Reihe der Pflanzenalkaloide liefert in vielen ihrer Vertreter gleichfalls sehr hübsche Krystallformen, doch kann hier auf diesen Gegenstand nicht näher eingegangen werden.

Eine Zusammenstellung derjenigen Pflanzen, welche in ihren Zellen Krystallformen enthalten, findet sich am Schlusse der Anleitung zur Herstellung von Pflanzenpräparaten.

Ehe man den Einschlufs einer Krystallbildung besorgt, mufs man dieselbe auf ihre Brauchbarkeit unter dem Mikroskope untersuchen; die einzelnen Krystalle oder Krystallverästelungen müssen nämlich vollkommen ausgebildet sein. Man wird daher gut thun, gleichzeitig mehrere Objektträger mit der gleichen Lösung zur Krystallisation auszusetzen, und wählt dann die gelungensten Bildungen aus.

Bei dem Einschlusse der bezüglichen Präparate ist zu beachten, dafs der Objektträger nicht erwärmt werden darf, da sonst die Krystalle zerstört würden. Man bringt daher den bereits mit einer kräftigen Lackzelle versehenen Objektträger mit den festhaftenden Krystallen auf den Drehtisch und bringt auf der Zelle, aber etwas nach aufsen gerückt, noch einen dünnen Lackring an. Nach einigen Minuten, während welcher Zeit der Lack so weit verdickt ist, dafs er nicht mehr nach innen über den Rand der Zelle abfliefsen kann, legt man das Deckgläschen auf und drückt dieses leicht, aber allseitig, auf den neuen Lackring an. Der letzte Verschluss erfolgt, wie früher angegeben.

II. Herstellung von Pflanzenpräparaten.

Aufserordentlich mannigfaltig sind die Gestalten, unter welchen die verschiedenen Gebilde des Pflanzenreiches dem unbewaffneten Auge sich darstellen. Wie verschieden ist nicht die Zapfenfrucht der Nadelbäume von der Frucht der Apfelbäume, der weiche markige Halm der Binse von dem zähen und harten Holze des Spindelbaumes, wie sehr weichen in ihrer Gestalt Stamm, Blatt, Blüte und Frucht einer Pflanze von einander ab! — Und doch ist dieser sich dem Auge darbietende, scheinbar grofse Unterschied nur ein äufserlicher;

denn untersucht man den inneren Bau dieser äufserlich so verschiedenen Pflanzengebilde, so zeigt sich, dafs wir hier einer merkwürdigen Übereinstimmung und Ähnlichkeit begegnen, dafs die inneren Teile sich auf eine verhältnismäfsig kleine Anzahl von Grundformen zurückführen lassen, die — wenn auch vielfach der Form nach verändert — überall wiederkehren.

Die wenigsten der hier in Frage kommenden Objekte sind übrigens zur mikroskopischen Untersuchung unmittelbar geeignet, sie bedürfen vielmehr einer besonderen Zubereitung, um ihnen den nötigen Grad von Durchsichtigkeit zu verleihen, oder aus ihnen die eingeschlossene Luft, welche die Beobachtung hindert, zu entfernen, oder von anderen Organen bedeckte oder eingeschlossene Teile zur Anschauung zu bringen. Die Hilfsmittel, welche hierbei zur Anwendung kommen, sind: die Anfertigung von feinen Schnitten oder Schliffen, das Auskochen, Aufhellen und die Isolierung der Elementarorgane.

Das einzige Mittel, um eine genaue Vorstellung von dem inneren Baue der Pflanzen, von der Gestalt und Lage der einzelnen Zellen, sowie der aus ihnen zusammengesetzten verschiedenen Arten von Geweben zu erhalten, sowie die Art und Weise der Anordnung dieser Gewebe im Pflanzenkörper zu studieren, besteht in der Anfertigung zweckentsprechender Längs- und Querschnitte durch diese verschiedenen Organe.

Wer sich nun speziell mit Pflanzenphysiologie beschäftigt, der wird für den hier in Rede stehenden Zweck die Benutzung eines Mikrotomes wohl nicht entbehren können, da für ihn die Anfertigung der erforderlichen Schnitte (mit freier Hand), namentlich wo es sich um Herstellung ganzer Serien aufeinanderfolgender Schnitte handelt, eine sehr zeitraubende Arbeit ist. Die in den Figuren 5 bis 9 zur Anschauung gebrachten Mikrotome, von welchen die beiden zuletzt abgebildeten wohl das Vollkommenste darstellen, was gegenwärtig auf diesem Gebiete hergestellt wird, werden hierbei vorzügliche Dienste leisten. Wer sich aber nur zeitweilig mit dem Studium der hier einschlägigen Verhältnisse befafst, wird, schon der verhältnismäfsig hohen Anschaffungskosten dieser Instrumente wegen, von dem Gebrauch eines Mikrotomes absehen und seine Schnitte aus freier Hand anfertigen. Aber auch der Besitzer des vollkommensten Mikrotomes kann das Schneiden aus freier Hand nicht entbehren, da die Anwendbarkeit der Instrumente der Natur der Sache nach immer eine beschränkte sein und bleiben wird, der Mikroskopiker also immer noch einen ansehnlichen Bruchteil der zu fertigenden Schnitte aus freier Hand zu machen genötigt sein wird.

Am wenigsten Schwierigkeiten in der Ausführung bieten Schnitte durch solche Pflanzengewebe oder Gewebeteile, welche bei entsprechender Gröfse, um noch in der freien Hand gehalten zu werden, dem Messer einen hinreichenden Widerstand entgegensetzen, so dafs der Schnitt geführt werden kann, ohne dafs das zu schneidende Objekt durch die darübergleitende Klinge des Rasiermessers bei Seite gelegt oder gequetscht wird. Hierher gehören — mit Ausnahme fossiler Hölzer, der kalk- und kieselsäurehaltigen Stämme mancher Kryptogamen und vieler Fruchtschalen — fast alle Pflanzenteile.

Bei solchen Objekten ebnet man nun zunächst die Schnittfläche, befeuchtet den Gegenstand mit etwas Wasser und fafst denselben so zwischen Daumen und Zeigefinger der linken Hand, dafs die Oberfläche des Gegenstandes ein wenig über die Nagelflächen der genannten beiden Finger hervorschaut. Man wird dabei gut thun, das Vorderglied des Daumens und Zeigefingers so weit zu biegen, dafs beide ungefähr in einer Ebene liegen. Nun schneidet man, indem man die flach aufgelegte, vorher mit Wasser befeuchtete Klinge des Rasiermessers mit fester Hand rasch gegen die Brust zieht. Dabei setzt man das Messer möglichst am hinteren Ende der Klinge (gegen das Heft zu) an das zu schneidende Objekt und führt den Schnitt so durch, dafs nach Thunlichkeit ein möglichst grofser Teil der Klingenlänge an der Herstellung des Schnittes beteiligt ist.

Linksschneidende sollen sich ja nicht Mühe geben, die Herstellung von Schnitten mit der rechten Hand erlernen zu wollen, es ist dies in der Regel ein ganz nutzloses Beginnen; denn eine solche Gewohnheit, die meist mit der ganzen übrigen manuellen Thätigkeit des Menschen eng verknüpft ist, läſst sich kaum so weit ablegen, daſs die rechte Hand eine ihr bisher ganz unbekannte, zum wenigsten ungewohnte Thätigkeit mit der hier erforderlichen Sicherheit sich aneignet. Solche führen eben nach wie vor die Schnitte mit der linken Hand aus.

Der Anfänger wird freilich die Herstellung eines überall gleichmäſsig dicken und dabei entsprechend feinen Schnittes nicht ohne viele miſsglückte Versuche und wohl auch nicht ohne schwere Geduldprobe erlernen; man lasse sich dadurch ja nicht entmutigen, sondern schneide unverdrossen weiter und unterwerfe von Zeit zu Zeit seine Schnitte einer sorgfältigen Prüfung, wozu in manchen Fällen schon das unbewaffnete Auge hinreicht; wenn nicht, so betrachte man dieselben unter der Lupe, oder bei Anwendung einer schwachen Vergröſserung unter dem Mikroskope.

Ein Schnitt kann als gelungen bezeichnet werden, wenn alle jene Verhältnisse, worüber derselbe Aufschluſs zu geben hat, sicher erkannt zu werden vermögen, und die einzelnen Gewebeteile nicht aus ihrer gegenseitigen Lage gezerrt sind. In der Regel zeigen sich einzelne Partien eines Schnittes besser als andere; durch Betrachtung der ersteren lernt man bald den erforderlichen Grad der Feinheit, durch Betrachtung der letzteren die Fehler bei Führung des Messers kennen. Fig. 15 zeigt uns einen gelungenen Längsschnitt durch das Gefäſsbündel von *Ricinus communis*.

Ist der Anfänger über die ersten Schwierigkeiten im Schneiden — wobei es allerdings ohne einige kleine Wunden in der Fingerbeere nicht abgehen wird — glücklich hinüber, so mag er sich in der nachstehend beschriebenen Schneidemethode, die namentlich bei weichen Pflanzenteilen sehr befriedigende Resultate liefert, üben.

Man bringt, wie früher angegeben, den zu schneidenden Gegenstand zwischen Daumen und Zeigefinger der linken Hand und läſst denselben nach oben etwas vorstehen. Nun hält man das mit Wasser befeuchtete Messer, indem man den Rücken desselben auf den Nagel des Zeigefingers stützt, möglichst senkrecht zur Längsachse des Objektes und fährt mehreremale hintereinander möglichst rasch über die vorher

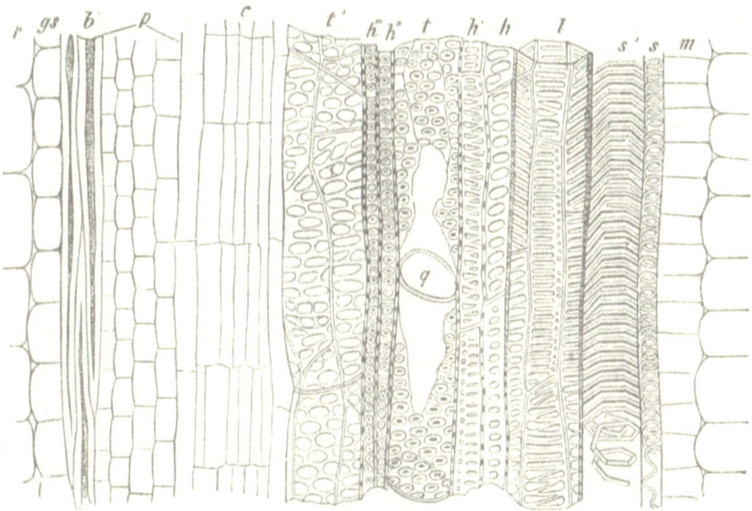

Fig. 15.

r Zellen des Rindenparenchyms. *gs* Gefäſsbündelscheide. *m* Parenchym des Markes. *b* Bastzellen. *p* Phloemparenchym. *c* Kambium. *s* erstes, sehr langes, enges Schraubengefäſs. *s'* weiteres Schraubengefäſs. *l* leiterförmiges, zum Teil netzartig verdicktes Gefäſs. *h*, *h'*, *h''*, *h'''* Holzzellen. *t* und *t'* getüpfelte Gefäſse. *q* Querwand der ursprünglichen Zellen.

geebnete und befeuchtete Schnittfläche. Auf diese Weise erhält man unmittelbar nach einander 6 bis 8 Schnitte, die man mit einem in Wasser befeuchteten Pinsel sorgfältig von der Messerklinge abhebt und in Wasser bringt. Hat man dann sein Messer auf dem Streichriemen wieder gehörig in Stand gesetzt, so wiederholt man das Gleiche mehreremale hintereinander und sucht sich schlieſslich unter den so erhaltenen Schnitten die gelungensten heraus. Freilich werden darunter, namentlich im Anfange, noch sehr viele unbrauchbar sein, aber bei einiger Übung finden sich darunter gar bald Schnitte, die vollkommen tauglich sind, ja an Feinheit oft die durch langsames Schneiden erhaltenen übertreffen. Der einzige Nachteil, den dieses Verfahren hat, besteht in der bedeutenden Materialverschwendung. Wo man mit dem Materiale geizen mufs, ist es also nicht angezeigt; in allen anderen Fällen — und diese bilden die Mehrzahl — ist es sehr zu empfehlen, auch dann noch, wenn man schon hinreichende Übung im Schneiden sich erworben hat.

Eine Hauptsache ist und bleibt immer, dafs die Schärfe und Politur des Messers in gutem Zustande erhalten bleiben, und dafs während des Schneidens die Messerklinge reichlich mit Wasser oder starkverdünntem Weingeist benetzt bleibt. Es ist somit ein fleifsiges Abziehen des Messers auf dem Streichriemen, oft schon nach wenigen Schnitten, dringend zu empfehlen. Ehe man aber das vom Schneiden befeuchtete Messer auf den Streichriemen bringt, mufs dasselbe abgetrocknet werden; dies darf aber nicht in der Weise geschehen, wie es die Rasierer zu thun pflegen, sondern man zieht die Klinge mehrmals zwischen weichem Rehleder von vorne nach hinten durch.

Pflanzenblätter, welche der Schneide einen ausreichenden Widerstand bieten, und bei denen es gleichgiltig ist, an welcher Stelle der Durchschnitt erfolgt, braucht man nur spiralförmig zusammenzurollen, dann bieten sie dem Messer eine hinlänglich breite Oberfläche dar. Nimmt man die so erhaltenen Schnitte mit einem feuchten Haarpinsel von der Klinge weg, indem man vom Rücken gegen die Schneide zu — nie umgekehrt — fährt, und bringt sie in Wasser, so rollen sie sich von selbst wieder auf und nehmen ihre natürliche Gestalt an.

Frische Hölzer, junge Zweige und saftreiche Triebe holzartiger Pflanzen u. dgl. läfst man zweckmäfsig einige Stunden bis einen oder mehrere Tage trocknen, weil es dann weit leichter ist, untadelhafte Schnitte zu erhalten.

Harte Hölzer und andere harte Pflanzenteile, welche sich trocken nicht gut schneiden lassen, weicht man einige

Tage zuvor in Wasser oder — allerdings nur auf kurze Zeit — in verdünnte kaustische oder kohlensaure Alkalien und hierauf in Wasser ein, worauf dieselben weit leichter zu behandeln sind. Nicht aufser Acht darf bleiben, dafs man mit gewöhnlichen Rasiermessern solche Objekte überhaupt nicht schneiden kann; hierzu sind besonders stark gebaute, keilförmig (nicht hohl) geschliffene Messer erforderlich. Die besten Schnitte liefern hier immer die Mikrotome.

Um die Strukturverhältnisse eines Stammes vollständig zu erfahren, müssen, aufser einem Querschnitte, zweierlei Längsschnitte desselben, ein Radial- und ein Tangentialschnitt, angefertigt werden. Die Radialschnitte müssen so geführt werden, dass sie wie Radien in ihrer Verlängerung durch den Mittelpunkt des Stammes gehen; sie allein bringen die Anordnung und den Verlauf der Markstrahlen oder Spiegelzellen deutlich zur Anschauung. Die Tangentialschnitte werden senkrecht zu den Schnitten der ersten Art geführt, sind also zu einer an den Kreis durch den Radius gelegten Tangente parallel.

Harzreiche Hölzer legt man einige Tage in Alkohol, auch wohl in Benzin; beim Schneiden werden Schnittfläche und Messer mit derselben Flüssigkeit befeuchtet.

Sollen Schnitte von sehr weichen und saftreichen Geweben oder von dünnen Blättern, welche dem Messer keinen genügenden Widerstand entgegensetzen, hergestellt werden, so wende ich mit gutem Erfolge nachstehendes Verfahren an. Ist der zu schneidende Gegenstand ein weiches Stengelgebilde, so suche ich denselben in den inneren Hohlraum eines ziemlich weichen Grashalmes oder in den Stengelhohlraum irgend einer unserer Umbelliferen derart einzuschieben, dafs die Röhre vollständig damit ausgefüllt ist, und nun schneide ich beide Objekte gemeinsam. Sollten sich die gewünschten inneren Schnitte im Wasser nicht freiwillig von dem Umhüllungsring, der natürlich für die weitere Behandlung bedeutungslos ist, trennen, so führt Einblasen von Luft durch eine in eine Spitze ausgezogene Glasröhre in das Wasser, auf welchem die Schnitte schwimmen, sicher zum Ziele.

Sind die betreffenden Gebilde flächenartige Organe, wie sehr zarte Blätter, welche den Insult des spiraligen Zusammenrollens nicht ertragen, so lege ich dieselben um die Oberfläche irgend eines weichen Pflanzenstengels von nicht zu geringem Durchmesser, bedecke das Objekt äufserlich in schonender Weise mit einem beliebigen Blatte und führe nun die Schnitte durch alle drei Organe gemeinsam. In einer Schale Wasser werden sich die einzelnen Objekte leicht von einander trennen, so dafs man die gewünschten Schnitte von den übrigen isolieren kann.

Auch zwischen Kork oder Hollundermark lassen sich von solchen Gegenständen bequem brauchbare Schnitte herstellen. Man bringt nämlich zwischen zwei Kork- oder Hollundermarkplättchen den Gegenstand in die geeignete Lage, umwickelt das Ganze mit Leinwand oder Papier derart, dafs die Schnittfläche einige Millimeter darüber hervorragt, und schneidet nun mit einem scharfen Messer zarte Schnitte quer durch die Plättchen, die, in Wasser gebracht, durch eingeblasene Luft sich leicht von einander trennen.

Sind die Gegenstände rund, wie Moosstengel, langgestreckte Samen u. s. w., so schneidet man passende Rinnen in die Hollundermark- oder Korkplättchen zur Aufnahme derselben und schneidet dann wie oben.

Gegenstände von sehr kleinem Durchmesser, wie Moosblätter, Haare u. dgl., vereinigt man zweckmäfsig, ehe man sie zwischen Hollundermark bringt, durch eine Lösung von Gummi arabicum, der man, um das Sprödewerden beim Trocknen zu verhindern, etwas Glycerin beigesetzt hat, zu kleinen Bündeln, weil sie dem Messer in dieser Form eine gröfsere Schnittfläche von gleicher Beschaffenheit darbieten. Die Trennung der Schnitte von anhaftendem Gummi erfolgt im Wasser von selbst. Einen solchen Querschnitt von *Selaginella inaequalis* zeigt Fig. 16 in 800facher Linearvergröfserung.

Durchschnitte von ganz kleinen, mit dem blofsen Auge kaum sichtbaren Körperchen, wie von Stärkemehl, Pollenkörnern, Sporen u. s. w., erhält man nach Schacht am leichtesten, wenn man dieselben mit einer dicken Lösung von arabischem Gummi in Wasser und etwas Glycerin mischt und eintrocknen läfst. Zu diesem Zwecke wird eine Stange von trockenem Hollundermark in der Nähe ihres einen Endes ringsherum mit der Gummilösung bestrichen und in aufrechter Lage zum Trocknen beiseite gestellt. Hieraufträgt man eine zweite Gummischichte auf und streut in diese die betreffenden Gegenstände möglichst dicht ein. Ist auch diese Schicht getrocknet, so trägt man eine dritte Gummilage auf, so dafs die kleinen Körperchen vollständig mit Gummi umzogen sind. Nachdem der passende Grad von Trockenheit erreicht ist, wobei der aufgetragene Gummi weder zu weich noch zu hart und spröde sein darf, macht man mit einem sehr scharfen Messer möglichst feine Querschnitte durch das Hollundermark. An der Peripherie dieser Schnitte werden sich dann auch immer höchst feine Durchschnitte der zu untersuchenden Objekte finden. Diese werden dadurch von dem anhaftenden Gummi befreit, dafs man sie auf einem Objektträger in einen Tropfen Wasser bringt. Da man bei diesem Verfahren natürlich die Richtung des Schnittes durch die kleinen Objekte nicht in seiner Gewalt hat, so werden zur

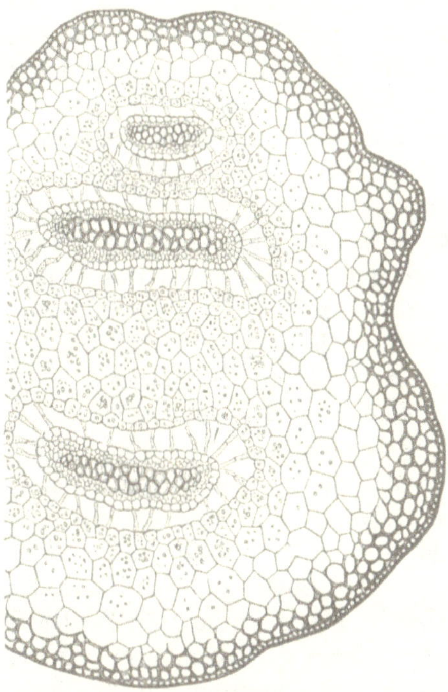

Fig. 16.

Querschnitt von *Selaginella inaequalis*.

Beobachtung immer nur einzelne Schnitte tauglich sein, die man erforderlichen Falles unter dem Mikroskope von den anderen trennen mufs.

Samenschalen und andere sehr harte pflanzliche Objekte werden wie Schliffpräparate behandelt, indem man mit einer sogenannten Laubsäge dünne Lamellen in der gewünschten Richtung heraussägt. Bei einiger Übung kann man durch die Säge schon Lamellen von weit unter 1 mm Dicke erhalten, was für das nachfolgende Schleifgeschäft von Bedeutung ist. Das Weitere hierüber findet sich in dem Abschnitte über die Anfertigung von Schliffpräparaten.

Mehr Schwierigkeit als die Weichheit oder Härte eines Körpers bietet eine sehr ungleiche Dichte des zu schneidenden Objektes. Es trifft dieses zu, wenn der Schnitt zugleich durch ganz weiche und harte Stellen geführt werden mufs, wie dieses z. B. bei der Umbildung des Kambium in Holz und Bast, bei Querschnitten durch Stämme mit lockerem, grofsem Mark etc. der Fall ist. Um hier bei dem Schneiden ein Zerreissen der Gewebepartien an den Übergangsstellen aus den weichen in die harten Teile möglichst zu vermeiden, sind die allerschärfsten Rasiermesser erforderlich, und sind die Schnitte möglichst behutsam auszuführen; mit dem raschen, hobelartigen Schneiden kommt man hier nicht zum Ziele. Man unterstützt das Gelingen der Schnitte wesentlich dadurch, dafs man die betreffenden Pflanzenteile einen oder mehrere Tage in Alkohol legt, wodurch die weichen Gebilde eine gröfsere Widerstandsfähigkeit erlangen und die ungleiche Dichte teilweise aufgehoben wird.

Sehr weiche und zart organisierte kleine Gegenstände, welche selbst den Druck zwischen Hollundermark nicht unbeschadet ertragen können, legt man in der richtigen Lage zwischen Daumen und Zeigefinger, die man zuvor mit Wasser etwas befeuchtet hat, damit sie leichter daran haften. Schneidet man dann mit einem hohlgeschliffenen, fein abgezogenen Rasiermesser zwischen den beiden leicht zusammengedrückten Fingern durch, so erhält man Schnitte, welche die kleinen Körper halbieren, und kann man weiterhin, indem man mit den Hälften das gleiche Verfahren wiederholt, hinreichend dünne Plättchen von denselben erhalten. Allerdings erfordert das Gelingen dieser Manipulation eine ausreichende Fertigkeit in der Schnittführung.

Aus dem bisher Gesagten ersieht der angehende Mikroskopiker, dafs mancherlei Wege eingeschlagen werden können um zum Ziele zu gelangen. Damit ist aber keineswegs gesagt, dafs mit dem Mitgeteilten die Praxis des Schneidens erschöpft sei, dafs nicht auch andere hier nicht genannte Verfahrungsarten gleich sicher den beabsichtigten Zweck erreichen lassen. Nicht die allseitige Kenntnis der hier in Betracht kommenden Methoden, sondern einzig und allein die Sicherheit, welche man sich in der Führung des Messers erworben hat, leistet uns Bürgschaft dafür, dafs der Schnitt auf diese oder jene Art gelingen werde, weshalb viele Übung, unterstützt mit Geduld, vor allem erforderlich ist.

Hat man nun auf die eine oder andere Art zweckentsprechende Schnitte erhalten, so müssen dieselben einer weiteren Behandlung unterworfen werden, um sie als Dauerpräparate aufbewahren zu können. Zunächst handelt es sich darum, aus dem Schnitte alle jene Substanzen zu entfernen, welche entweder vermöge ihrer lichtbrechenden Eigenschaften oder insoferne störend auf die Beobachtung einwirken, als sie durch ihre Masse die Strukturverhältnisse des Präparates mehr oder weniger verdecken oder verdunkeln. Dahin gehören: die atmosphärische Luft, Stärkemehl, Chlorophyll, Harze, flüchtige oder fette Öle, Krystalle u. dgl.

Die Entfernung der L u f t gelingt am leichtesten dadurch, dafs man die in Wasser liegenden Schnitte für einige Minuten in gewöhnlichen und, falls dieses die beabsichtigte Wirkung nicht herbeiführen sollte, für ganz kurze Zeit noch in absoluten Alkohol überträgt, sie dann in einer Schale mit Wasser auswäscht und in Glycerin legt. Wo der Alkohol störend auf den Inhalt der Gewebe wirken sollte und dieses vermieden werden mufs, bringt man die Schnitte einige Stunden in ausgekochtes — also luftfreies — Wasser, oder mehrere Tage lang in Glycerin. Das von mancher Seite empfohlene

Erhitzen der Schnitte in Wasser bis nahezu an den Siedepunkt führt zwar gleichfalls sicher zum Ziele, zarte Präparate werden aber dadurch sehr leicht beschädigt.

Um Harze, fette und flüchtige Öle zu entfernen, wendet man Benzin, Äther, auch absoluten Alkohol an.

Das Chlorophyll entfernt man dadurch, daſs man die Schnitte einige Zeit, 30 Minuten bis mehrere Stunden, in ein weithalsiges Fläschchen bringt und dieselben mit einer verdünnten Lösung der Labarracque'schen Flüssigkeit übergieſst. Nachdem der Farbstoff vollständig verschwunden ist, wäscht man die Schnitte sorgfältig in Wasser aus, um das etwa noch im Gewebe enthaltene freie Chlor zu entfernen, und bringt sie von da in die Färbeflüssigkeit oder in Glycerin.

Stärkemehl, welches in den Zellen eingeschlossen ist, sucht man durch Beigabe einiger Tropfen Salzsäure, welche dasselbe auflöst, zu entfernen. Das von den durchschnittenen Zellen über das Präparat verbreitete Stärkemehl spült man vorsichtig mit Wasser und einem feinen Haarpinsel fort.

Führen die angegebenen Hilfsmittel nicht zum Ziele, so hilft oft das Auspinseln des Präparates; es ist dies aber nur da anzuwenden, wo der Schnitt die erforderliche Festigkeit besitzt, um dadurch nicht beschädigt zu werden. Man verfährt dabei so, daſs man das Präparat reichlich mit Flüssigkeit umgibt und unter stetem Erneuern derselben durch senkrechtes Tupfen mit einem feinen Pinsel das Objekt so lange bearbeitet, bis es hinlänglich aufgehellt ist.

Um die Spaltöffnungen der höheren Gewächse, welche nur bei den an der Luft wachsenden Pflanzen und nur auf den Blättern oder der grünen Rinde des Stengels vorkommen, zu erhalten, fertigt man entweder sehr zarte Flächenschnitte oder, was weit bequemer und gleich vorteilhaft ist, man macht mit einem scharfen Skalpell in die Rückseite der Oberhaut des Blattes oder in den Stengel einen seichten Einschnitt, hebt vorsichtig einen Teil des darunter liegenden Gewebes in die Höhe und zieht die Oberhaut so weit thunlich ab. Man wird auf diese Weise bequem ausreichend grofse Stückchen der Oberhaut samt den unverletzten Spaltöffnungen frei von den darunter liegenden Schichten erhalten. Sollten gleichwohl Chlorophyllkörner und stärkemehlhaltige Zellen der Innenseite der Oberhaut noch anhaften, so entfernt man dieselben auf die oben angegebene Art. Die Querschnitte der Spaltöffnungen studiert man an Querschnitten der betreffenen Blattfläche. Fig. 17 zeigt ein Stückchen der Oberhaut vom Blatte der Gartenbalsamine.

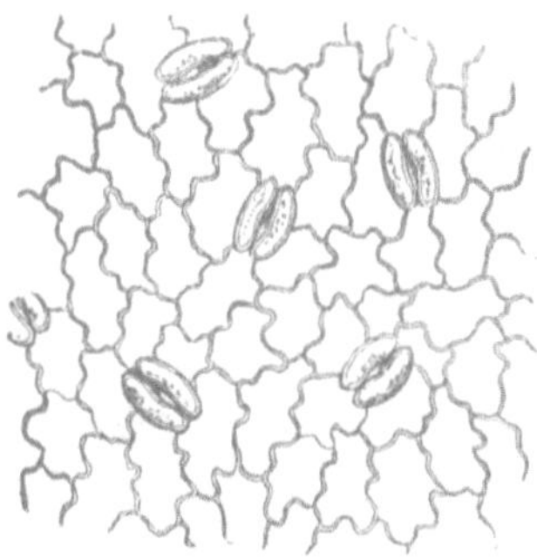

Fig. 17.
Oberhaut mit Spaltöffnungen der Gartenbalsamine.

Zur Untersuchung der kleinen höher organisierten **Pilze** bedarf es, wenn die betreffenden Arten auf der Oberfläche der von ihnen befallenen Gegenstände wachsen und auch dort ihre Fruktifikationsformen entwickeln, keinerlei Vorbereitung. Wo solche Pilze aber als wahre Parasiten in dem Inneren von anderen Organismen — hier ausschliefslich von Pflanzenorganismen — vorkommen, da wird eine vorbereitende, oft ziemlich umständliche Präparation erforderlich. Am sichersten kommt man dabei zum Ziele durch entsprechende Längs- und Querschnitte der befallenen Pflanzenteile, wobei man allerdings nicht gerade jeden Schnitt als geeignet zur Untersuchung und brauchbar zur Herstellung eines Dauerpräparates finden wird. Auch das Mycelium der Pilze, sowie der innere Bau der Flechten können nur durch entsprechende Längs- und Querschnitte der betreffenden Nährpflanze genügend klar zur Anschauung gebracht werden.

Als Beispiel will ich den Bau eines überall bequem zu erhaltenden Pilzes in Abbildung vorführen; es ist dieses ein Pilz mit vollständigem Generationswechsel, nämlich der Getreiderost, *Puccinea graminis*, dessen Aecidienform auf den Blättern des gemeinen Sauerdornes (*Berberis vulgaris*) die bekannten orangefarbenen Pusteln erzeugt. Fig. 18 veranschaulicht die Entwickelung dieses Pilzes. Die Sporidien desselben senden nämlich ihre Keimschläuche durch die Epidermiszellen der Blätter des Berberitzenstrauches (*I*), und hier entwickeln sich diese weiter. Die Blattzellen, welche

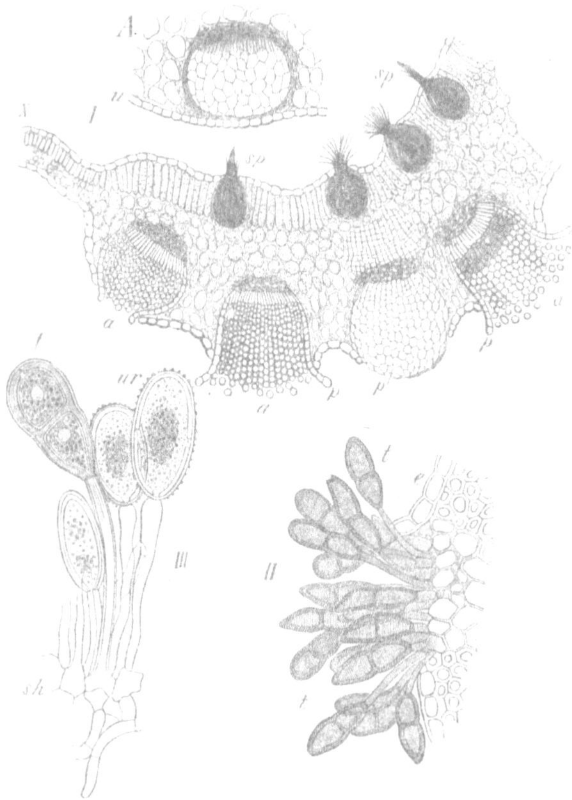

Fig. 18.

Puccinea graminis. (Erklärung im Texte.)

bei *X* in ihrer normalen Zahl und Gröfse erscheinen, werden an einzelnen Stellen vermehrt und vergröfsert, das Blatt bildet eine polsterartige Verdickung, an deren Unterseite eine Gruppe von Aecidiumfrüchten *a*, *a*, *a* durch die Epidermis hervorbricht, während gleichzeitig meist an der Oberseite die Spermogonien *sp* zum Vorschein kommen. Die

Aecidiumsporen keimen sofort nach der Reife, ihre Keimschläuche vermögen sich aber nur dann weiter zu entwickeln, wenn sie durch die Spaltöffnungen in die Blätter von Gräsern einzudringen im stande sind. Hier (*III*) geht aus ihnen ein Mycelium *sh* mit Uredosporen *ur* und Teleudosporen *t*, der eigentliche Getreiderost, hervor. In *II* ist der Querschnitt eines Grasblattes mit einem ganzen Teleudosporenlager *t*, *t* dargestellt. Wie in vorstehenden Abbildungen veranschaulicht, so müssen sich auch bei allen Querschnitten durch andere Schmarotzerpilze — vorausgesetzt, dafs sie im richtigen Entwickelungsstadium des Pilzes ausgeführt werden — die bezüglichen Organe deutlich erkennen lassen.

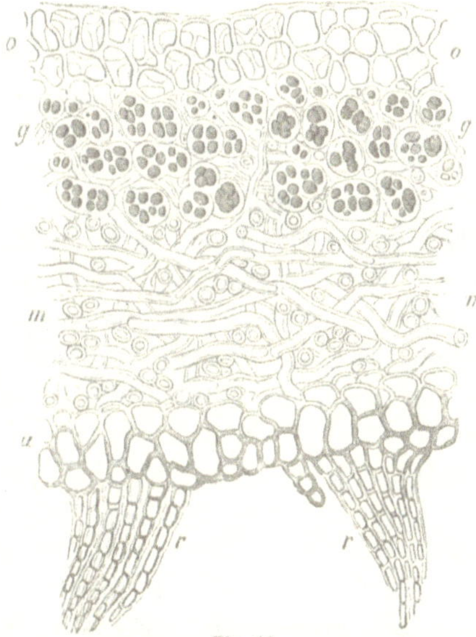

Fig. 19.

o Hautschichte der Oberseite, *u* Hautschichte der Unterseite, *r* Haftfasern, *m* Markschichte, deren Fäden teils der Länge, teils der Quere nach durchschnitten sind, *g* Gonidien. (500fache Vergröfserung.)

In ähnlicher Weise zeigt uns Fig. 19 den Querschnitt durch das laubartige Lager der Grubenflechte (*Sticta fuliginosa*).

Wo man die, die Gewebe zusammensetzenden Elementarbestandteile einer näheren Untersuchung und Präparation unterziehen will, reicht man mit der Anfertigung von Längs- und Querschnitten nicht aus; hier mufs eine zweckmäfsige und sorgfältig ausgeführte Trennung derselben erfolgen, um sich von ihnen eine möglichst vielseitige Ansicht zu verschaffen. Dieses Isolieren der Elementarorgane ist bei der weitaus gröfsten Zahl der Pflanzengewebe nicht ohne weitere Vorbereitung möglich, da dieselben durch Verdickungsschichten, Zwischensubstanzen und andere Kittmittel meist fest mit einander vereinigt sind. Es mufs daher eine künstlich herbeigeführte Lockerung und Trennung dieser Kittsubstanzen veranlafst werden, in deren Folge erst die Gewebebestandteile in den Zustand versetzt werden, in welchem mit Aussicht auf Erfolg weiter gearbeitet werden kann.

Eines der einfachsten Mittel dieser Lockerung — Mazeration der Gewebe — besteht darin, dafs man kleine, 1 bis 2 mm dicke und mehrere Millimeter lange Stückchen der betreffenden Pflanzenteile in Wasser der Fäulnis aussetzt. Bei manchen Geweben, namentlich von weicheren Pflanzenteilen, erfolgt hierdurch die Lösung der Kittsubstanz schon nach einigen Tagen, andere brauchen hierzu mehrere Wochen, und wieder bei anderen können einige Monate vergehen, ehe die gewünschte Lockerung erreicht wird. Wo die etwas lange Dauer dieses Verfahrens kein Hindernis bildet, verdient diese Methode, weil die einzelnen Elemente dadurch die allerwenigste Veränderung erfahren, unbedingt vor allen übrigen Prozessen den Vorzug. Will oder kann man nicht so lange warten, so genügt in vielen Fällen, namentlich bei Geweben mit grofsen dünnwandigen Zellen, auch ein kürzer oder länger andauerndes Kochen solcher Gewebe in Wasser. Ein geringer Zusatz von Ätzkalilauge befördert in den meisten Fällen die angestrebte Wirkung.

Bestehen jedoch die zu lockernden Gewebe aus stark verholzten Zellen, so ist ein Kochen zarter Längs- und Querschnitte in entsprechend verdünnter Ätzkalilauge erforderlich. Es empfiehlt sich, hierzu die konzentrierte Lösung der Lauge, je nach der Widerstandsfähigkeit der zu kochenden Gewebe, mit 3 bis 5 Teilen Wasser zu verdünnen. Man bringt zu diesem Zwecke die Schnitte in einen kleinen Reagierzylinder und kocht sie kurze Zeit vorsichtig über einer schwachen Spiritusflamme, so dafs sie noch nicht in ihre Elemente zerfallen. Hierauf wäscht man die Schnitte wiederholt in reinem Wasser aus und bringt sie in Alkohol. Später, wenn hinlängliche Erhärtung eingetreten ist, können dieselben ungefärbt oder gefärbt in Kanadabalsam eingeschlossen werden. — Ein günstiges Resultat erhält man auch, wenn man die Schnitte in dem Schultze'schen Mazerationsmittel erwärmt. Man bringt zu diesem Zwecke die Schnitte in ein Uhrglas, gibt etwas Salpetersäure und ein Körnchen chlorsaures Kali hinzu und erwärmt vorsichtig über einer Spiritusflamme. Hierauf bringt man die Schnitte in eine gröſsere Schale, wäscht mit reinem Wasser gründlich aus, fängt die schwimmenden Schnitte auf einem untergehaltenen Objektträger auf und bringt sie wieder in ein Uhrglas mit frischem Wasser, in welchem man sie über Spiritusfeuer kocht. Schlieſslich werden sie noch in erwärmten Alkohol gelegt.

Wo es nicht geboten ist, so besonders zart mit den zu untersuchenden Pflanzenteilen umzugehen, da zerkleinert man den betreffenden Gegenstand in Stücke von 1 bis 2 mm Dicke und entsprechender Länge, bringt diese in ein Reagierglas, fügt etwa das dem Objekte an Volumen gleichkommende Quantum chlorsaures Kali hinzu, gieſst so viel Salpetersäure auf, bis alles damit bedeckt ist, und erhitzt über der Spiritusflamme so lange v o r s i c h t i g, bis eine lebhafte Gasentwickelung eintritt. Dann entfernt man das Reagierglas von der Flamme, läſst das Gemisch noch einige Minuten auf die Pflanzenteile einwirken und gieſst den Inhalt in eine Schale mit Wasser. Hierauf kocht man die noch zusammenhängenden Stückchen einmal oder einigemale mit Wasser, dann in Alkohol und zuletzt wieder in Wasser aus. Das Gewebe ist durch diese Behandlung soweit gelockert, daſs dasselbe mittels der Nadeln in seine Elemente zerlegt werden kann.

Sind durch die vorbeschriebenen Isolierungsmethoden die einzelnen Gewebeteile oder Elemente zu durchsichtig geworden, oder lassen sich dieselben bei der Gleichartigkeit ihrer Farbe nur schwer von einander unterscheiden, so kann man dieselben färben. Man bedient sich hierzu der einen oder anderen der früher besprochenen Tinktionsflüssigkeiten. Mit grossem Vorteile benutzt man hierzu Schultze's karminsaures Ammoniak. Diese Mischung färbt schon nach wenigen Minuten sehr intensiv, wenn sie in unverdünntem Zustande in Gebrauch genommen wird. Will man indessen langsam färben — was den Vorteil bietet, daſs man während der Tinktion den Grad der eingetretenen Färbung in jedem einzelnen Falle genau untersuchen kann —, so verdünnt man das Tinktionsmittel mit Weingeist und entfernt gleichzeitig das etwa auskrystallisierende oxalsaure Ammoniak durch Filtration, oder löst es mittels ein paar Tropfen Ammoniak wieder auf.

Um die auf die eine oder andere Art erhaltenen Präparate dauernd einzuschlieſsen, bedient man sich des Glycerins, der Glyceringelatine, verdünnten Kanadabalsams oder einer Lösung von Chlorkalcium.

Schlieſst man in Glycerin ein, so müssen die betreffenden Präparate erst einige Zeit in Glycerin, dem man einen Tropfen Essigsäure zugesetzt hat, liegen. Man fertigt sich zuerst einen, der Dicke des Präparates entsprechenden, Lackring an, den man vollkommen trocken werden läſst. Hierauf bringt man mit einem Glasstäbchen einen entsprechend groſsen Tropfen Glycerin in die Mitte der Lackzelle, legt das Präparat sorgfältig ausgebreitet darauf und sucht es mit einer Nadel oder einem in eine feine Spitze auslaufenden Streifen Briefpapier in die gewünschte Lage zu bringen. Ist dies geschehen, so überzeugt man sich mittels einer guten Lupe, unter Umständen durch Betrachten unter dem Mikroskope, davon, ob in der That alles in Ordnung ist und ob namentlich das ganze Präparat noch hinreichend mit Glycerin bedeckt ist, erfaſst dann mit einer Pinzette das Deckglas, setzt es an einem Punkte der Peripherie auf die Lackzelle und bringt es nach und nach in die horizontale Lage. Geht man dabei einigermaſsen vorsichtig zu Werke, so wird sich unter dem Deckglase keine Luftblase eingeschlichen haben; sollte dies aber doch der Fall sein, so greift man mit einer spitzen Nadel unter das Deckglas und holt die Blase mit einem feinen spitzen Papierstreifen nach und nach hervor. Das überschüssige, am Rande des Deckgläschens hervortretende, Glycerin wird mit einem Streifen Filtrierpapier aufgesaugt, und schliefslich mit einem weichen Tuche der vorstehende Rand der Lackzelle sorgfältig abgetrocknet. Hat man zu wenig Glycerin auf den Objektträger gebracht, so läfst man, indem man mit einer feinen Nadel das Deckglas ein wenig in die Höhe hebt, aus einem in eine feine Spitze ausgezogenen Glasstab das noch erforderliche geringe Quantum Glycerin nachfliefsen.

Ehe man den Abschlufsring auf dem Drehtische anbringt, hat man zuerst vorsichtig aus freier Hand mit einem nur mit wenig Lack gefüllten Pinsel das Deckgläschen an einigen Stellen seiner Peripherie durch ein geringes Quantum Lack an die Zelle festzukitten und diesen oberflächlichen Verschlufs trocknen zu lassen. Die Nichtbeachtung dieses Winkes hat zur Folge, dafs bei Anbringung des Verschlufsringes auf dem Drehtische das Deckgläschen aus seiner Lage geschleudert und das Präparat verdorben wird. Nach gehörigem Trocknen des ersten Verschlusses kann ohne weiteres ein zweiter und, wenn nötig, ein dritter Verschlufs angebracht werden. Manchmal kommt es allerdings vor, dafs ein auf die angegebene Weise noch so vorsichtig angelegter Verschlufs sich im Laufe der Zeit lockert und dann, namentlich beim Abwischen der Präparate, das Glycerin austreten läfst, wodurch Luftblasen in das Präparat gelangen, und dieses leicht verdorben werden kann. Ich habe diesem Übelstande in neuerer Zeit, wie ich anzunehmen berechtigt bin, gründlich durch folgendes Verfahren abgeholfen. Nachdem das Deckglas aufgesetzt und alles überschüssige Glycerin so weit möglich aufgetrocknet ist, bestreiche ich mittels eines trockenen Haarpinsels den Rand des Deckglases (soweit dasselbe auf seiner Oberseite mit Glycerin in Berührung gekommen ist), die erst aufgesetzte Lackzelle und eine entsprechend breite Zone des Objektträgers mit feingepulvertem, trocken gelöschtem Kalk und lasse diese dünne Ätzkalkschichte einige Zeit einwirken. Dieselbe trocknet jede Spur von Glycerin vollständig auf und sichert daher den nachfolgenden Verschlufsringen einen festen Zusammenhang mit dem Deckglas und dem ersten Lackring. Erst nach dem vollständigen Trocknen des ersten Verschlusses wische ich mit einem Leinwandlappen das Kalkpulver fort und verschliefse weiter.

Will man in Glyceringelatine einschliefsen, was in den meisten Fällen statt des Einschlusses in reines Glycerin von grofsem Vorteil ist und auf sehr bequeme Weise geschehen kann, so setzt man einer beliebigen Menge der nach den früher gemachten Angaben hergestellten Einschlufsmasse etwa $1/4$ des Gewichts reines Glycerin zu, erwärmt in einem Gefäfse und rührt die Masse so lange um, bis eine vollständige Mengung beider Substanzen erfolgt ist. Die Masse kann nun entweder sofort warm oder später im gelatinierten Zustande in Verwendung genommen werden. In letzterem Falle entnimmt man dem Gefäfse ein entsprechend grofses Stückchen der Einschlufsmasse (besser zu viel als zu wenig), erwärmt dieselbe sanft auf einem Objektträger, bis sie schmilzt, und breitet sie sodann über einen Raum aus, der etwas gröfser ist als das anzuwendende Deckgläschen, zieht etwa aufgetretene Luftbläschen seitlich über den Rand hinaus, bringt sodann das Präparat in die Einschlufsmasse, durchtränkt dasselbe gut mit der Flüssigkeit und setzt unter Beobachtung der früher angegebenen Vorsichtsmafsregeln das Deckglas auf. Ist ausnahmsweise ein Fixieren des Präparates in einer Ebene erforderlich, so bringt man dasselbe unter einen Objektpresser.

Hinsichtlich der Anlage eines wirklich dauerhaften Lackverschlusses sei folgendes bemerkt: Nachdem die Einschlufsmasse und namentlich der unter dem Deckglase hervorgeprefste Teil derselben genügend gelatiniert ist, was nach einer halben bis ganzen Stunde der Fall sein wird, nimmt man mit einem Messer die auf dem Objektträger und Deckglase haftende Gelatine oberflächlich ab und reibt die verunreinigten Stellen mit feinem Ätzkalkpulver mittels eines gewöhnlichen Pinsels ziemlich dicht ein. Das Ätzkalkpulver bereite ich mir einfach dadurch, dafs ich einen frisch gebrannten Kalkstein nach und nach so lange mit Wasser versetze, bis er zu einem trockenen Pulver zerfällt. Bei diesem Prozesse erhitzt sich bekanntlich der Kalk bedeutend und verdampft einen Teil des zugesetzten Wassers. Nach vollständigem Erkalten zerreibe ich die Masse möglichst fein in einem Porzellanmörser und bewahre sie in einer weithalsigen, gut verschlossenen Flasche auf. Vor Anlage des Lackverschlusses, der sofort oder zu einer beliebig späteren Zeit hergestellt werden kann, säubert man Objektträger und Deckglas mit einem Leinenlappen, der unter Umständen trocken in das vorerwähnte Kalkpulver getaucht wurde. In Glyceringelatine eingebettete Präparate können, ohne den geringsten Schaden zu nehmen, einstweilen bei Seite gelegt, ja sogar in beliebiger Lage in ein Sammelkästchen eingestellt werden, ohne einen Lackverschlufs nötig zu haben. Ich lasse auf solche Weise meist eine grofse Anzahl unverschlossener Präparate zusammenkommen und besorge die Anlegung des Verschlusses zu einer mir passenden Zeit. Es hat dies den grofsen Vorteil, dafs die eigentliche Präparationszeit, die ja oft genug durch Witterungswechsel stark verkürzt wird, nicht auch noch durch die Vornahme solcher Nebenarbeiten eine weitere Verkürzung erfährt. Bei einiger praktischer Erfahrung werden mir meine, jetzt schon mit einer ziemlichen Anzahl scheinbarer Nebensächlichkeiten vertrauten mikroskopierenden Freunde Recht geben, wenn ich sage: auch die richtige Ausnutzung der günstigen Zeit ist eine Kunst, die der Mikroskopiker erlernen mufs.

Legt man die Präparate in Kanadabalsam ein, so müssen sie nach dem Färben in absoluten Alkohol und von da auf ganz kurze Zeit zur Aufhellung in Nelkenöl gebracht werden. Als Balsam darf hier nur in Chloroform gelöster verwendet werden. Man bringt zu diesem Zwecke mit einem Glasstabe die nötige Menge Balsam auf den Objektträger. Hier ist ein Zuviel bei der nachfolgenden Präparation sehr lästig, aber ein Zuwenig erfüllt den Zweck nicht, zumal von dem Lösungsmittel ziemlich viel verdunstet; doch ist letzteres noch immer vorzuziehen, da ja nachträglich mit einem spitzen Glasstab noch Balsam an den Rand des Deckglases gebracht werden kann, der sich sofort unter das Glas hineinzieht. Auf den Balsam legt man das Präparat, das sich sofort mit demselben bedecken wird, worauf man das Deckglas aufsetzt. Man hüte sich, ein in Chloroform-Kanadabalsam liegendes Präparat ohne Deckglas unter das Mikroskop zu bringen, das Objektivsystem könnte leicht Schaden nehmen. — Auf die etwa auftretenden Luftblasen braucht man hier wenig Rücksicht zu nehmen, da dieselben in der Regel ganz von selbst nach dem Rande des Deckglases getrieben werden und aufserhalb desselben platzen. Wenn die Fertigstellung des Präparates nicht eilt, so lasse man ruhig bei gewöhnlicher Temperatur das Chloroform verdunsten und dadurch den Kanadabalsam allmählich eintrocknen; allerdings wird dies einige Monate in Anspruch nehmen, aber bei Pflanzenpräparaten verdient dieser Weg den Vorzug. Will oder kann man indes nicht so lange warten, so kann das äufserliche Trocknen des Balsams (im Innern bleibt er gleichwohl noch viele Monate lang flüssig) dadurch beschleunigt werden, dafs man die Präparate an die Sonne oder auf einen warmen Ofen bringt. Das Trocknen erfordert in diesem Falle, je nach dem Grade der angewendeten Wärme, 8 Tage bis 6 Wochen. Während dieser Zeit hat man fleifsig nachzusehen, ob nicht durch das Verdunsten des Lösungsmittels der Balsam unter dem Deckglas zurückgetreten ist, in welchem Falle man mit einem Glasstäbchen noch etwas Balsam an den Rand des Deckglases bringt, der sich dann leicht unter das Glas hineinzieht. Ist der Balsam äufserlich erhärtet, so schabt man erst von dem Deckgläschen und dann von dem Objektträger mit einem Messer den überschüssigen Balsam weg und wischt die letzten Balsamüberreste mit einem in gewöhnlichem (nicht absolutem) Weingeist befeuchteten Leinentuch sauber ab, wobei man jedoch dem Deckglase, zur Vermeidung jeder Verschiebung die gröfstmögliche Schonung angedeihen läfst.

Ich bemerke noch, dafs manche Pflanzenpräparate nach dem Einschlusse das Erwärmen behufs rascherer Trocknung des Balsams nicht gut ertragen. Wenn daher ein solches Präparat in verhältnismäfsig kurzer Zeit fertiggestellt werden soll, so empfiehlt sich dessen Einbettung in Glycerin oder Glyceringelatine.

Zur Zeit starker Tauwetter nach strengen Wintern bilden sich nicht selten auf den Lackringen der in Glycerin und Glyceringelatine — auch wenn der Lackring mit grofser Sorgfalt angelegt wurde — liegenden Präparate kleine Wassertröpfchen, die dadurch gebildet werden, dafs infolge starker Kälte mikroskopisch kleine Risse im Lacke auftreten, durch welche das Glycerin anziehend und verdichtend auf den grofsen Wassergehalt der Luft wirkt. Man wische in diesem Falle die Wassertröpfchen vorsichtig ab, bepinsele den Lackring mit Ätzkalkpulver und bringe später, wenn die Temperatur der Luft etwas wärmer geworden, einen weiteren Lackring an. Die Präparate selbst haben durch diesen Vorgang nichts zu leiden.

Manche Pflanzenpräparate, so namentlich die Zellwände der Fadenpilze (*Hyphomyceten*), auch andere dünnwandige Organe im jugendlichen Alter, quellen in den vorstehend genannten Aufbewahrungsflüssigkeiten entweder zu einer durchsichtigen Gallerte auf oder sie schrumpfen in bedenklicher Weise zusammen. Für diese haben wir in der Chlorkalciumlösung eine sehr brauchbare Aufbewahrungsflüssigkeit. Man verwendet hierzu die konzentrierte Lösung mit 4 bis 8 Teilen Wasser verdünnt. Die Art des Einschlusses erfolgt wie bei den Glycerinpräparaten und unter Beobachtung der gleichen Vorsichtsmafsregeln. Besonders sorgfältiger, unter Umständen vierfacher Lackverschlufs ist dringend geboten.

Um dem Anfänger sichere Anhaltspunkte bezüglich der Auswahl des Pflanzenmateriales, das er zweckmäfsig zu seinen Untersuchungen herbeizieht, zu geben, will ich nachstehend die wichtigsten Pflanzen samt näherer Bezeichnung der aus denselben hauptsächlich zu fertigenden Präparate aufführen, wobei ich mich vorzugsweise auf das ausgezeichnete Werk von Dr. Dippel stütze.

Objekte zur Demonstration des Zellkernes.

Zur Betrachtung des Zellkernes eignen sich vorzugsweise saftige Gewebe, wie z. B. das Gewebe des Endospermes vom Kürbis, der Bohne und Lupine, dann das Stengelparenchym der Orchisgewächse und Lilien.

Objekte zur Demonstration des Stärkemehls (*Amylum*).

Stärkemehl findet sich besonders entwickelt und zwar: rundlich in den Kartoffeln, den Lilien und Gräsern; scheibenförmig in den Rhizomen der *Zingiberaceen;* stabförmig in dem Milchsafte unserer Wolfsmilcharten; zusammengesetzt in den Zwiebeln der Herbstzeitlose.

Objekte zur Demonstration der Zellen.

Kugelförmige Zellen findet man unter den Sporen der Algen und Moose, dann unter den Pollenkörnern vieler Phanerogamen, so der *Caneen, Passifloreen, Campanulaceen, Malvaceen, Nyctagineen*;

strahlenförmige Zellen im Parenchym mancher Blätter (*Allyssum*), in den Stengelquerschnitten von *Nymphaea;*

tafelförmige Zellen in der Oberhaut des grünen Stengels und der Blätter aller Phanerogamen;

langgestreckte Zellen in vielen Holzarten, namentlich bei *Abies, Pinus, Quercus, Fagus, Fraxinus, Prunus, Ulmus* und in der Chinarinde;

Tüpfelzellen in dem Holze unserer Nadelhölzer. Radialschnitte bringen dieselben zur Anschauung.

Objekte zur Demonstration der Verdickung der Zellstoffhülle.

Einseitig verdickte Zellen in der Oberhaut des Blattes und Stengels von *Viscum album*, in der Oberhaut des Blütenschaftes von *Arum maculatum,* im Collenchym des Blattstieles von *Calla aethiopica*, dann in der Oberhaut der jungen Triebe von *Rosa canina, Ficus elastica, Ilex* und *Dipsacus*, endlich in den Blättern von *Allium*, *Agave*, *Hyacinthus*, *Tulipa*, *Bromelia*, *Dianthus*, *Helleborus*, *Angelica, Carum.*

Zur Beobachtung dieser Verhältnisse dienen geeignete Querschnitte, neben welchen man auch noch radiale Längsschnitte, sowie isolierte Zellen der Betrachtung unterstellen kann.

Geschichtete Zellstoffverdickungen finden sich im Mark von *Clematis vitalba*, in den Bastzellen von *Larix europaea* und *Cycas revoluta*, in den Holzzellen von *Fagus silvatica* und im Marke der *Juncus*-Arten. Querschnitte führen zum Ziele. — Um die verschiedenen Verdickungszustände der Markzellen zu zeigen, eignet sich am besten der Stengel von *Clematis vitalba*. Derselbe zeigt in allen jenen Internodien, welche ihre Streckung noch nicht vollendet haben, in denen also die Zellen noch in Ausdehnung begriffen sind, unverdickte Zellen im Marke, welche nur ihre primäre Zellstoffhülle entwickelt haben. In den tiefer liegenden Internodien dagegen zeigen sich Verdickungsschichten, und zwar um so mehr, je älter das Internodium ist.

Ringförmige Zellverdickungen zeigen die Holzzellen der Cacteen, die Gefäfse von *Impatiens noli tangere*, *Canna*, *Tradescantia*, *Musa*, *Balsamina hortensis* und Kürbis.

Häufig geht bei vorgenannten Pflanzen die ringförmige Verdickung in die spiralige über. Die Zellstoffhülle ist nur in seltenen Fällen ringförmig verdicht, z. B. in den Zellen des Blattes von *Sphagnum* und in der Kapselwand der Lebermoose.

Spiralförmige Verdickungsschichten finden sich sehr schön in den Schleudern der Lebermoose, an den unter der Epidermis der Antheren liegenden grofsen Spiralfaserzellen bei Kürbis, Lilie und Tulpe, und den der Markscheide zunächst gelegenen Gefäfszellen von *Canna*, *Arum*, *Musa*, *Tradescantia*, *Hyacinthus*, *Balsamina*, *Phragmites*.

Netzförmige Verdickungsschichten zeigen besonders schön die Balsaminen und der Kürbis, die als Zierpflanze überall verbreitete *Datura arborea* (*Brugmansia suaveolens*), dann die Bastzellen von *Linum*, *Cannabis* und verschiedene Palmen.

Poröse Verdickungsschichten finden sich in der Samenschale des Steinobstes und der Wallnufs, dann in der Rinde und im Marke von *Hoya carnosa*.

Behöftporöse Verdickungsschichten kann man an Esche, Buche und Ahorn wahrnehmen.

Treppen- oder leiterförmige Verdickungsschichten finden sich in den Gefäfsen des Weinstockes, der Balsamine, des Schöllkrautes und der *Ficus elastica.*

In den Ecken verdickte Collenchymzellen zeigt vorzugsweise der Stengel von *Rumex acetosa.*

Verholztes Parenchym zeigen namentlich die Fruchtschalen von *Juglans regia.*

Siebröhren oder Gitterzellen finden sich nur im Bastteile des Gefäfsbündels. Besonders ist dies der Fall bei Kürbis, Waldrebe, Hopfen, Georgine, Schöllkraut (Milchsaftgefäfse), *Pteris, Calamus, Vitis, Bignonia, Euphorbia splendens* (Milchsaftgefäfse).

Um die Siebröhren (auch Milchsaftgefäfse) zur Anschauung zu bringen, nehme man das betreffende Material aus der Wurzel der Pflanze, weil hier diese Organe weit häufiger gruppenweise neben einander vorkommen als im Stammteil. Übrigens sei bemerkt, dafs man viele Schnitte herzustellen hat, um geeignete Präparate zu erhalten, die man nicht selten nur dem Zufalle verdankt. Zur Untersuchung der Siebröhren eignen sich Schnitte besser als Mazerationspräparate, weil letztere die Zellen zu sehr aufhellen, doch darf man sie nicht ganz vernachlässigen. Für die Darstellung des Gefäfsnetzes der *Cichoriaceen*, sowie der *Carica*-Arten und der Milchsaftgefäfse der *Asclepiadeen* eignet sich die Mazeration durch Fäulnis am besten.

Zur Demonstration des Korkgewebes, welches unter normalen Umständen stets später als alle übrigen Gewebe der holzartigen Pflanzen entsteht, eignen sich Querschnitte durch *Betula alba* und *Tilia grandifolia*; erstere zeigen abwechselnd zart- und derbwandige, letztere nur dickwandige Zellen des Lederkorkes (Periderma).

Die Zellen des Oberhautgewebes sind bauchig bei *Polypodium vulgare*, polygonal bei *Aloe succotrina*, langgestreckt bei *Iris germanica.*

Die Spaltöffnungen in ihren verschiedenen Formen erhält man schön von *Phormium tenax, Saxifraga sarmentosa, Evonymus japonica, Cycas revoluta, Tradescantia, Fuchsia,*

Viscum, Iris, Gladiolus, Fagus, Hyacinthus, Allium, Pinus etc. Zur Erzielung passender Längs- und Querschnitte durch die Spaltöffnungen selbst thut man gut, wenn man die Epidermis ablöst und zwischen Hollundermark schneidet. Nur wenn die Epidermis sehr zart ist, schneidet man das ganze Blatt.

Zur Demonstration der Haarformen der Oberhaut eignen sich nachgenannte Pflanzen und zwar besitzen

einfache Haare: *Pelargonium,*

geköpfte Haare: *Geranium pratense,*

verzweigte Haare: *Alternanthera brasiliensis* und *Verbascum thapsus,*

Sternhaare: *Deutzia scabra* und *Alyssum calcynium,*

zusammengesetzt sternförmige Haare: *Malva moschata,*

Brennhaare: *Urtica dioica,*

Stachelhaare: *Humulus lupulus* (Stengel),

Schuppen: *Eleagnus* und *Bromelia Ananas.*

Krystalle finden sich in nachgenannten Pflanzen:

Rhaphiden enthalten: *Balsamineae, Onagrariae, Rubiacinae, Dioscoreae, Orchideae, Typhaceae, Vitaceae, Amaryllideae, Asparagaceae, Veratrum, Hydrangea.*

Drusen enthalten: *Caryophylleae, Geraniaceae, Oxalideae, Celastrineae, Rhamneae, Myriophyllum, Viburnum lantana, Mercurialis annua, Rheum, Aralia spinosa, Urticaceae, Tofieldia, Passifloreae, Cacteae, Veratrum.*

Lange Krystallprismen enthalten: *Inuleae, Serratula, Centaureae, Silybum, Irideae,* Zwiebel der Bolle, der Schalotte, des Knoblauch und Lauch.

Kurze prismatische Krystalle enthalten: *Arctium intermedium, Centaurea scabiosa, Cichorium Intybus, Crepis virens* und *biennis, Tiliaceae, Acerineae, Leguminosae.*

Um schöne Präparate von freien, nicht in Zellen eingeschlossenen Pflanzenkrystallen zu erhalten, empfiehlt Dr. Holzner, die Pflanzensubstanz in eine breiige Masse zu verwandeln und die Gewebefetzen von den spezifisch schwereren Krystallen abzudekantieren. Dieses kann in

Proberöhren, aber auch auf dem Objektträger geschehen. Saftige Pflanzenteile schabt man ohne weiteres, Holz und Rinde nach längerem Weichen, mit dem Messer, so daſs die zerkleinerte Masse auf den Objektträger kommt. Hierauf hält man diesen mit der linken Hand etwas schief und gibt mit der rechten so viel (aber nicht mehr) Wasser zu, bis dieses langsam an den unteren Rand flieſst. Während des Abflieſsens schiebt man mit einer Nadel das Geschabsel aufwärts und drückt es wiederholt aus. Nun sammeln sich Krystalle und kleine Zellhautstückchen am unteren Rande, ohne abzutropfen. Indem man eine Ecke tiefer hält, sammeln sich an ihr die Krystalle und sonstigen festen Körper. Hierauf neigt man die entgegengesetzte Ecke tiefer, so daſs die Flüssigkeit sich schnell längs des Randes bewegt. Im Moment, wo diese an der Ecke ankommt, streicht man mit dem rechten Daumen die Hälfte der Flüssigkeit ab. Die sich sehr langsam bewegenden Krystalle befinden sich auf der nicht abgestrichenen Hälfte, während die meisten übrigen Substanzen auf die andere Hälfte überflieſsen und durch das Abstreichen entfernt werden. Wiederholt man nach Zugabe von ein paar Wassertropfen und Aufrühren der abgesetzten Substanzen mit der Nadel dieses Abgiessen, so erhält man die Krystalle beinahe ohne jede Beimengung. Nur die unveränderten Stärkekörner lassen sich schwer trennen. Die in der Nähe der Ecke liegenden Krystalle bringt man auf einen reinen Objektträger, indem man den ersteren umkehrt und letzteren mit der Ecke berührt, worauf die Flüssigkeit mit den Krystallen überflieſst. Zur ersten Einübung empfiehlt Holzner die Rinde von *Guajacum officinale* und die Rinde sowie das Holz von *Quillaja saponaria.* Die lebhaft glitzernden Krystalle derselben sieht man am leicht geneigten Objektträger mit freiem Auge langsam herabrollen.

III. Herstellung entomologischer Präparate.

(Insekten und Spinnen.)

Zu keinem Gebiete der mikroskopischen Thätigkeit fühlt sich der Anfänger so hingezogen wie zur Herstellung entomologischer Präparate. Die Ursache hierfür liegt teils in dem Umstande, dafs sich die hier einschlägigen Objekte ungesucht fast überall finden und oft geradezu zu näherer Untersuchung herausfordern, teils darin, dafs wir aus unserer Studienzeit her viele der hierher gehörigen Tiere kennen, mit ihrem Leben und Treiben, ja vielleicht sogar mit ihrem Körperbau mehr oder weniger genau bekannt gemacht wurden, und nun den Drang in uns fühlen, die vorhandenen Lücken auszufüllen, unsere Kenntnisse des Insektenkörpers zu erweitern und uns mit den wunderbaren, dem unbewaffneten Auge verborgen bleibenden Einzelnheiten desselben bekannt zu machen. Unterstützung findet das Unternehmen insbesondere auch dadurch, dafs bei Betrachtung der hier einschlägigen Objekte keine besonders weit gehenden Anforderungen an das Mikroskop gestellt zu werden brauchen, man also mit einem billigen Instrumente in den meisten Fällen vollkommen ausreicht, und die Präparation der Objekte — wie wenigstens viele Anfänger glauben — eine einfache und selbstverständliche Sache ist.

Doch wie bald ist oft die Freude an entomologischen Untersuchungen und Betrachtungen erloschen; die angefertigten Präparate geben dem Anfänger trotz aller angewendeten Mühe und Sorgfalt nicht den gehofften Aufschlufs, sie zeigen das überhaupt nicht, oder doch nur sehr unvollkommen, was man an einer guten Zeichnung gesehen hat und nun auch im Präparate vergleichsweise sehen möchte. Woher kommt das? Der Grund liegt darin, dafs der Anfänger es nicht versteht, die Objekte zweckmäfsig für seine Untersuchungen vorzubereiten, dafs er sich über die Art und Weise, wie er die sich ihm in den Weg drängenden Schwierigkeiten, namentlich das Isolieren einzelner Gewebeteile, die Entfernung störender Zwischenschichten, das Durchsichtigmachen der chitinhaltigen Hüllen und andere Arbeiten überwinden soll, vollkommen im Unklaren ist, so dafs seine Präparate nach jeder Richtung hin den Stempel der Unvollkommenheit und Unbrauchbarkeit an sich tragen.

In Nachstehendem sollen nun die einfachsten zum Ziele führenden Methoden der Präparation in eingehend gründlicher, klarer und vollkommen zuverlässiger Weise besprochen werden.

Was zunächst das Einsammeln und Töten der Insekten und Spinnen anlangt, so ist dem Sammler anzuraten, sich mit einem entsprechenden Vorrate von sogenannten Pillengläsern verschiedener Gröfse, die um geringen Preis in jeder Apotheke zu haben sind, auszurüsten und dieselben mit möglichst fehlerfreien Korken zu versehen. In zwei derselben, ein gröfseres und ein kleineres, bringt man einige Streifen starkes Löschpapier, das man mit einigen Tropfen Benzin befeuchtet hat. Die Gläser dienen zum Töten und einstweiligen Aufbewahren der Coleopteren, und zwar das gröfsere für die grofsen, das kleinere für die kleinen Arten.

Schmetterlinge müssen mit zweckmäfsig konstruierten Netzen gefangen werden. Man bewahrt sie für den hier beabsichtigten Zweck am besten in der Art auf, dafs man ihnen mit einer feinen Schere die Flügel abschneidet, diese, in Fliefspapier eingewickelt, in einem mitzuführenden Schächtelchen aufbewahrt, während man den übrigen Körper in ein kleines Reagiergläschen, in welchem gleichfalls einige mit Benzin beträufelte Löschpapierstreifen sich befinden, bringt.

Alle übrigen Insekten, sowie die Spinnen, bringt man in entsprechend grofse Sammelgläser, welche teilweise mit einem Gemische von 10 Teilen gewöhnlichem Spiritus, 5 Teilen Wasser und einem Teile Eisessig gefüllt sind. Besonders zarte Insekten dieser Ordnungen, sowie kleine Spinnen kann man auch in eine Flüssigkeit bringen, welche nur halb so viel Eisessig enthält.

Von manchen Seiten spricht man sich zwar gegen das Töten der Insekten in Benzin aus und führt als Hauptgrund an, dafs das Benzin auf manche Teile des Insektenkörpers erhärtend einwirke und dadurch der nachfolgenden mikroskopischen Präparation nachteilig sei, und empfiehlt an Stelle des Benzins Cyankalium oder Schwefeldioxyd (schwefelige Säure). Ich bezweifle nicht im geringsten, dafs Cyankalium oder Schwefeldioxyd für den gedachten Zweck gleich gute, ja in einzelnen Fällen möglicherweise bessere Dienste leisten wie Benzin, mufs aber von der Benutzung des Cyankaliums allein schon mit Rücksicht auf seinen äufserst giftigen Charakter allen Anfängern entschieden abraten; denn der Laie, der bei seinen Anfangsarbeiten ohnehin schon auf Dutzende von Vorschriften Rücksicht zu nehmen hat, wird sich nicht leicht jene Vorsicht aneignen können, welche die Anwendung eines so heimtückischen Giftes unbedingt voraussetzt; dazu kommt noch, dafs das Gefühl, alle seine entomologischen Präparate mit diesem Gifte infiziert zu haben, den Arbeitenden zweifellos etwas befangen macht und dadurch lähmend auf den Fortgang der Arbeiten wirkt.

Was die Benutzung des Schwefeldioxydes anlangt, so ist einmal die Vorbereitung der Tötungsflaschen für die Aufnahme der Käfer eine sehr umständliche, das Tötungsgas entweicht bei wiederholtem Öffnen der Flasche sehr rasch, und mufs mit letzterer dann wieder die gleiche umständliche Vorbereitung getroffen werden, zudem macht, wenn die auf diese Weise getöteten Tiere nachträglich mit Wasser oder verdünnten Alkalien in Berührung kommen, das Schwefeldioxyd nicht selten seine bleichende Eigenschaft unangenehm bemerkbar.

Sorgt man bei Benutzung des Benzins dafür, dafs die Tiere nicht in dem flüssigen Benzin, sondern nur in dessen Dämpfen getötet werden, bringt man also in das Tötungsglas jeweils nur so viel Benzin, als das Löschpapier aufzunehmen vermag, und läfst man die Tiere nicht länger als nötig den Benzindämpfen ausgesetzt, so wird die Anwendung des Benzins auf die nachfolgende Präparation nicht den geringsten störenden Einflufs ausüben. Mir ist nicht einmal in den Fällen, in welchen aus Versehen ein wertvolles Tier übermäfsig lange in Benzin verblieb, ein hiervon angefertigtes Präparat mifslungen.

Es versteht sich wohl von selbst, dafs man bei länger andauernden Sammeltouren ein kleines Gläschen Benzin mitführen mufs, um das durch wiederholtes Öffnen des Sammelgefäfses entweichende Benzingas ersetzen zu können.

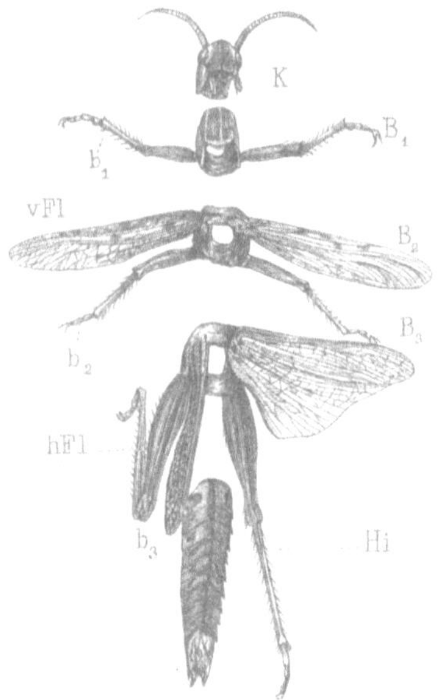

Fig. 20.

Schnarrheuschrecke (*Caloptenus italicus*). *K* Kopf; B_1 Vorderbrust, B_2 Mittelbrust, B_3 Hinterbrust; b_1, b_2, b_3 Füsse; *Hi* Hinterleib.

Zu Hause angekommen, nimmt man die Tiere zunächst aus dem Benzinglas (die in verdünntem Weingeist mit Eisessig liegenden Tiere bleiben in der Flüssigkeit) und macht sich, wenn man Zeit hierzu hat, sofort an das Sezieren der einzelnen Tiere, wobei man die gröfseren Tiere vorerst lediglich gliedweise, etwa wie Fig. 20 zeigt, zerlegt. Erlaubt es unsere Zeit nicht, dieses Geschäft sofort vorzunehmen, so bringt man die Tiere in das oben genannte Gemisch aus Weingeist, Wasser und Eisessig. Dabei ist aber zu beachten, dafs auffallend gefärbte Teile, wie namentlich Flügeldecken, deren Farbe erhalten bleiben mufs, sowie alle beschuppten und behaarten Körperteile nicht in diese Flüssigkeit eingelegt werden dürfen, sondern in einem gegen Staub und andere Verunreinigungen geschützten Gefäfse trocken aufbewahrt werden müssen. War die Sammelausbeute gröfser, so dafs deren Bewältigung längere Zeit in Anspruch nimmt, oder kann man an die Präparation erst zu einer späteren Zeit herangehen (Aufbewahrung für Winterarbeit), so bringt man die ganze Sammelausbeute aus den Benzindämpfen in die Wickersheimersche Flüssigkeit und verschliefst das Gefäfs sorgfältig. Von den während des Sammelns in die mit Alkohol und Eisessig gefüllten Fläschchen eingelegten Tieren sucht man sich die zart gebauten heraus und bringt sie, ohne dieselben weiter auszuwaschen, in mit etwas Alkohol versetztes Glycerin, die kräftigeren läſst man auch fernerhin in der Flüssigkeit liegen.

Ist der angehende Mikroskopiker zugleich Entomologe, nun dann mag er immerhin sammeln, was ihm in den Weg kommt, und meinetwegen seine Sammelgläser bis an den Rand füllen; seine Sache wird es dann sein, das Ergebnis seines Sammelns zweckmäſsig zu verwerten. Sammelt man aber ausschlieſslich für die Zwecke des Mikroskopierens, so darf nicht übersehen werden, dass ein sehr bescheidenes Sammelmaterial schon ausreicht, um für viele Wochen hinaus übervoll beschäftigt zu sein, daſs das Anhäufen groſser Mengen Rohmateriales nur störend auf die eigentliche Präparations- und Untersuchungsarbeit einwirkt, die Anzahl der Aufbewahrungsgefäſse nutzlos vermehrt, die Auslagen zwecklos vergrössert und die Durchführung eines klaren Arbeitsplanes geradezu unmöglich macht. Also auch hier zeigt sich der Meister in der richtigen Einschränkung. Dabei versteht es sich von selbst, daſs man seltene oder besonders wertvolle Tiere jederzeit mitnimmt, wo man sie findet; sie bilden bei Anknüpfung von Tauschverbindungen, ohne welche eine Sammlung mikroskopischer Präparate wohl kaum den wünschenswerten Grad der Vollständigkeit erreichen kann, ein sehr schätzenswertes Material.

Als allgemein giltige Regel muſs festgehalten werden, daſs die Präparation von zarten Körperteilen, wie Nerven, Tracheen, Blutgefäſsen, Gehirn, Drüsen u. s. w., um so bequemer auszuführen ist und um so sicherer gut gelingt, je frischer die betreffenden Objekte dem Körper entnommen werden. Derartige Präparationen sind also möglichst bald nach dem Einsammeln zu bethätigen. Die Präparation widerstandsfähiger Objekte dagegen hat keine Eile, dieselben können ohne irgend welche Schädigung in der Wickersheimer'schen Flüssigkeit viele Monate lang aufbewahrt werden.

Um dem Anfänger, der bezüglich des Körperbaues der Insekten nicht vollständig im klaren ist, die für den Zweck der mikroskopischen Präparation erforderliche, aber auch ausreichende, Übersicht über den inneren Zusammenhang der einzelnen Körperteile zu verschaffen, und um das Auf-

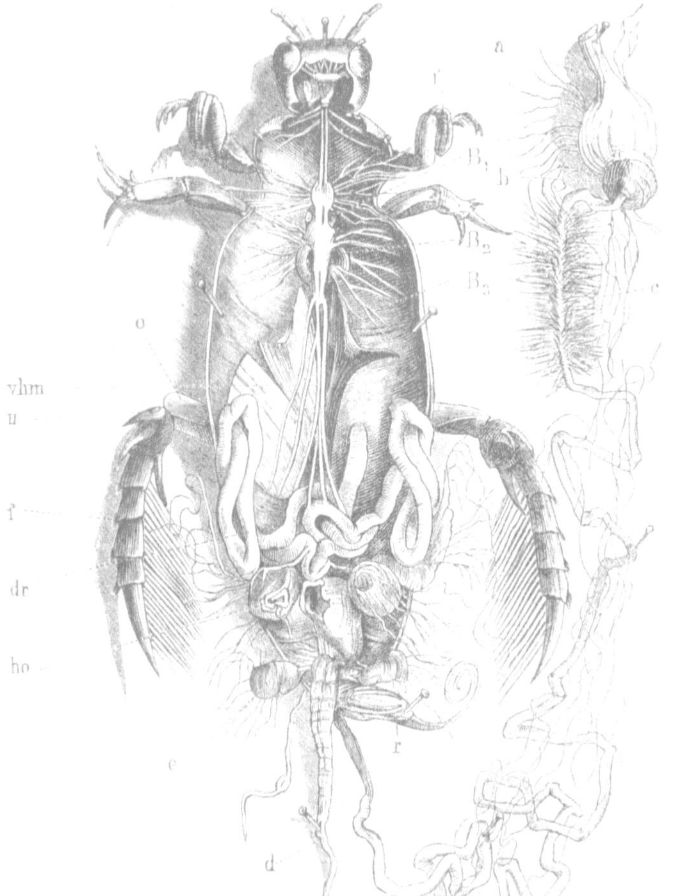

Fig. 21

Schwimmkäfer (*Dyticus marginalis* ♂) vom Rücken geöffnet.

Längs der Mitte des Bauches die Ganglienkette. B_1, B_2, B_3 die gabelförmigen Gebilde des ventralen Hautskelettes der Vorder-, Mittel- und Hinterbrust. *vhm* die vorderen Hüftmuskeln (Strecker der Ruderbeine). *o* Ober-, *u* Unterschenkel. *f* Fuſs. *i* Saugscheibe *ho* Hoden. *dr* Anhangsdrüse. *r* Ruthe. *a* Kropf, *b* Kaumagen, *c* mit äuſseren Drüsen besetzter Mitteldarm, *d* langer Blinddarm, *e* Behälter des Sekretes der Afterdrüsen.

finden und Ablösen der einzelnen Körperteile zu erleichtern, sind in Nachstehendem einige Abbildungen des inneren Baues verschiedener Insekten vorgeführt. Dieselben entstammen dem vorzüglichen Werke von Dr. Vitus Graber (München, bei Oldenbourg) »Vergleichende Lebens- und Entwicklungsgeschichte der Insekten«, das ich allen jenen, welche sich für die Insekten näher interessieren, bestens empfehle.

Die von manchen Sammlern befolgte Gewohnheit, die getöteten Tiere längere Zeit in Alkohol aufzubewahren, ist verwerflich, weil dadurch alle Teile des Tierkörpers und besonders die Muskeln so brüchig werden, dafs später keinerlei Präparate aus denselben angefertigt werden können.

Um nun Dauerpräparate herzustellen, wendet man entweder die Behandlung mit Ätzkalilauge oder die Behandlung mit Eisessig an.

Als Ätzkalilauge, in welcher alle chitinhaltigen entomologischen Objekte behandelt werden müssen, benutzt man, wie früher angegeben, entweder die in den Apotheken gebräuchliche, als Liquor Kali caustici bekannte, oder die selbstbereitete Lösung. Man verdünnt übrigens die eine wie die andere Lösung vor der Anwendung mit dem drei- bis vierfachen Volumen Wasser. Nur bei ganz derben Objekten, wie den hornigen Mundteilen der Käfer, den Füfsen und ähnlichen Objekten, darf man eine Lösung in der Verdünnung mit nur einem Volumen Wasser anwenden.

Man setzt nun die zu behandelnden Objekte in bedeckt gehaltenen Uhrgläsern oder niederen, mit Glasdeckeln versehenen Dosen unter Einwirkung des Ätzkali mehrere Tage einer gelinden Mazeration, zunächst ohne jede Erwärmung, aus, wobei man, wenn sich die Mazerationsflüssigkeit infolge der aufgelösten organischen Stoffe trübt und dickflüssig wird, die Lauge erneuert. Für viele, namentlich zarte, Objekte ist diese Art der Mazeration, drei bis vier Tage lang fortgesetzt, vollkommen ausreichend. Für etwas dichter gebaute Gebilde, wie die Mundteile der Dipteren, die Cornea der Insektenaugen, die Stigmen, die Hinterleibsdrüsen, die Speiseröhre, die Kaumagen, die verschiedenen Muskelpartien und ähnliches, wird jedoch eine noch längere Zeit andauernde Mazeration erforderlich werden. Man mufs sich deshalb von

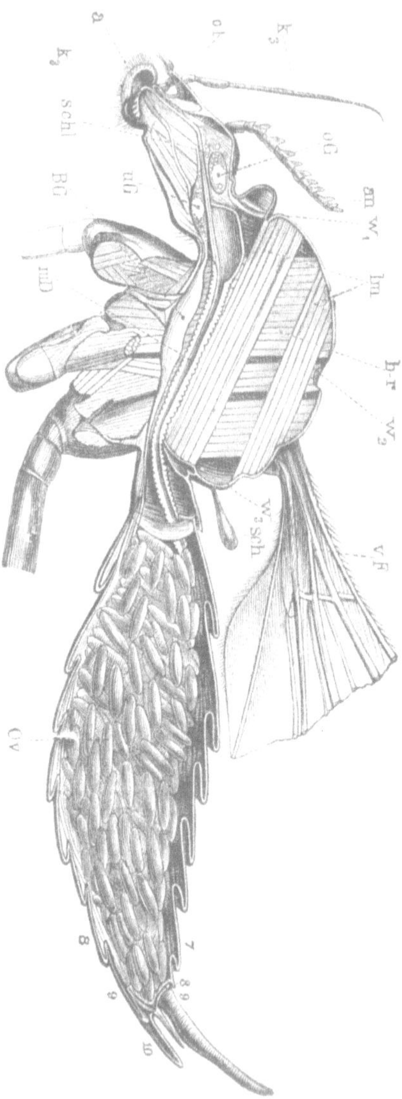

Fig. 22.

Längsschnitt einer Wiesenschnake.

a sog. Saugadersystem der wulstigen Unterlippe, scheinbar in das Schlundrohr übergehend. *mD* Speiserohr. *oG* oberes, *uG* unteres Schlundganglion. *BG* Brustganglion. w_1, w_2, w_3 Rückenmuskeln. *an* Fühler. *ol* Oberlippe. *Ov* Hinterleib, ganz mit Eiern angeschoppt. *vF* Vorderflügel. *sch* Schwingkölbchen. *lm* Längs-, *br* Seitenmuskellagen. k_3 Saugrüssel.

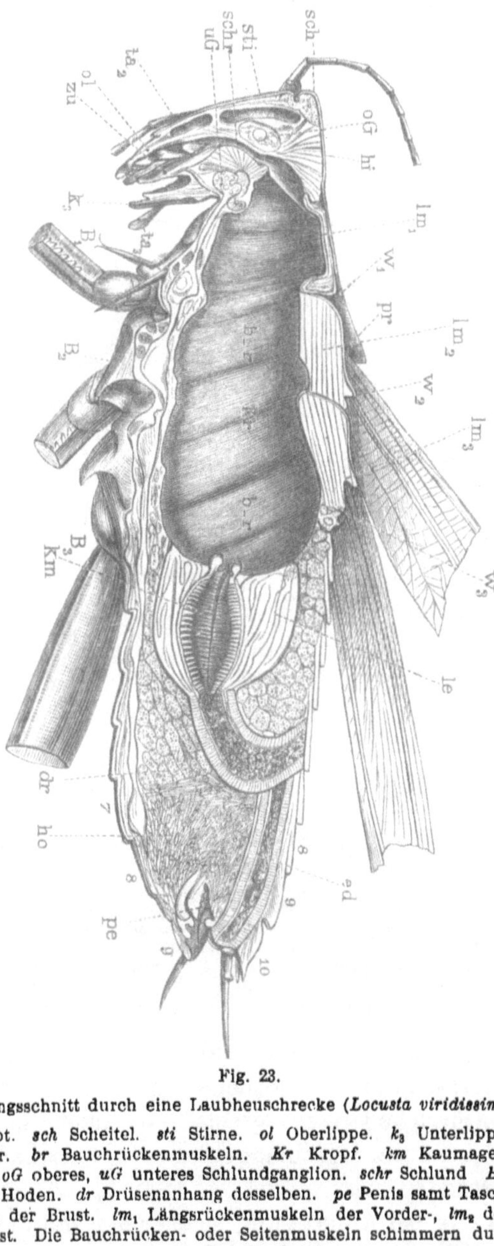

Fig. 23.

Längsschnitt durch eine Laubheuschrecke (*Locusta viridissima*).

hi Hinterhaupt. *sch* Scheitel. *sti* Stirne. *ol* Oberlippe. k_3 Unterlippe. *zu* Zunge. ta_2, ta_3 Taster. *br* Bauchrückenmuskeln. *Kr* Kropf. *km* Kaumagen. *le* Leber. *ed* Enddarm. *oG* oberes, *uG* unteres Schlundganglion. *schr* Schlund B_1, B_2, B_3 Brustganglien. *ho* Hoden. *dr* Drüsenanhang desselben. *pe* Penis samt Tasche. w_1, w_2, w_3 Scheidewände der Brust. lm_1 Längsrückenmuskeln der Vorder-, lm_2 der Mittel-, lm_3 der Hinterbrust. Die Bauchrücken- oder Seitenmuskeln schimmern durch die Wand des Kropfes durch.

Zeit zu Zeit durch eine vorläufige Untersuchung unter dem Mikroskope von dem Stande der fortschreitenden Mazeration überzeugen und dieselbe im richtigen Momente unterbrechen. Sollten einzelne Objekte auch nach 14tägiger Mazeration

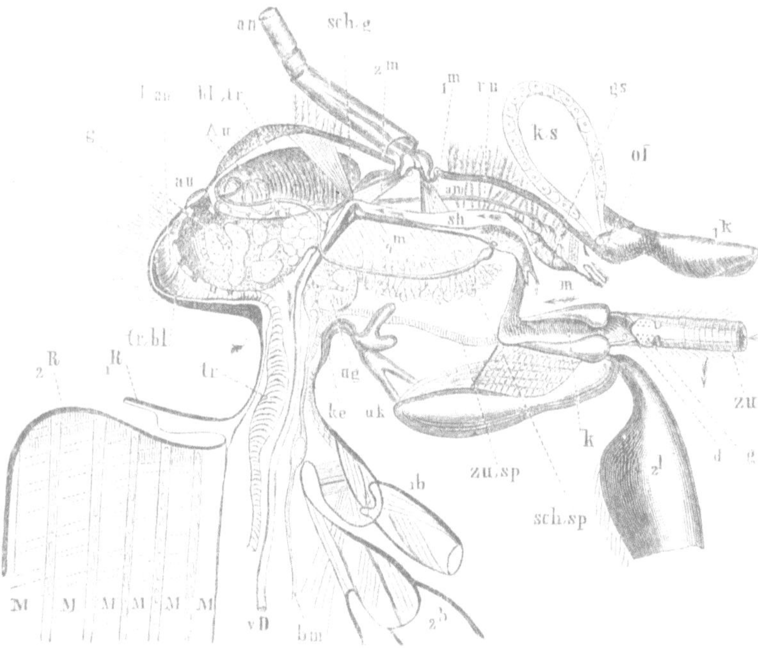

Fig. 24.
Mittellängsschnitt durch den Kopf, Hals und die Vorderbrust der Honigbiene.
m Mundhöhle. *sch* Schlund. $_1k$ Oberkiefer. *ol* Oberlippe. *ks* Oberkieferdrüse. *gs* Gaumensegel. *rn* Riechnerv. $_1m$, $_2m$ Fühlermuskeln. *schg* Schlundgräte. *trbl* Tracheenblase. *Au* Facett-, *au* einfache Augen. *g* Gehirn. *uG* unteres Schlundganglion. *tr* Halstrachea. $_1R$ Vorderrücken, $_2R$ Mittelrücken. *M* Flügelmuskeln, dazwischen querdurchschnittene Tracheen. *vD* Speiseröhre. *bm* Bauchmark. $_1b$, $_2b$ Vorder- und Mittelbein. *ke* Kehle. *uk* Unterkinn. *zusp* Zungenspeicheldrüse. *schsp* Schlundspeicheldrüse. *k* Kinn (Zungenstiel). *zu* Zunge. *g* Geschmacksbecher. *d* Mündung der Zungenspeicheldrüse (schematisch). $_2l$ Unterkieferladen.

noch nicht den gewünschten Grad der Reinheit und Durchsichtigkeit erreicht haben — fleiſsiges Erneuern der trübgewordenen Flüssigkeit vorausgesetzt —, dann müssen dieselben in verdünnter Kalilauge kürzere oder längere Zeit gekocht werden.

Man warte bei Anfertigung solcher Mazerationspräparate ruhig den Zeitpunkt der eintretenden Lockerung und Auflösung des Gewebes ab. Der Anfänger ist gar zu gerne bereit, die Wirkung durch Anwendung von Wärme zu beschleunigen. Er beachte, dafs ein Mazerationspräparat um so besser und reiner ausfällt, je weniger gewaltsam die Trennung erfolgt ist.

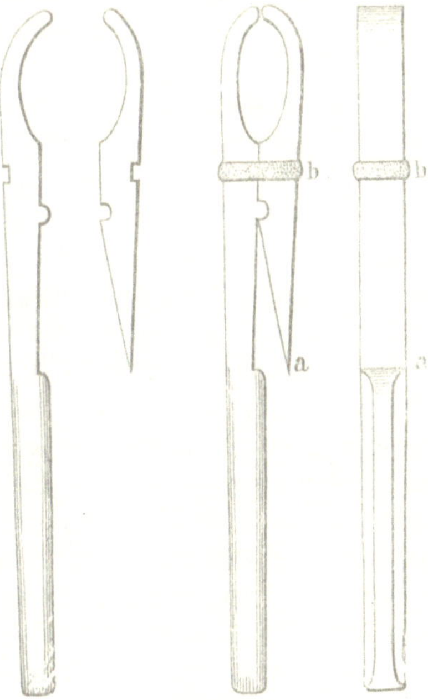

Fig. 25.
Halter für Kochgläschen.
($^1/_2$ natürlicher Gröfse.)

Will man ein Objekt aus der Ätzkalilösung behufs vorläufiger Untersuchung unter das Mikroskop bringen, so mufs dasselbe zuerst sorgfältig in Wasser ausgewaschen, dann in einen Tropfen Glycerin gelegt und, mit einem Deckgläschen bedeckt, unter das Mikroskop gebracht werden.

Das Kochen der Objekte in Kalilauge nimmt man am besten in dünnwandigen Reagensgläschen vor, wobei man die früher über das Kochen in Kalilauge angegebenen Vorsichtsmafsregeln gewissenhaft berücksichtigt. Das Kochen unterhält man je nach Bedürfnis eine bis mehrere Minuten. Als Halter für die Reagensgläschen benutzt man bequem die in obenstehender Fig. 25 abgebildete Holzzange, die man sich leicht selbst anfertigen kann. Zur Verbindung der beiden federnden Backen bei *b* dient ein Kautschukring, den man sich durch Abschneiden von einer entsprechend weiten Kautschukröhre herstellt.

Nach dem Kochen läfst man die Objekte in der Kalilauge erkalten und wäscht sie sodann in frischem Wasser unter wiederholter Erneuerung desselben sorgfältig aus. Nunmehr sind die Gegenstände — vorausgesetzt, dafs man dieselben nicht tingieren will — für den dauernden Einschlufs vorbereitet und kommen, je nachdem der Einschlufs in Kanadabalsam, in Glyceringelatine oder Glycerin erfolgen soll, entweder in absoluten Alkohol oder in ein Gemenge von gleichen Teilen Glycerin und Wasser, dem man einige Tropfen Karbolsäure zugesetzt hat.

Will man bei zarten Objekten die längere Zeit beanspruchende Mazeration ganz vermeiden, so werden dieselben in stark verdünnter Kalilauge (1 Teil konzentr. Lauge auf 8 bis 10 Teile Wasser), unmittelbar nach deren Einsammeln und nachdem man sie zuvor in Wasser ausgewaschen, kurze Zeit gekocht, wieder in Wasser ausgewaschen und in die Aufbewahrungsflüssigkeit gelegt.

Es gibt kaum eine andere Gruppe von Objekten, welche, wie die entomologischen, ein so hochgradig verschiedenes Verhalten gegen kalte und warme Kalilauge zeigen. Alle diesbezüglichen Vorschriften besitzen daher immer nur einen mehr oder weniger allgemeinen Charakter. Es kann deshalb dem angehenden Mikroskopiker nicht erspart werden, dafs er die verschiedenen Objekte in ihrem Verhalten zu Kalilauge einer sorgfältigen Prüfung unterzieht und die in jedem einzelnen Falle gewonnenen Resultate mit allen begleitenden Nebenerscheinungen behufs späterer Verwertung gewissenhaft notiert.

Weit sicherer gestaltet sich der Verlauf der Mazeration in Eisessig, doch eignen sich hierzu nur solche Objekte, welche gar nicht oder nur wenig chitinhaltig sind. Nachstehende, von Dr. Rodrich zuerst publizierte, Behandlungsweise hat sich nach jeder Richtung erprobt und kann bestens empfohlen werden. Objekte, welche durch Behandlung mit Glycerin allein nicht genügend aufgehellt werden können, müssen erst eine Zeit lang mit Eisessig behandelt werden, wobei man denselben, je nach der verschiedenen Beschaffenheit der zu präparierenden Objekte, in mehr oder weniger starken Verdünnungen anzuwenden hat. Die eigene Erfahrung ist auch hierbei die beste Lehrmeisterin und schützt sehr bald vor Mifsgriffen. Am besten thut der Anfänger, wenn er in einer Anzahl von Glas- oder Porzellanschalen, welche für gewöhnlich mit gut schliefsenden Deckeln verschlossen und mit entsprechenden Signaturen versehen sein müssen, bestimmte Verdünnungen von Eisessig vorrätig hält. Ich empfehle hier Rodrich's Vorschlag zur Nachahmung. Rodrich wendet sechs derartige Schalen an, in denen sich die nachfolgenden Gemische befinden:

a)	Eisessig	10,	Wasser	90,
b)	»	15,	»	85,
c)	»	20,	»	80,
d)	»	25,	»	75,
e)	»	35,	»	65,
f)	»	50,	»	50.

Man legt nunmehr die zu behandelnden Insektenweichteile, und bei feineren Insekten oder anderen niederen Tieren die ganzen Tiere bzw. deren Larven, zunächst auf einige Minuten in das Gemisch a, wobei man dieselben mit einem Messer oder einer Präpariernadel etwas unter die Oberfläche hält. Sodann bringt man die betreffenden Objekte unter Anwendung des gleichen Verfahrens in das Gemische b, und so fort, bis der gewünschte Grad der Mazeration, der eine gründliche und bequeme Beobachtung gestattet, erreicht ist.

Vor dem jedesmaligen Neueinlegen in die folgende, konzentriertere, Flüssigkeit mufs das Objekt unter dem Mikroskope, mit einem Deckglase bedeckt, auf seinen Zustand sorgfältig geprüft werden, um dasselbe vor zu starkem Angriff des Eisessigs zu schützen.

Alle Mazerationsarbeiten, namentlich aber die mit Eisessig, dürfen nicht in dem Raume, in welchem sich das Mikroskop befindet — der ätzenden Dünste wegen — vorgenommen werden.

Um zu zeigen, in welcher Weise etwa die Zergliederung des Insektenkörpers zum Zwecke der nachfolgenden Mazeration in Eisessig vorgenommen werden soll, ist in Fig. 26 die Zerlegung einer Schwebefliege (*Volucella zonaria*) veranschaulicht.

Für alle weicheren, nicht besonders stark mit Chitinmasse umhüllten Objekte wird die eben besprochene Behandlung mit verdünntem Eisessig vollkommen ausreichen, um sie in einen Zustand zu versetzen, in welchem man dieselben zu Dauerpräparaten ohne weiteres verwenden kann. Andere, besonders stark chitinhaltige Präparate werden freilich auch durch diese Behandlungsweise noch nicht genügend aufgehellt, in allen ihren Teilen noch nicht hinlänglich klar werden, sie erfordern also noch eine weitere Behandlung. Man bringt solche Objekte eine Zeit lang in konzentrierten Eisessig, wobei man sich öfters unter dem Mikroskope von dem Stande der fortschreitenden Aufhellung überzeugt. Sollte, was indessen nur bei ganz wenigen Präparaten der Fall sein wird, auch jetzt noch nicht die wünschenswerte Klärung der Strukturverhältnisse eingetreten sein, so bringt man die betreffenden Objekte auf einen Objektträger, setzt einen Tropfen konzentrierten Eisessigs zu und erhitzt vorsichtig über einer Weingeistflamme, bis die Flüssigkeit auf dem Objektträger zu

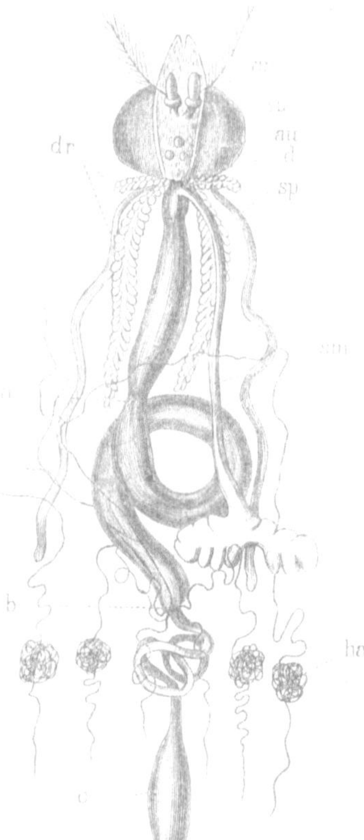

Fig. 26.

Verdauungsapparat einer Schwebefliege (*Volucella zonaria*).

Bezeichnung der Kopfteile wie bisher. *dr* traubige Munddarmröhre. *sp* Speichelorgane. *sm* Saugmagen. *h* Einmündung der 4 Malpighischen Röhren (*ha*). *c* Dickdarm.

kochen beginnt. Nunmehr wäscht man das Präparat in reinem kalten Wasser wiederholt aus. Das Auswaschen hat den Zweck, die Objekte vollständig von dem in sie eingedrungenen Eisessig zu befreien. Es mufs daher sehr sorgfältig geschehen und wird am besten in einem Reagensgläschen ausgeführt, in welchem man die betreffenden Präparate gut schüttelt. Das Wasser mufs öfters erneuert werden, und ist das Waschen so lange fortzusetzen, bis blaues Lackmuspapier nicht mehr gerötet wird. Nunmehr ist das Präparat für den Einschlufs vorbereitet und wird, je nach der Einschlufsflüssigkeit, in die früher angegebenen Flüssigkeiten gelegt.

Noch ein Verfahren über die Anfertigung von Dauerpräparaten aus der Chitinhülle der Insekten und Arachniden, das seinerzeit von Schultze veröffentlicht wurde, will ich hier anführen. Ich habe mittlerweile diese Methode vielfach auf ihre Zweckmäfsigkeit erprobt und kann bestätigen, dafs dieselbe im allgemeinen ganz gute Dienste leistet, namentlich da, wo die Einlagerungen nicht besonders dicht sind; wenn es sich aber um Objekte handelt, welche — in Bezugnahme auf die Behandlung mit Eisessig — die Anwendung von konzentriertem Eisessig oder gar das Kochen mit demselben erfordern, hat mich die Schultze'sche Methode im Stiche gelassen; die Aufhellung ging keinen Schritt mehr weiter, ich mochte die Behandlung fortsetzen, so lange ich wollte, und war schliefslich genötigt, zu Kalilauge oder Eisessig zurückzugreifen. Einzelne Präparate erhält man auf diesem Wege allerdings in seltener Reinheit.

Nach Schultze's Erfahrungen erhält man völlig durchsichtige und reine Objekte, ohne andere Mittel anzuwenden als Ätznatron[1]), Wasser und Spiritus, indem durch die Diffusion verschiedener Flüssigkeiten die Präparate innerlich und äusserlich gereinigt werden.

---

[1]) Ich mufs unbedingt, aus den an geeigneter Stelle bereits angeführten Gründen, der Ätzkalilauge vor der Ätznatronlauge den Vorzug geben.

Man bringt zu diesem Zwecke die Objekte zuerst in eine konzentrierte Ätznatronlösung, läſst sie darin je nach ihrer Beschaffenheit 5 bis 10 Tage liegen und bringt sie dann in Wasser. Hier nun tritt eine Diffusion der Flüssigkeiten ein und bewirkt das Austreten der von dem Ätznatron gelösten Stoffe aus dem Inneren des Objektes in das Wasser, was sich bei gröſseren Gegenständen durch Bildung eines trüben Fleckes auf dem Boden des Schälchens bemerkbar macht. Nach 2 bis 3 Tagen bringt man die Präparate wieder in die Natronlauge und wiederholt demnächst das zeitweise Einlegen in Wasser, bis die Aufhellung nicht mehr weiter fortschreitet, oder die Objekte hell genug erscheinen.

Nun wechselt man mit dem Einlegen derselben in Wasser und in Spiritus (ich benutzte dazu, der sicheren und rascheren Wirkung wegen, stets nahezu absoluten Alkohol; Schultze gibt die Stärke seines Spiritus nicht näher an) in kürzeren Zeitabschnitten von einem oder nur einem halben Tage. Wasser und Spiritus mischen sich bekanntlich mit lebhafter innerer Bewegung, und diese Diffusion der beiden Flüssigkeiten wirkt offenbar auf die Präparate innerlich wie äuſserlich reinigend. Falls diese rein genug sind und sich trocknen lassen, legt man sie in Kanadabalsam ein; falls sie sich nicht trocknen lassen, in Glycerin.

Insektenaugen und Augen anderer niederer Tiere habe ich durch dieses Verfahren allerdings in besonderer Reinheit erhalten, und will ich, da die Präparation von Gliedertieraugen vielfach eine Lieblingsbeschäftigung der Mikroskopiker bildet, in Fig. 27 bis 34 die wichtigsten Formen der Gliedertieraugen zur Abbildung bringen.

Sollen von entomologischen Objekten Schnitte hergestellt werden, so müssen dieselben zuerst erhärtet werden. Hierzu eignet sich am besten die Müller'sche Flüssigkeit. Bei zarten Geweben benützt man die angegebene schwächste Zusammensetzung, bei derberen Geweben kann die Wirkung durch entsprechenden Zusatz von doppeltchromsaurem Kali verstärkt werden.

Man bringt zum Zwecke des Erhärtens die losgelösten Gewebeteile aus der Sammelflüssigkeit unmittelbar in die Müller'sche Flüssigkeit und läfst letztere auf die Gewebe 1 bis 3 Wochen einwirken, wobei man sich von Zeit zu Zeit von dem Zustand der Gewebe überzeugt und die Flüssigkeit durch neue ersetzt.

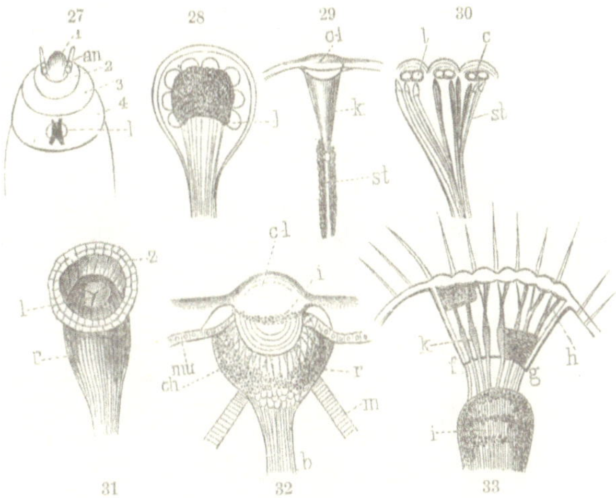

Fig. 27 bis 33.

Wichtigste Augenformen der Gliedertiere.

Fig. 27. Zweilinsiges Punktauge einer Fliegenlarve (*Miastor*) auf dem 4. Leibesringe. 1, 2, 3, 4 Leibesringe. *an* Fühler. *l* Doppellinse.
» 28. Viellinsiges Larvenauge des Schwimmkäfers (*Dyticus marginalis*).
» 29. Einfaches Auge von *Corycaeus* (Krebs).
» 30. Gehäufte einfache Augen der Mauerassel.
» 31. Zusammengesetztes Raupenauge mit einer einzigen Linse von *Dasychira pudibunda*.
» 32. Zusammengesetztes Auge mit einer gemeinsamen Hornhautlinse *cl* einer Blattwespenraupe.
» 33. Schema eines zusammengesetzten und facettierten Auges eines Insektes.

Sind die Gewebe genügend erhärtet und hat man sie gründlich ausgewaschen, so führt man, wo dieses angeht, die Schnitte sofort aus, im anderen Falle werden die zu schneidenden Objekte in eine geeignete Einbettungsmasse eingebettet.

Die wenigsten entomologischen Objekte besitzen eine hinreichende Gröfse, um sie während des Schneidens mit den Fingern halten zu können, sie müssen daher zum

Zwecke des Schneidens mit anderen, gröfseren Körpern vereinigt werden. In manchen Fällen genügt es allerdings, die betreffenden Körper zwischen zwei Hollundermarkstäbchen zu legen und so zu schneiden. Immerhin wird aber hierbei auf das Objekt ein nicht unbedeutender Druck aus-

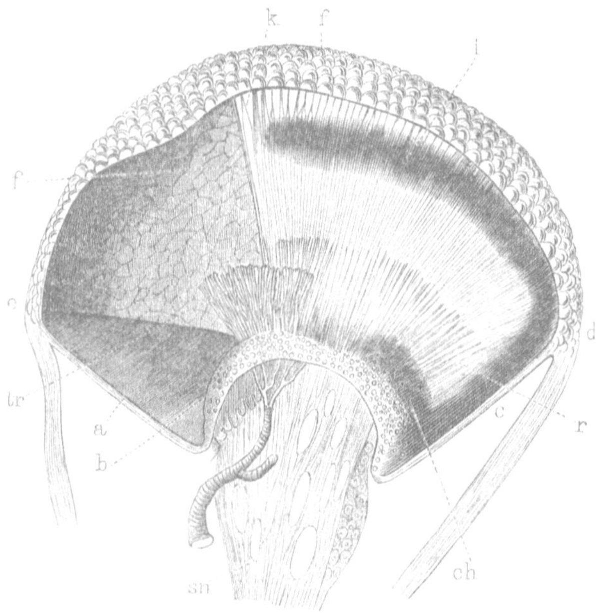

Fig. 34.

Längsdurchschnittenes Facettauge eines Schwärmers nach Leydig.

Die feste chitinisierte Augenkapsel oder Sclera aussen facettiert, innen siebartig durchbrochen zum Durchtritte der stabförmigen Sehnervenendungen. *k* Schichte der Krystallkegel. *i* irisartige Pigmentzone. *ch* Netzhautpigment. *sn* Sehnerv. *tr* in feine Faserbündel aufgelöste Tracheen.

geübt, der auf die erhaltenen Schnitte nachteilig einwirken kann. Am sichersten kommt man daher zum Ziele, wenn man die Objekte in eine wachsartige Masse einbettet, durch welche sodann nach dem Erkalten die Schnitte geführt werden. Zu bemerken ist dabei noch, dafs die einzubettenden Objekte zuvor noch auf kurze Zeit in absoluten Alkohol gelegt werden müssen.

Am einfachsten ist das Einschmelzen in Paraffin. Man macht zu diesem Zwecke in ein handsam zugerichtetes Stück Paraffin eine entsprechend weite und tiefe Höhlung und füllt diese teilweise mit flüssig gemachtem Paraffin aus. Auf dieses bringt man nun, so lange das Paraffin noch sehr weich ist, das Objekt in der zum Schneiden erforderlichen Lage und füllt sodann die Höhlung vollends mit geschmolzenem Paraffin aus. Nach dem Erkalten kann sofort geschnitten werden, doch kann das Präparat in diesem Einschlusse auch bis zu gelegener Zeit liegen bleiben.

Um einige Anhaltspunkte dafür zu bekommen, an welcher Stelle im Inneren der Einbettungsmasse das Präparat ungefähr liegt, ist es zweckdienlich, vor dem Eingiefsen der letzten Paraffinmasse äufserlich durch Einkritzen die Stelle beiläufig zu bezeichnen. Man erspart dadurch viel unnötiges Schneiden und schützt sich vor der Gefahr, das Objekt durch einen nicht beabsichtigten Schnitt zu verletzen.

Auch das Einschmelzen der Objekte in ein Gemisch aus Wachs und Leinöl findet häufig Anwendung. Man schmilzt zu diesem Behufe die genannten Substanzen zu gleichen Gewichtsteilen in einer Porzellanschale zusammen, fertigt sich aus einem rechteckigen Stücke gewöhnlichen Schreibpapieres durch Aufbiegen und Ankleben der Ränder einen kleinen rechteckigen Trog, etwa 6 cm lang und 3 cm breit und giefst in denselben die geschmolzene Masse, etwa 5 bis 6 mm hoch. Nachdem der Eingufs erkaltet ist, legt man die zu schneidenden Objekte in passender Lage darauf, übergiefst dieselben erst tropfenweise (damit sie die ihnen angewiesene Lage nicht verändern), später in gröfseren Quantitäten mit der geschmolzenen Masse, etwa wieder 5 bis 6 mm hoch, und läfst das Ganze erkalten. Im kalten Zustande kann man die Papierhülle leicht abnehmen und sofort oder später die Schnitte herstellen. Auch hier ist es gut, wenn die Stellen, an welchen die Objekte liegen (Längen- und Breitenachse), äufserlich an dem Papiertroge etwa durch einen Bleistiftstrich, gekennzeichnet werden, welches Zeichen man nach dem Erkalten und vor Entfernung des Papieres durch einen Messerschnitt auf das Einbettungsmaterial überträgt.

Beim Schneiden selbst umwickelt man die Einbettungsmasse, um das Weichwerden infolge der Erwärmung durch die Hand zu verhindern, mit einem Leinwandlappen, schneidet hierauf mit einem gewöhnlichen Messer so lange von der Einbettungsmasse weg, bis das gewünschte Objekt durchscheint — was rasch erreicht wird, wenn ein äufseres Zeichen an der Einbettungsmasse diese Arbeit erleichtert —, legt die obere Fläche des Objektes blofs, ebnet die Schnittfläche mit einem Rasiermesser und führt sodann mit einem scharfen Rasiermesser (oder mit dem Mikrotom) die Schnitte aus, nachdem man zuvor beide Seiten des Messers, sowie auch die Schnittfläche mit gewöhnlichem Spiritus gut befeuchtet hat.

Fig. 35.

Stark vergröfserter Längsschnitt durch die Saugscheibe von *Helophilus pendulus*.

r Saugrinnen. *n* dicker Nervenstrang, von welchem Fasern zu den zwischen den Saugkanälen stehenden Hautanhängen *g* und zu den Tastborsten *ta* ausgehen. *pz* terminale Ganglienzellen.

Als Lösungsmittel für die etwa anhaftende Einbettungsmasse dient Alkohol, in den man die Schnitte bringt. Wie hübsch und instruktiv derartige gut ausgeführte Schnitte sind, zeigt die Abbildung Fig. 35, welche einen stark vergröfserten Längsschnitt durch die Saugscheibe einer Schwebefliege (*Helophilus*) darstellt.

Will man entomologische Objekte tingieren, was jedoch bei chitinhaltigen Präparaten ganz überflüssig ist, da hier die natürlichen Farbenkontraste genügend stark ausgeprägt sind, so geschieht dies am besten unmittelbar nach erfolgter Aufhellung. Pikrokarmin oder karminsaures Ammoniak führen hier in allen Fällen zum Ziele. Die Zeitdauer der Einwirkung des Farbstoffes auf das Objekt hängt natürlich von der Natur des Gegenstandes ab und ist durch Erfahrung in jedem einzelnen Falle leicht zu ermitteln.

Sind die Objekte gehörig vorbereitet, so können dieselben eingeschlossen werden. Abgesehen von dem trockenen Einschlusse, der übrigens nur in einzelnen wenigen bereits besprochenen Fällen Anwendung finden kann, bedient man sich auch hier als Einschlufsflüssigkeit des Kanadabalsams, Glycerins und der Glyceringelatine.

Einschlufs in Kanadabalsam. Man verwendet hierzu sowohl den in Terpentinöl wie auch den in Chloroform gelösten. (Ich selbst benutze seit mehreren Jahren überhaupt keinen anderen Balsam mehr, als den in Chloroform gelösten.) In beiden Fällen kommen die Objekte zuerst in absoluten Alkohol, um alles von der vorhergegangenen Präparation ihnen noch anhaftende oder in die Hohlräume eingedrungene Wasser zu entfernen. Hierauf bringt man sie bei Anwendung des Terpentin-Kanadabalsams in Terpentinöl, bei Anwendung des Chloroform-Kanadabalsams in Chloroform. In diesen Flüssigkeiten läfst man die Objekte einige Sekunden bis eine Minute lang liegen. Beabsichtigt man noch eine besondere Aufhellung der Schnitte, so läfst man die in Terpentinöl gebrachten noch längere Zeit, etwa ¼ bis ½ Stunde darin liegen, während man die in Chloroform liegenden Objekte auf ½ bis 1 Stunde in Nelkenöl bringt. Bezüglich des Terpentinöles ist hierbei zu beachten, dafs dasselbe nicht nur aufhellt, sondern auch erhärtend wirkt, man darf also die bezüglichen Objekte ja nicht zu lange in demselben liegen lassen, da dieselben aufserdem so spröde werden könnten, dafs sie bei der nach erfolgtem Einschlusse etwa notwendigen, wenn auch leichten, Pressung möglicherweise in Trümmer gehen könnten, und dieses Schicksal droht am meisten gerade den dünnsten, also gelungensten, Präparaten. Bezüglich des Nelkenöles ist eine derartige Gefahr überhaupt nicht zu befürchten, weshalb man es hier mit der Einlagezeit nicht besonders genau zu nehmen braucht. Diese mifsliche Nebenwirkung des Terpentinöles, welcher nach vieler Mühe und Arbeit gerade die besten Präparate oft zum Opfer fallen, war für mich mit ein Grund, dem Terpentin-Kanadabalsam meinerseits den Abschied zu geben.

Beim Einschlusse selbst verfährt man auf die früher angegebene Weise. Sollten sich innerhalb des Präparates selbst Luftblasen zeigen, so ist dies ein Zeichen, dafs man in der vorausgegangenen Behandlung nicht vorsichtig genug war, dafs namentlich noch wasserhaltige Teile sich in den Geweben vorfinden. In diesem Falle müfste das Präparat wieder herausgenommen und längere Zeit in Terpentinöl bzw. Chloroform gelegt werden; doch wird auch dieser Fall weit häufiger bei Präparaten, welche in ersterer Flüssigkeit, als bei solchen, welche in der letzteren liegen, auftreten. Luftblasen, welche aufserhalb des Präparates im Kanadabalsam auftreten, lasse man ganz beruhigt an ihrem Platze, sie werden sich beim allmählichen Trocknen des Balsams von selbst nach dem Rande des Deckgläschens hinziehen und dort austreten.

Will man die Präparate rasch trocken haben, so mufs man sie erwärmen. Dies mufs aber sehr vorsichtig geschehen, damit das Terpentinöl oder das Chloroform des Balsams nicht zum Sieden kommt, da aufserdem im Präparate Luftblasen entstehen, die sich nur mit grofser Mühe entfernen lassen. Hat man schon einige Gewandtheit in der Behandlung der Präparate hinsichtlich des Erwärmens erlangt, so mag dasselbe über einer kleinen Spirituslampe geschehen, es führt so jedenfalls rascher zum Ziel; im entgegengesetzten Falle bringe man die Präparate auf eine warme Herd- oder Ofenplatte oder setze dieselben direkt den Sonnenstrahlen aus.

In vielen Fällen wird das Präparat an Schönheit gewinnen, wenn dasselbe während des Trocknens einige Tage hindurch einer leichten Pressung ausgesetzt wird. Man verwendet hierzu einen der früher beschriebenen Objektpresser, bei denen man es ganz in seiner Gewalt hat, den Druck zu erhöhen oder zu vermindern.

Bei Anwendung gelinder Wärme — und bei histologischen Präparaten ist die Anwendung höherer Temperaturen überhaupt ausgeschlossen — wird der Balsam nach 3 bis 4 Wochen, ohne Anwendung von Wärme nach 2 bis 3 Monaten äufserlich so weit erhärtet sein, dafs der dauernde Lackverschlufs angebracht werden kann. Wurde zur Lösung des Kanadabalsams ziemlich frischbereitetes Terpentinöl verwendet, so wird das Trocknen wohl um ein Drittel oder die Hälfte der angegebenen Zeit länger beanspruchen. Wenn die Fertigstellung des Präparates nicht eilt, thut man aber gut, mit Anbringung des Verschlusses noch einige Zeit zuzuwarten, da aufserdem beim Blanksäubern des Deckglases und Objektträgers leicht ein Verschieben des Deckglases und damit eine Beschädigung des Präparates eintreten könnte. Auch hüte man sich beim Reinigen davor, den Leinwandlappen zu stark in Alkohol zu tauchen; es könnte sonst leicht etwas Alkohol unter das Deckglas eindringen, den Balsam erweichen und dadurch ein Einziehen von Luftblasen erfolgen.

Einschlufs in Glycerin. Als Einschlufsflüssigkeit verwendet man hier Glycerin mit Kampherwasser, Glycerin mit Chloroformwasser, oder mit destilliertem Wasser verdünntes Glycerin mit Zusatz einiger Tropfen Karbolsäure. Nur in einzelnen Fällen, in welchen man besonders starke Aufhellung erreichen will, wird reines Glycerin mit oder ohne etwas Zusatz von Karbolsäure verwendet. Jede der genannten Einschlufsflüssigkeiten wird ihren Zweck gleich gut erfüllen.

Man verfertigt sich zum Zwecke des Einschlusses auf dem Objektträger eine entsprechend dicke Lackzelle und bringt nach dem Trocknen in dieselbe mit einem Glasstabe eine hinreichende Menge der Einschlufsflüssigkeit. Der Einschlufs selbst erfolgt auf dieselbe Weise und unter Beachtung der gleichen Vorsichtsmafsregeln, wie dieses im vorhergehenden Abschnitte dargelegt wurde. Einer nachträglichen

Pressung dürfen die in einer nicht erhärtenden Flüssigkeit, wie es Glycerin ist, eingeschlossenen Objekte nicht ausgesetzt werden.

Einschlufs in Glyceringelatine. Derselbe erfolgt ganz in derselben Weise, wie dieses Seite 128 eingehend erörtert wurde. Das Auftreten von Luftblasen wird von vornherein verhindert, wenn der Objektträger beim Auftragen der Einschlufsmasse langsam und gleichmäfsig erwärmt und ja nicht überhitzt wird; die Temperatur soll nicht höher steigen, als gerade zum Schmelzen der Gelatine erforderlich ist.

Wird das Präparat nicht gehörig mit der Einschlufsmasse durchtränkt, so kann es vorkommen, dafs nach dem Gelatinieren der Einschlufsmasse sich innerhalb des Präparates kleine Luftbläschen, Wasser- oder Glycerintröpfchen bilden, die wegen ihres verschiedenen Brechungsvermögens das genaue Beobachten des Präparates erschweren. Man mufs daher vor Anlage des Verschlufsringes das Präparat bezüglich dieses Umstandes sorgfältig unter dem Mikroskope untersuchen und, wenn sich derartige Mängel zeigen, das Präparat auf einen frischen Objektträger umlegen. — Um aber solchen Fatalitäten ein für allemal vorzubeugen, ist es zweckmäfsig, die zum Einschlusse fertigen Objekte in einem Reagiergläschen in geschmolzene Glyceringelatine zu bringen, sie durch Schwenken des Gläschens gründlich mit der Einschlufsmasse zu durchtränken und sie einstweilen in der allmählich gelatinierenden Masse liegen zu lassen. Der Einschlufs kann dann zu beliebiger Zeit, nachdem man die Masse zuvor bis zum Schmelzen erwärmt hat, erfolgen.

In Glyceringelatine eingelegte Präparate können ganz gut, ja noch weit bequemer als in Kanadabalsam liegende, nachträglich gepresst werden; nur mufs das Pressen unmittelbar nach dem Einlegen, wenn die Masse noch flüssig ist, erfolgen. Sollte nach dem Einschlusse die Masse nicht mehr ganz flüssig sein, so erwärmt man die Unterseite des Objektträgers leicht und bringt sodann das Präparat unter den Presser. Nach längstens einer halben Stunde wird es von dem Presser befreit.

Das Reinigen der Präparate sowie die Anlage des Lackverschlusses erfolgt ganz in derselben Weise wie dieses früher auseinandergesetzt wurde.

Will man beschuppte Flügeldecken von Käfern in eine Einschlufsflüssigkeit legen, wodurch man allerdings weit hübschere und instruktivere Bilder erhält als beim trockenen Einlegen, so benutzt man hierzu ausschliefslich Chloroform-Kanadabalsam. Die Flügeldecken werden zu diesem Behufe, unter möglichster Schonung der Beschuppung, in kleine quadratische oder rechteckige Plättchen geschnitten, hierunter die wenigst gewölbten ausgesucht, und diese auf einen oder zwei Tage in Nelkenöl gebracht, von welchem aus sie ohne weiteres in Balsam eingeschlossen werden können. Das vorherige Einlegen in Alkohol ist durchaus nicht zu empfehlen, da viele dieser prächtigen Schuppen hierdurch ihren Glanz verlieren. Je kleiner man die Plättchen macht, desto leichter lassen sich dieselben später in eine Ebene pressen und desto hübscher wird das Präparat. Beim Einschlusse solcher Präparate mufs der Kanadabalsam reichlich unter dem Deckgläschen hervortreten, da hier zwischen Objektträger und Deckglas eine verhältnismäfsig dicke Schichte Balsam ruht, dem Gelegenheit gegeben werden mufs beim Verdunsten des Lösungsmittels neuen Balsam von aufsen nachzuziehen, widrigenfalls sich Luftblasen im Präparate bilden würden.

Das Anbringen einer Glas- oder Kautschukzelle, wie es für so dicke Präparate wie die hier in Rede stehenden bisher unerläfslich war, ist immer eine umständliche Sache, die nicht immer gut gelingen will und namentlich das Austreten der Luftblasen verhindert. Ich war daher bestrebt, einen Ersatz für dieses fremdartige Zwischenglied ausfindig zu machen und fand am Kanadabalsam selbst einen ganz zweckentsprechenden Ersatz. Ich besorge daher schon seit längerer Zeit den Einschlufs dicker Objekte, welche bisher die Benutzung einer Zwischenzelle oder die Anwendung eines Objektträgers mit konkavem Schliff erforderten, in folgender Weise. Ich bringe mit einem in Chloroformbalsam getauchten Pinsel (der Balsam mufs ziemlich dünnflüssig genommen werden) in der Mitte eines gewöhnlichen Objektträgers einen der Deckglasgröfse entsprechenden Ring an, erwärme denselben erst schwach, dann etwas stärker und lasse ihn 1 bis 2 Stunden an einem warmen Platze liegen. Hierauf wird der Ring über einer Spiritusflamme kurze Zeit stark erhitzt, worauf man ihn zum Erkalten bei Seite stellt. Nach ein paar Stunden wird der Balsamring vollständig erhärtet sein, worauf man in gleicher Weise eine zweite, und unter Umständen eine dritte Verstärkungsschichte aufträgt. Anstatt Kanadabalsam kann man auch eine Lösung von Mastix in Chloroform verwenden. Man stellt sich solche Zellringe zu gelegener Zeit in gröfserer Anzahl her und bewahrt selbe für den Gebrauch auf. Beim Einschlusse verfährt man wie früher angegeben; der Balsamring wird wohl beim Einschlusse durch den neu hinzutretenden Balsam etwas erweicht, aber keineswegs aufgelöst, die Luftblasen können ungehindert austreten und das Deckglas sitzt parallel zum Objektträger auf. Nachträgliches Pressen ist bei Präparaten dieser Art in den meisten Fällen von Vorteil, doch soll es erst angewendet werden, wenn der Balsam schon einen ansehnlichen Teil seines Lösungsmittels durch Verdunsten verloren hat, also etwa 8 Tage nach erfolgtem Einschlusse.

Will man die Schüppchen allein, ohne das Integument, präparieren, so fährt man mit einem Skalpell einigemale schabend über die Flügeldecke in der Richtung vom Leibesende gegen den Kopf; die so isolierten Schüppchen werden sich dann teils auf einem untergelegten Objektträger, teils an der Skalpellklinge finden, und können ohne weiteres trocken oder in Kanadabalsam aufbewahrt werden.

Bisweilen kommt es vor, dafs in Kanadabalsam liegende Präparate sich nach Jahr und Tag in der Art trüben, dafs sich in dem Einschlufsbalsam rings um das Präparat eine nebelartige Hofbildung zeigt, das Präparat bleibt in den allermeisten Fällen vollkommen durchsichtig. Es dürfte diese Erscheinunug wohl dadurch entstehen, dafs die ursprünglich begonnene Diffusion zwischen den im Präparate enthaltenen

Flüssigkeiten und dem Kanadabalsam infolge allmähliger Erhärtung des letzteren ins Stocken gerät, wodurch um das Präparat herum eine, mit den peripherischen Partien des Balsams nicht vollständig homogene Schichte entsteht. Diesem Übelstande kann leicht dadurch abgeholfen werden, dafs man das Präparat einigemale über einer schwachen Spiritusflamme erwärmt, wodurch die nebelartige Trübung erst vorübergehend, bei abermaligem Erwärmen dauernd verschwindet. Auch das Verbringen solcher Präparate auf einen warmen Ofen oder in die Sonne beseitiget den eingetretenen Mifsstand. Sollte sich jedoch die Trübung auch auf Teile des Präparates erstrecken, dann bleibt nichts übrig als das Präparat herauszunehmen und frisch einzulegen. — Es wird zu diesem Behufe der Lackverschlufs mit der Klinge eines Federmessers sorgfältig entfernt, das Präparat sodann sanft erwärmt und durch Einschieben einer Nadelspitze unter das Deckglas dieses langsam gehoben und umgelegt. Hierauf bringt man einen Tropfen Chloroform auf das blosgelegte Präparat, hebt es nach dem Erweichen sorgfältig von dem Objektträger bzw. Deckglase ab und bringt es auf einige Minuten in etwas Chloroform. Hierauf legt man es auf kurze Zeit in Kandabalsam und schliefst sodann frisch ein. Zum unschädlichen Überflusse sei noch bemerkt, dafs bei Einschlufs in Terpentinöl - Kanadabalsam statt des Chloroforms immer Terpentinöl genommen werden mufs.

Auch in reinem Glycerin liegende Präparate zeigen manchmal eine ähnliche Trübung. Sie rührt, wie ich jetzt sicher behaupten kann, stets von ungenügendem Auswaschen des Präparates nach der Einwirkung von Ätzkali oder Eisessig her. In solchen Fällen setzt das Ätzmittel seine mazerierende Wirkung noch längere Zeit, wenn auch sehr langsam, fort und erzeugt so schliefslich die Trübung. Auch hier werden zwar die Präparate nicht verdorben, doch müssen dieselben aus dem Verschlusse herausgenommen, in Wasser sorgfältig gewaschen und frisch eingelegt werden.

Frei von allen diesen nachträglichen unangenehmen Erscheinungen sind lediglich die in Glyceringelatine eingeschlossenen Präparate. Sollte auch hier bei der Reinigung der Objekte ein kleines Übersehen vorgekommen sein, so hindert doch das sofortige Gelatinieren der Einschlufsmasse das Auftreten der besprochenen Erscheinungen.

IV. Herstellung von Molluskenpräparaten.

Unter der Klasse der Weichtiere ist es besonders die Ordnung der *Gasteropoden,* welche verhältnismäfsig leicht herzustellende und sehr interessante Präparate zur mikroskopischen Untersuchung liefern. Es sind dieses: die Reibplatten, die Oberkiefer (kurzweg Kiefer genannt), die Liebespfeile, die Gehörkörperchen, der Genitalapparat, der Schlundkopf mit Speiseröhre und Speicheldrüsen und die Schleimdrüsen.

Die Mundhöhle der Schnecken ist bekanntlich mit einer muskulösen Masse ausgekleidet, welche man Schlundkopf nennt. Oben am Schlundkopfe über dem Eingang der Mundhöhle befindet sich der Kiefer. Derselbe besteht aus einem oder mehreren Teilen, welche verschiedene Form und Skulptur aufweisen und häufig eine halbmondförmige hornige Platte mit vielen Riefen, oder dachziegelartig über einander geschichtete Streifen, darstellt. Unten am Schlundkopfe, also am Grunde der Mundhöhle, liegt die Zunge; sie ist eine längliche, dicke, aus Muskeln und Knorpeln bestehende Masse, die mit einer feinen Membran, der Reibplatte oder Radula überzogen ist. Diese letztere ist eine feine Haut, auf der eine Menge feiner, mikroskopisch kleiner, verschiedenartig gestalteter Zähne in Längs- und Querreihen angeordnet, sitzen. — Der Geschlechtsapparat aller Tiere der Gattung Helix besitzt an der Scheide des Geschlechtsapparates einen Anhang, nämlich einen muskulösen Sack, den sogenannten Pfeilsack, der in seinem Inneren ein verschieden gestaltetes kalkiges Gebilde, den sogenannten Liebespfeil enthält. — Das Gehörorgan besteht aus zwei kugeligen oder halbkugeligen Bläschen, die beiderseits auf der Hinterseite der Fufsganglien aufsitzen, und die ein oder mehrere feste Körperchen, die Gehörsteinchen oder Otolithen enthalten.

Zunächst nimmt die Reibplatte unser Interesse in Anspruch, denn sie gewährt, geeignet präpariert, unter dem Mikroskope dem Laien ein prachtvolles Bild, dem sachverständigen Spezialforscher die sichersten Anhaltspunkte für die Klassifikation des betreffenden Tieres. Diese Radula ist nämlich, wie kurz erwähnt, mit zahlreichen Längs- und Querreihen verschieden gestalteter und auf höchst mannigfache Weise unter sich zu einem Ganzen, von häufig geradezu bezaubernder Wirkung, gruppierten Zähnchen besetzt, die zum gröfsten Teile aus Chitin bestehen und gerade deshalb bei der Präparation auch von energisch wirkenden Reagentien keinerlei Schaden zu erleiden haben.

Um nun die Radula zu erhalten, tötet man die Schnecke und zwar Nacktschnecken (gehäuselose Schnecken) dadurch, dafs man ihnen den Kopf abschneidet, Gehäuseschnecken dadurch, dafs man sie in siedendes oder doch wenigstens dem Siedepunkte nahestehendes Wasser wirft. Da in den meisten Fällen, insbesondere wenn es sich um exotische oder seltene Schnecken handelt, das Gehäuse unverletzt erhalten bleiben soll, weil auch dieses in der Regel Sammelzwecken dient, andererseits aber doch das ganze Tier aus dem Gehäuse entfernt werden mufs, so ist dieser Tötungsprozedur eine gewisse Aufmerksamkeit zuzuwenden, und dürfen die Tiere erst dann in das Wasser gebracht werden, wenn die zur sofortigen Tötung erforderliche Hitze erreicht ist. Gröfsere und dickschalige Tiere wirft man daher in strudelndes, kleinere und dünnschalige Tiere dagegen in nahezu siedend heifses Wasser. In beiden Fällen werden nicht nur die Tiere sofort getötet, sondern infolge der raschen Zusammenziehung des Tierkörpers löst sich auch der Spindelmuskel, welcher das Tier mit dem Gehäusewirbel verbindet, los, so dafs das ganze Tier samt der Leberpartie leicht mit einer grofsen, allenfalls an der Spitze gekrümmten Nadel herausgezogen werden kann.

Bei ganz kleinen Schneckenarten (*Bythinella* und ähnlich kleinen) ist es allerdings ohne besondere Kunstgriffe nicht wohl möglich, das getötete Tier ohne Verletzung des

Gehäuses aus demselben herauszubringen. In diesem Falle zerdrückt man mit einer Messerklinge das Gehäuse leicht und entfernt mit Präpariernadeln die Gehäusetrümmer von dem Tierkörper.

Nicht selten ist man genötigt aus Gehäusen, in dessen letzten Windungen das Tier vielleicht schon seit einer langen Reihe von Jahren eingetrocknet und zusammengeschrumpft ruht, dieses ohne Verletzung des Gehäuses herauszuholen und Radula und Kiefer zu präparieren. In solchen Fällen biegt man sich mit einer Rundzange einen entsprechend dicken Kupferdraht so zurecht, dafs er den Gehäusewindungen im Inneren möglichst folgen kann, führt dann den Draht bis an den Tierkörper in das Gehäuse und dreht denselben vorsichtig wieder zurück. Es hat dies den Zweck, die dünnwandigen häutigen Querscheidewände, welche das Tier bei dem seinerzeitigen Rückzuge im Inneren ausgespannt hat, zu durchstofsen, um der Luft den Aus- und dem Wasser den Eintritt zu gestatten. Hierauf spritzt man in das Gehäuse Wasser so tief als möglich, bringt dann das Gehäuse in einer entsprechenden Menge Wasser zum Sieden und läfst dasselbe einige Tage im Wasser liegen. Der Tierkörper erweicht sich dadurch wieder, quillt auf, schiebt sich in den Windungen etwas nach vorne und kann schliefslich mit dem Kupferdrahte aus der Mündung hervorgeholt werden.

Um bei der Präparation der Radula nicht zu viel Zeit und Flüssigkeit zu verlieren und um die Zunge möglichst frei von fremden Beimengungen zu erhalten, entfernt man vom vorderen (Kopfteil) Teil des Schneckenkörpers mit einem Skalpell so gut es gehen will nach und nach alle nicht benötigten Körperteile, namentlich den muskulösen Fufs, so dafs man den Schlundkopf mit möglichst wenigen anhängenden Muskelpartien frei erhält. Diesen bringt man nun in ein Reagensgläschen, setzt etwas Kalilauge mittlerer Stärke dazu und kocht die Masse unter Beachtung der früher angegebenen Vorsichtsmafsregeln so lange, bis sich alle Gewebeteile in der Lauge gelöst haben und Reibplatte nebst

Kiefer sich frei in der Flüssigkeit absetzen. Bei kleinen und frischen Schneckenarten wird das Kochen nur wenige Sekunden in Anspruch nehmen, während bei grofsen, kräftig gebauten und eingeschrumpften Tieren das Kochen mehrere Minuten, unter Erneuerung der sich stark trübenden Lauge, fortgesetzt werden mufs. Häufig ist auch die Präparation von Tieren nötig, die lange Zeit in einer Konservierungsflüssigkeit gelegen haben. War dieses die Wickersheimer'sche Flüssigkeit, so genügt ein einfaches Auswaschen vor dem Kochen; war es aber (was meistens der Fall sein wird) Alkohol, so müssen die betreffenden Tiere zuerst einige Tage in kaltem, bei starker Erhärtung selbst in warmem Wasser aufgeweicht werden. In letzterem Falle wird es auch nur selten gelingen durch das Kochen allein, das wegen der Struktur der Radula nicht länger als einige Minuten dauern soll, die Reibplatte frei von allem Anhängsel zu erhalten. Man läfst dann die Zunge mit den noch anhaftenden Muskelpartien ein bis zwei Tage in frischer Kalilauge liegen, worauf die vollständige Isolierung derselben sich vollzogen haben wird.

Trotz der gründlichsten Behandlung bleiben bei einigen Schneckenarten (*Vivipara* und *Bythinia*) zwischen den einzelnen Zähnen Schlammteile zurück, die sich auch durch wiederholtes Kochen nicht entfernen lassen, da sie von der aufgenommenen Nahrung herrühren und meist pflanzlichen Ursprunges sind. Diese müssen später durch Auspinseln mit einem feinen aber kräftigen Pinsel entfernt werden.

Mit der Radula erhält man auch zugleich den h o r n i g e n K i e f e r. Zunge und Kiefer werden nun aus der Ätzlauge genommen und zur Entfernung dieser letzteren in frischem Wasser so lange ausgewaschen, bis ein Streifen von rotem Lackmuspapier sich nicht mehr bläut. Unter Umständen kann zur vollständigen Erreichung dieses Zweckes eine Spur Essigsäure zugesetzt werden; denn eine schwach saure Reaktion erhält die Radula weit länger in ihrem ursprünglichen Zusammenhang als die geringste alkalische Reaktion, worauf namentlich zu achten ist, wenn man die Reibplatten ohne sie einzuschliefsen in Glycerin oder Glyceringelatine längere Zeit aufbewahren will.

Betrachtet man eine so behandelte Reibplatte unter dem Mikroskope, so wird man finden, dafs nur die der Heliceen vollkommen frei und rein sich darstellen, während die meisten übrigen am Rande und Hinterteile noch mit einer feinen durchscheinenden Membran bekleidet sind; diese letztere mufs mit Präpariernadeln sorgfältig entfernt werden.

Nunmehr ist die Zunge für den Einschlufs vorbereitet. Dieser soll lediglich in Glycerin oder besser in Glyceringelatine erfolgen. In Kanadabalsam lassen sie sich überhaupt nur dann aufbewahren, wenn sie stark gefärbt sind, im anderen Falle werden sie binnen kurzer Zeit in Balsam so durchsichtig, dafs man die einzelnen Zähne derselben nicht mehr zu unterscheiden vermag.

Zweckmäfsig, ja in manchen Fällen zur Erkenntnis des ganzen Aufbaues unbedingt notwendig, ist es, die Radula zu tingieren. Ich gebe unter allen von mir bis jetzt angewendeten Tinktionsflüssigkeiten für Radulapräparate auch heute noch dem Pikrokarmin den Vorzug. Derselbe färbt die einzelnen Zahnreihen, je nach ihrem Alter, verschieden und läfst die ältesten, durch den Gebrauch teilweise schon mehr oder weniger abgenützten Reihen ungefärbt, so dafs man an einem und demselben Präparate bei richtigem Gebrauch des Färbemittels mehrere hübsche Nüancierungen vom kräftigen intensiven Karminrot durch gelb bis zur natürlichen Farbe der Zähne herab wahrnehmen kann. Die Färbung erfolgt verhältnismäfsig rasch und kann dabei nicht leicht Überfärbung eintreten; auch sind die mit Pikrokarmin gefärbten Präparate meist ohne zu starkes Aufhellen auch in Kanadabalsam einzuschliefsen.

Bei gröfseren Reibplatten, wie von *Arion, Limax*, den grofsen *Heliceen* und ähnlichen, wende ich die Tinktionsflüssigkeit ohne weitere Verdünnung in der durch die Eingangs geschilderte Bereitungsweise erhaltenen Konzentration an, lasse die Objekte 2 bis 3 Stunden darin liegen, wasche sie dann sorgfältig in Wasser aus und bringe sie in verdünntes Glycerin. — Die Färbung der so aufserordentlich schönen und kunstvoll zusammengesetzten Reibplatten unserer Land- und Süfswasser-Deckelschnecken erscheint dagegen weit zarter, und differenzieren sich die einzelnen verschieden gebildeten Zahnreihen weit eingehender, wenn der konzentrierten Färbeflüssigkeit $1/2$ bis $2/3$ des Volumens destilliertes Wasser zugesetzt wird. Die Färbung wird in diesem Falle in 3 bis 6 Stunden vollzogen sein, doch können die Zungen auch ohne Überfärbung zu erfahren, einen ganzen Tag in der Flüssigkeit verweilen. Will man die Färbung rasch vollzogen haben, so erwärmt man die Färbeflüssigkeit mit den Objekten in einem Uhrglase, wodurch schon nach wenigen Minuten das gewünschte Kolorit erreicht ist. Hat man, was übrigens bei einiger Aufmerksamkeit nur selten vorkommen wird, das Objekt überfärbt, so kann man dasselbe durch nachträgliches Erwärmen in verdünnter Kalilauge in beliebigem Grade wieder entfärben. Dieses wiederholte Erwärmen in Kalilauge wird jedoch von zarten Reibplatten, ohne Lockerung des Grundgewebes und dadurch herbeigeführtem Zerfall der Zahnreihen, nicht ertragen. — Die allermeisten marinen Conchylien, dann von den Süfswasserschnecken das Genus *Neritina*, besitzen pigmentierte Zähne, so dafs hier eine Färbung nicht nur überflüssig, sondern geradezu nachteilig wäre, weil dadurch die natürliche Farbe der Zähne verdeckt würde.

Bei besonders kleinen Schnecken, wie den meisten Arten von *Acme, Pupa*, *Lithoglyphus* (Fig. 36), *Valvata, Bythinella, Vitrella* und anderen, ist die Radula so klein, dafs sie in der ausgekochten Masse mit freiem Auge kaum zu entdecken, geschweige denn herauszunehmen ist.

In diesem Falle nimmt man mit Vorteil das Auskochen auf einem, mit konkavem Ausschnitte versehenen Objektträger vor, sucht nach dem Auskochen mittels einer Lupe oder — was oft notwendig werden wird — bei schwacher Vergröfserung unter dem Mikroskope die Radula auf und neigt nun, während man sich überzeugt, ob die Reibplatte ihre Lage beibehält, den Objektträger sehr sanft in der

Richtung einer seiner beiden Längsseiten. Die Flüssigkeit wird dadurch an den Rand des Objektträgers gebracht und kann weggewischt werden, während die Radula, infolge ihres gröfseren spezifischen Gewichtes, liegen bleibt. Ein sorgfältiges Entfernen der einzelnen Gehäusetrümmer vor dem

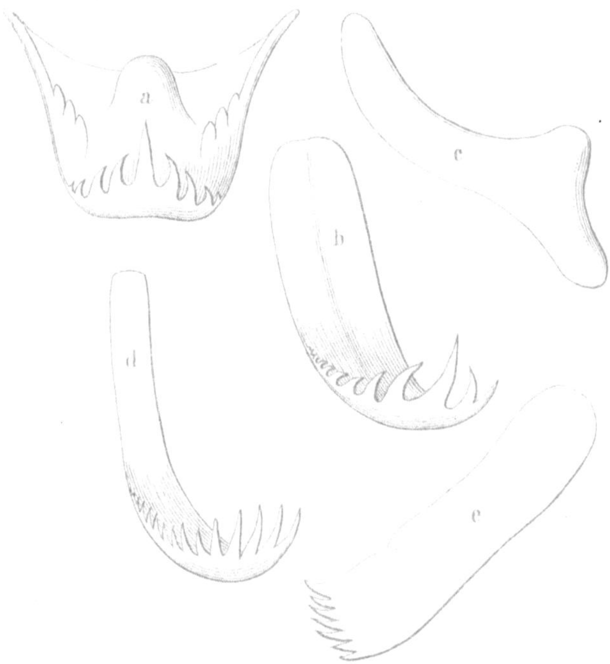

Fig. 36.

Einzelne Zähne von *Lithoglyphus naticoides Fér.*

a Zahn des Mittelfeldes, *b* Zahn des ersten, *c* Zahn des zweiten, *d* Zahn des dritten, *e* Zahn des vierten Seitenfeldes. — Vergrösserung 1 : 400.

Kochen erleichtert das nachträgliche Aufsuchen der Radula sehr.

Nunmehr betupft man die Radula mit der Spitze eines in Wasser getauchten Papierstreifens wiederholt, wodurch nach und nach die Ätzlauge weggeschwemmt wird. Auch das Übertragen der kleinen Radula mit der Spitze des

Papierstreifens in einen auf einen frischen Objektträger gebrachten Tropfen Wasser reiniget die Radula von den noch anhängenden Geweberesten und entfernt die Lauge. Das Tingieren erfolgt an derselben Stelle nach Beseitigung des Wassers durch öfteres Betupfen der Radula mit der Tinktionsflüssigkeit und ist bei so kleinen Objekten meist in wenigen Minuten vollzogen. Der dauernde Einschlufs solch zarter Reibplatten mufs sofort erfolgen.

Vielseitige an meinen eigenen und anderen Sammlungen gemachte Erfahrungen haben mich veranlafst als Einschlufsmittel für Radulapräparate nur mehr Glyceringelatine zu verwenden. Der Einschlufs selbst erfolgt ganz in der früher auseinander gesetzten Weise. Die Präparate gewähren aber nur dann ein schönes und vollkommen übersichtliches Bild, wenn die ganze Radula gleichmäfsig in eine Ebene ausgebreitet sich darstellt. Dies zu erreichen ist nicht immer ganz einfach. Die Zungen der *Heliceen* und verwandter Familien besitzen nämlich im natürlichen Zustande eine doppelte paraboloidische Krümmung und behalten dieselbe auch nach dem Kochen bei. Die hintere Hälfte der Zunge ist nach oben, die vordere nach unten und seitlich gekrümmt. Hat man die Zunge auf dem Objektträger gehörig mit der erwärmten Einschlufsflüssigkeit durchtränkt, so mufs man mit dem Rücken zweier Skalpelle oder sonst geeigneten Instrumenten die umgebogenen Teile in eine Ebene auszubreiten suchen, was namentlich bei kleineren Zungen einige Übung erfordert. Gleichzeitig ist aber auch darauf Bedacht zu nehmen, dafs die Zungenunterlage auf dem Objektträger aufliegt, während die Zahnseite nach oben, also dem Deckglase zugekehrt ist, nie umgekehrt. Man erreicht dies bequem dadurch, dafs man die Radula unter das Mikroskop bringt und auf den Grund der Zähne einstellt. Erscheinen jetzt mit dem Höherschrauben des Tubus allmählich die Zahnspitzen, so ist die Zunge in der richtigen Lage; verschwindet aber das Bild beim Höherschrauben des Tubus, so mufs die Radula umgewendet werden. Weiter ist zu beachten, dafs alle unsere Land- und Süfswasser-

Deckelschnecken, dann auch ein sehr grofser Teil der Meerconchylien, an den Reibplatten mehrere verschieden geformte, meist sichelartige Aufsenreihen besitzen, welche im lebenden Zustande vom Aufsenrande gegen das Mittelfeld zu sich halbmondförmig hereinbiegen, nach dem Kochen aber von der Seite her das Mittelfeld ganz oder teilweise

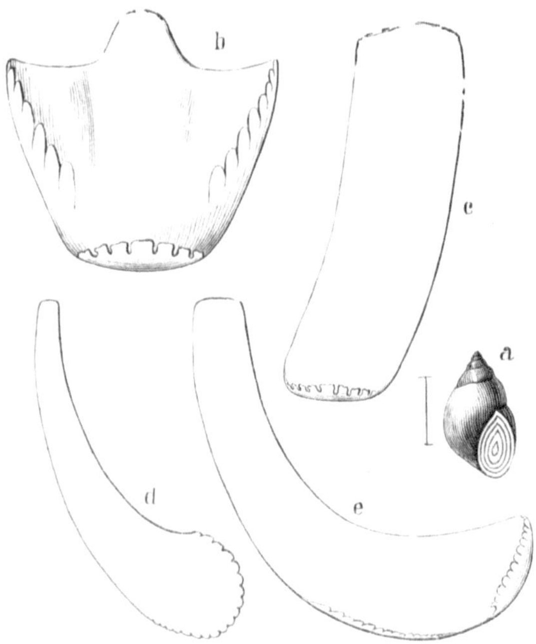

Fig. 37.
Gehäuse und einzelne Zähne einer Zahnreihe von *Bythinia tentaculata L.*

bedecken. Würde die Zunge mit dieser Lage der Zähne eingeschlossen werden, so ginge die ganze Übersicht über den Bau der Radula verloren. Man hat daher vor dem Aufbringen des Deckglases die äufsersten Seitenfelder mittels eines Skalpelles, bei besonders zarten Reibplatten mittels eines in eine feine Spitze auslaufenden Papierstreifens, nach auswärts zu biegen und dafür Sorge zu tragen, dafs die Zahnreihen, wenigstens von einem Teile der Radula, in dieser Lage eingeschlossen werden können. In Figur 37*a* ist das gedeckelte Gehäuse der bei uns in sumpfigen Gräben, Altwassern, Teichen, Seen und langsam fliefsenden Bächen häufig vorkommenden Wasserschnecke *Bythinia tentaculata L.* abgebildet. Diese Schnecke kann mittels eines Seihers leicht in gröfserer Individuenzahl aus dem Wasser herausgehoben werden und bietet dem Anfänger ein sehr dankbares und leicht zu bewältigendes Objekt. Das Auswärtsbiegen der Randzähne verursacht hier nicht die geringsten Schwierigkeiten. *b* ist ein einzelnes Zähnchen des Mittelfeldes, *c* ein solches des ersten, *d* ein solches des zweiten und *e* ein solches des dritten Seitenfeldes in 400facher Vergröfserung. Die letzte Zahnreihe *e* ist bei der Präparation nach aufsen zu legen.

Die stark gebauten Zungen ertragen und verlangen nach dem Aufbringen des Deckglases einen mäfsigen Druck, weshalb man sie mit Vorteil $^1/_4$ bis $^1/_2$ Stunde unter einen Presser bringt. Zart gebaute Zungen dagegen könnten durch einen derartigen Druck noch im letzten Augenblicke verdorben werden.

Beim Kochen des Schneckenschlundkopfes in Kalilauge wird, wie schon angedeutet, nicht nur die Zunge, sondern auch der hornartige Kiefer von den ihn umgebenden Gewebspartien losgelegt und kann gleichfalls präpariert werden. Bei den Schnecken mittlerer Gröfse ist zwar der Kiefer kein mikroskopischer Gegenstand mehr, er ist für Herstellung eines mikroskopischen Präparates zu grofs, zumal seine meist halbkreisförmige Gestalt keine Änderung erfahren darf. Man begnügt sich in solchem Falle, den von der Muskulatur befreiten Kiefer in verdünntem Glycerin einfach aufzubewahren. Die kleineren Kiefer dagegen werden präparirt, indem man sie zuerst in reinem Wasser von dem eingedrungenen Ätzkali befreit und sie dann in Glyceringelatine einschliefst. Da die meisten von hornbrauner oder gelber Farbe sind, so ist ein Tingieren derselben überflüssig. Die Kiefer mischen sich meist mit der Glyceringelatine nicht gut, deshalb müssen dieselben vor dem Einschlusse in die heifs gemachte Einschlufsmasse eingeschmolzen werden und darin gelatinieren, worauf erst der Einschlufs in der gewöhnlichen Weise erfolgen kann. Eine Hauptsache beim Einschlusse bleibt aber immer, dafs der Kiefer seine natürliche Gestalt durch Pressen nicht verliert. Kieferpräparate, wie die Präparate der nachstehend erwähnten Liebespfeile haben jedoch nur für den Conchyliologen von Fach eine hervorragende Bedeutung, der Laie wird an solchen Präparaten kaum ein besonderes Interesse finden.

Die Pfeile der Heliceen, von Blumenbach Liebespfeile genannt, befinden sich namentlich zur Zeit der Begattung im sogenannten Pfeilsacke mehrerer Helix-Gruppen. Der Pfeilsack (Fig. 38 *c*) ist ein zylindrisches, dickwandiges Organ des weiblichen Geschlechtsorganes. Die Pfeile, welche der Hauptsache nach aus kohlensaurem Kalk bestehen, werden, soferne solche überhaupt in dem Pfeilsacke vorhanden sind, beim Kochen mit Ätzkalilauge nicht angegriffen und finden sich neben Radula und Kiefer am Boden des Kochfläschchens. Bei gröfseren Schneckenarten ist es wohl besser, sich die Pfeile aus dem Pfeilsacke herauszuschneiden, statt sie durch Kochen zu isolieren; bei kleineren Arten hat man allerdings kein anderes Mittel, als dieselben durch Kochen frei zu bekommen. Das Kochen mufs in diesem Falle aber sehr vorsichtig vorgenommen werden und namentlich das Schütteln der Flüssigkeit während des Kochens unterbleiben, da aufserdem die Spitzen der Pfeile sehr leicht abbrechen. Die Aufbewahrung der Pfeile geschieht in der Weise, dafs man sie mit etwas Gummi auf einen mattschwarzen Streifen Papier aufklebt und diesen in ein enges Reagensgläschen bringt, das man zum Schutze gegen Staub gut verkorkt.

Auch der ganze Geschlechtsapparat, sowie einzelne Teile desselben haben für den Conchyliologen hervorragendes Interesse. Bei kleineren Tieren mufs die Loslösung desselben (Fig. 38), sowie die nachfolgende Präparation ganz in derselben Weise wie bei den entomologischen Präparaten erfolgen. Bei den mittleren und gröfseren Tieren, bei denen der ganze hier in Rede stehende Apparat zu grofs ist, als dafs er sich in einem mikroskopischen Präparate zur Anschauung bringen liefse, empfiehlt sich die nachstehend beschriebene Semper'sche Methode.

Nachdem die lebenden Schnecken in abgestandenem (nicht heifsem) Wasser ertränkt wurden, werden sie aus dem Gehäuse herausgenommen und nun der Geschlechtsapparat im Ganzen präpariert. Zufällig zerrissene oder zerschnittene Teile stören weiter nicht, wenn später darauf Bedacht genommen wird. So reifst z. B. sehr häufig der Ausführungsgang der Zwitterdrüse ab. Es ist auch nicht absolut nötig, den Genitalapparat ganz von anhängenden bindegewebigen oder nervösen Teilen zu säubern, weil dieses nur noch mehr Anlafs zu Zerreissungen geben würde und die Säuberung bequemer am fertigen Präparate vorgenommen wird. Hierauf legt man den ganzen Geschlechtsapparat auf wenige Minuten in 40prozentigen Spiritus (zur Hälfte mit Wasser verdünnter Brennspiritus) und schliefslich in eine kräftige, noch etwas nach Ammoniak riechende Karminlösung. Je nach der Dicke der Teile bleibt das Präparat 2 bis 24 Stunden in der Karminlösung, dann spült

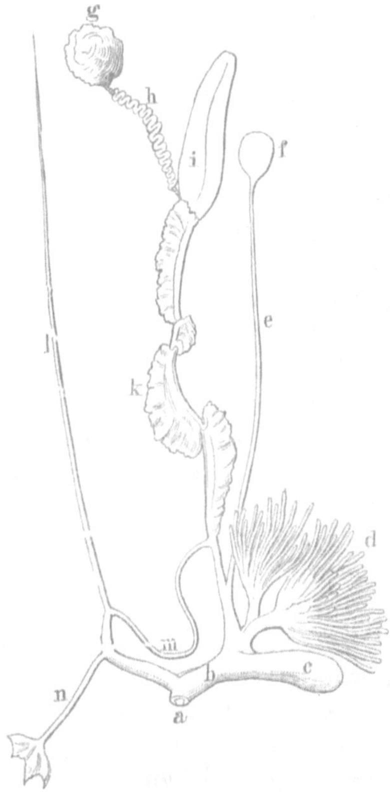

Fig. 38.
Geschlechtsapparat von *Helix pomatia L.*
a Geschlechtsgang, *b* Vagina, *c* Pfeilsack, *d Glandulae muscosae*, *e* Blasenstiel, *f* Blase, *g* Uterus, *h* Zwitterdrüse, *i* Eiweifsdrüse, *k* Vorsteherdrüse, *l* Flagellum, *m Vas deferens*, *n* Zurückziehmuskel.

man es mit Wasser, dem einige Tropfen Essigsäure zugesetzt wurden, ab, und beginnt nun mit dem Ausbreiten der Teile auf einer Glasplatte, wozu man bei kleineren Tieren die gewöhnlichen Objektträger, bei gröfseren entsprechend gröfsere Platten verwendet. Hat man nun alles ausgebreitet, etwa zerrissene Teile wieder richtig zusammengefügt, so dafs die in Fig. 38 abgebildeten Geschlechtsteile nachgebildet sind, so läfst man das Ganze an der Luft trocknen. Nach 12 bis 24 Stunden ist dieses geschehen, und nun ist Zeit zum Entfernen alles Nichthinzugehörigen, zum Wegkratzen mit dem Skalpell, wobei man sich aber hüten mufs, dem Präparate selbst allzunahe zu kommen, da es mitunter, namentlich wenn es sehr trocken und spröde geworden, leicht bricht und splittert. Ist alles trocken, Nichtzugehöriges entfernt, so überstreicht man behufs definitiver Konservierung das ganze Präparat mit einer dünnen Lösung von Damarharz in Kohlenbenzin. Diese durchdringt die Teile sehr rasch, hebt sie stark hervor und schützt sie vor Verderben.

Ganz auf dieselbe Weise läfst sich der Schlundring mit seinen Ästen und der Schlundkopf mit der Speiseröhre und den Speicheldrüsen präparieren. Von kleineren Schnecken müssen übrigens diese Teile sowie alle sonst gewünschten Organe wie entomologische Objekte als mikroskopische Präparate dargestellt, tingiert und in Kanadabalsam eingeschlossen werden.

Anleitung zum Molluskensammeln. Manche meiner geehrten Leser sind vielleicht nicht hinlänglich damit vertraut, wann, wo und wie man denn die eben besprochenen Mollusken sammelt. Für sie seien die folgenden kurzen Andeutungen hierüber bestimmt.

Mollusken können zu jeder Jahreszeit gesammelt werden, am ergiebigsten hierfür sind jedoch Frühling und Herbst. Feuchte Witterung lockt die Landmollusken aus ihren Verstecken hervor, weil sie Wasser in reichlicher Menge benötigen. Lebende Landmollusken sind daher in Menge während, oder kurze Zeit nach ergiebigem Regen zu sammeln. Dementsprechend sind auch die feuchteren Morgen- und

Abendstunden, und namentlich die Nacht, vorzugsweise zum Sammeln geeignet, weil die Tiere die Feuchtigkeit der Nacht zu ihren Ausflügen benutzen, sich aber mit steigender Tageswärme wieder rasch in ihre Schlupfwinkel zurückziehen. Feuchte und schattige Orte, Quellen, Grabenränder, Zäune, Bach- und Flufsufer und deren nächste Umgebungen sind jene Plätze, an denen die meisten Arten und oft auch eine grofse Individuenzahl sich zusammenfinden. Laubwälder mit hochstämmigen Bäumen und mit nicht zu sparsamer Krautpflanzenvegetation sind gewöhnlich die reichsten Fundstätten, namentlich wenn durch Quellen die Luft und der Boden feucht erhalten werden. An solchen Orten ist an den Blättern von Stauden oder Krautpflanzen, an der Rinde von Bäumen, im Moos und unter Steinen eine reiche Ausbeute zu erwarten. Kalkfelsen der Kalkgebirge sind trotz ihrer grofsen Trockenheit gleichfalls von vielen Arten bewohnt. Gärten und Haine beherbergen ebenfalls Vertreter mancher Familien.

Die Wassermollusken finden sich sowohl in stehendem als langsam fliessendem Wasser. Viele davon sitzen an Steinen fest, andere leben im Schlamme, die meisten halten sich an den Ufern der Wasserrinnen und Becken auf und leben nur in geringer Tiefe. Wassermollusken jeder Art werden oft in grofser Anzahl durch Hochwasserfluten aufs Land geführt; kurze Zeit nach dem Rücktritte derselben läfst sich daher an den überflutet gewesenen Stellen oft reiche Ausbeute erzielen.

Zum Sammeln von Landmollusken sind besondere Instrumente nicht erforderlich, aber man wird sich nicht scheuen dürfen mit den Fingern Mulm, faulendes Laub, Humus, Moos und ähnliches zu durchsuchen, weil die kleineren und seltener zu bekommenden Tiere fast ausschliefslich da zu finden sind. Für das Sammeln von Wasserschnecken bedient man sich eines kleinen englöcherigen Blechseihers mit kleinem hohlen Blechansatze (Blechhülse), um ihn an den Spazierstock stecken zu können. Nur die an Steinen sitzenden Wasserschnecken *(Ancylus)* müssen mit den Fingern abgenommen werden.

Die gesammelten Mollusken werden am besten in kleinen, weithalsigen Insektengläsern, die mit einem Korkstöpsel verschlossen werden, trocken untergebracht. Es ist dabei nicht nur nötig Land- und Wasserschnecken, sondern auch die kleineren Spezies von den gröſseren zu trennen. Zwischen die Wasserschnecken bringt man Moos oder Wasserpflanzen; auch die Landmollusken sollen durch Zwischenlagen von Laub oder Moos von einander getrennt werden.

Will man die gesammelten Mollusken für spätere Zeit aufbewahren, so werden sie in heiſsem Wasser getötet, die Tiere aus dem Gehäuse gezogen und in Wickersheimerscher Flüssigkeit aufbewahrt. Hat man diese Flüssigkeit nicht zur Hand, so empfiehlt es sich, die Tiere in einem Gemenge von 3 Teilen Glycerin, 6 Teilen gewöhnlichem Alkohol, 2 Teilen Wasser und 1 Teil Eisessig aufzubewahren. Will man aber die Tiere in den Gehäusen lassen, so ist die Einlage derselben in die Wickersheimersche Flüssigkeit ganz besonders anzuraten. In dieser Flüssigkeit liegende Tiere lassen sich beliebig weit versenden, beliebig lange unverändert aufbewahren und können bei einer später vorzunehmenden Präparation wie frisch gesammelte Tiere behandelt werden.

In Nachstehendem ist ein kurzes Verzeichnis derjenigen Mollusken aufgeführt, deren Reibplatten typische Präparate liefern. Alle Arten sind, soweit der Wohnort nicht ausdrücklich angegeben, in Deutschland überall mehr oder weniger häufig zu finden.

Limax cinereoniger und *agrestis* — *Vitrina pellucida* — *Hyalina cellaria* und *nitens* — *Zonites verticillus* (Österreich) — *Arion empiricorum* und *hortensis* — *Patula rotundata* — *Fruticicola umbrosa*, *incarnata* und *fruticum* — *Campylaea cingulata* (Südtirol) — *Chilotrema lapicida* — *Arionta arbustorum* — *Xerophila ericetorum* und *candicans* — *Tachea hortensis* und *nemoralis* — *Helicogena pomatia* — *Buliminus montanus* und *obscurus* — *Cionella lubrica* — *Torquilla frumentum* und *avenacea* — *Clausilia laminata* und *biplicata* — *Succinea putris* und *Pfeifferi* — *Limnaea stagnalis* und *palustris* — *Planorbis corneus* (Norddeutschland), *marginatus* und *carinatus* — *Ancylus fluviatilis* und *lacustris* — *Cyclostoma elegans* (Krain) — *Pomatias septemspiralis* (Tirol) — *Valvata piscinalis* und *fluviatilis* — *Vivipara vera* — *Bythinia tentaculata* — *Lithoglyphus naticoides* (Österreich) — *Neritina fluviatilis*.

Gelingt es dem Sammler sich aus irgend einer Küstengegend Material von Meerconchylien zu verschaffen, so wird der Formenreichtum der Reibplatten dadurch in ganz hervorragender Weise erhöht.

V. Herstellung von Präparaten der Blutzellen.

Um menschliches Blut zu untersuchen hat man nur nötig durch einen Nadelstich aus der Fingerspitze einen Tropfen Blut hervortreten zu lassen. Das Blut kleinerer Tiere gewinnt man, wenn man denselben ein gröſseres Blutgefäſs, unter Umständen das Herz, öffnet und einen Teil des Inhaltes in einem Reagensgläschen auffängt. Zum Zwecke der Untersuchung wird ein Tropfen möglichst frischen Blutes auf den Objektträger gebracht und sofort mit einem Deckgläschen bedeckt. Jede länger andauernde Berührung des Blutes mit der atmosphärischen Luft verändert die roten Blutkörperchen.

Bei der auſserordentlichen Menge, in welcher die farbigen Blutkörperchen im Blute vorkommen, bedarf es der Ausbreitung des Blutes in sehr dünner Schichte, um ein deutliches Bild derselben zu erhalten. Ein leichter Druck mit der Nadelspitze auf das Deckglas wird die Beobachtung wesentlich erleichtern. Im menschlichen Blute erscheinen nunmehr die bekannten roten Blutzellen oder Blutkörperchen, wie dieselben in Fig. 39 abgebildet sind. Bei *a* und *b* sind dieselben von der Fläche gesehen, bei *c* in der Randansicht, bei *d* geldrollenartig an einander gelegt und bei *e* und *f* durch Wasserentziehung eingeschrumpft.

In vollkommen unveränderter Form lassen sich übrigens die roten Blutzellen nur kurze Zeit beobachten. Gewöhnlich sieht man dieselben, ohne jede weitere Einwirkung von aufsen, nach einiger Zeit Maulbeerform annehmen. Die meisten der an den bezüglichen Stellen genannten Reagentien verursachen im Blute gewisse charakteristische Veränderungen. So entfärbt Wasser die Blutzellen und macht sie kugelförmig; verdünnte Alkalien und Säuren, dann Äther, Alkohol, Chloroform u. s. w. bewirken Quellen der Blutzellen und Austritt des roten Farbestoffes.

Will man die Einwirkung verschiedener solcher Reagentien auf das Blut genauer beobachten, so genügt es, seitlich an den Rand eines Deckglases, unter welchem sich eine kleine Partie frischen Blutes befindet, ein Tröpfchen des betreffenden Reagenses zu bringen; dasselbe wird sich bald unter das Deckglas hineinziehen und man kann hierdurch unter dem

Fig. 39.

Menschliche farbige Blutzellen.

Mikroskope, ohne Berührung des Objektes, die Reihenfolge der Veränderungen beobachten.

Bei den verschiedenen Tierklassen ist die Gröfse und Gestalt dieser Blutzellen sehr verschieden. Fig. 40 zeigt eine Reihe derselben bei gleich starker Vergröfserung.

Will man Blutkörperchen als Dauerpräparate konservieren, so kann dies entweder durch Eintrocknen auf dem Objektträger oder durch Einschlufs in eine passende Zusatzflüssigkeit geschehen.

Beim Eintrocknen verfährt man zweckmäfsig auf folgende Weise: Man läfst durch einen Streifen ungeleimten Papieres oder durch einen feinen Pinsel einen Tropfen frischen Blutes einsaugen und fährt mit demselben sodann über die Mitte eines schwach angewärmten Objektträgers. Dadurch bleibt eine hinreichende Menge fein zerteilter Blutmasse an dem Objektträger haften, welchen Rückstand man nun über einer Spiritusflamme möglichst rasch eintrocknet. Erfolgt das Eintrocknen rasch genug, so werden die Blutkörperchen ihre natürliche Gestalt und Lage fast unverändert beibehalten. Nur bei langsamem Eintrocknen schrumpfen die Blutzellen zusammen und es entstehen dann höckerige, zackige und morgensternartige Gebilde.

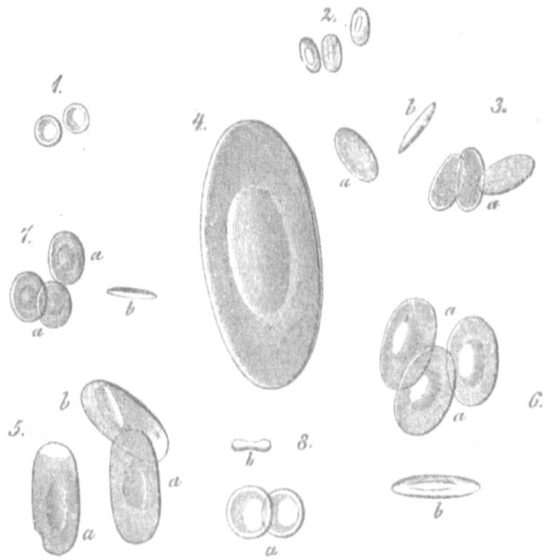

Fig. 40.

Verschiedene farbige Blutzellen.

1. vom Menschen. 2. vom Kameel. 3. von der Taube. 4. vom *Proteus* (*Olm*). 5. vom Wassersalamander. 6. vom Frosch. 7. von *Cobitis barbatula* (Bartgrundel). 8. von *Ammocoetes branchialis* (Querder), *a* Flächenansicht, *b* Seitenansicht.

So eingetrocknete Blutkörperchen lassen sich nachträglich auch färben. Man bedient sich zu diesem Behufe lediglich der alkohollöslichen Anilinfarben, meist des Gentianaviolettes, Bismarckbrauns oder Eosins. Das Verfahren, welches man hierbei einschlägt, ist folgendes: Ein Tropfen einer mittelstarken Lösung des betreffenden Farbstoffes wird auf die vollständig eingetrocknete dünne Blutschichte des Objektträgers gebracht, darauf durch Schräghalten des Glases ausgebreitet und kurze Zeit bei schwacher Erwärmung darauf gelassen, sodann mit sehr stark verdünntem Alkohol und dann mit reinem Wasser der Farbstoff sauber abgespült und das Präparat über der Spiritusflamme wieder rasch getrocknet. Je dünner die aufgelegte Blutschichte war, desto besser gelingt die Färbung. Bei Frosch- und Tritonenblut läfst sich auf gleiche Weise eine hübsche Doppelfärbung aus Rot und Violett erzielen, wenn man erst Eosin und dann Gentianaviolett auf das eingetrocknete Blut einwirken läfst.

Beim Verschlufs zu Dauerpräparaten wird die Lackzelle erst angebracht, nachdem das Blut vollständig eingetrocknet und beziehungsweise gefärbt ist. Der Verschlufs selbst erfolgt in der gleichen Weise wie bei Herstellung von Trockenpräparaten angegeben.

Der nasse Einschlufs von Blutzellen setzt unter allen Umständen die Anwendung von Sublimatlösungen voraus, weil, soweit bisher bekannt, lediglich diese Flüssigkeit die Blutzellen dauernd in möglichst unveränderter Form erhält. Man verwendet hierzu entweder die sog. Pacini'sche Flüssigkeit oder, mit noch besserem Erfolge, reine, stark verdünnte Sublimatlösungen. — Die erstere Flüssigkeit wird für alle Blutarten in der Seite 62 beschriebenen Zusammensetzung verwendet. Von der letzteren Flüssigkeit wird eine Solution von 1 Teil Sublimat und 200 Teilen Wasser für Menschen- und Säugetierblut, von 1 Teil Sublimat und 300 Teilen Wasser für Vogelblut und von 1 Teil Sublimat und 400 bis 500 Teilen Wasser für Amphibien- und Fischblut als zweckmäfsigste Mischung empfohlen.

Der Einschlufs selbst erfolgt in der Art, dafs man einen Tropfen der Einschlufsflüssigkeit auf den mit einer niedrigen Lackzelle versehenen Objektträger, und in denselben ein entsprechendes Quantum ganz frischen Blutes bringt und letzteres in der Einschlufsflüssigkeit gleichmäfsig verteilt. Hierauf setzt man vorsichtig das Deckglas auf und drückt es sanft an. Die über den Rand der Lackzelle austretende Flüssigkeit läfst man durch Filtrierpapier aufsaugen, trocknet sorgfältig ab und legt sofort den Lackverschlufs an. Da das Sublimat ein heftig wirkendes Gift ist, mufs bei

Anwendung dieser Flüssigkeit vorsichtig zu Werke gegangen werden.

Sollen die in Sublimat einzuschliefsenden Blutkörperchen vor dem Einschlusse noch gefärbt werden, so empfiehlt sich — so lange es sich um normales und nicht um krankhaft verändertes Blut handelt — nachstehendes Verfahren. Man mischt einige Tropfen einer Sublimatlösung in der Stärke von 1 : 100 mit eben so viel Tropfen einer starken wässerigen Lösung eines Färbemittels, als welches man auch hier wieder Gentianaviolett, Methylblau, Bismarckbraun oder Eosin verwendet. Von dieser Mischung bringt man einen Tropfen auf einen Objektträger, versetzt denselben mit einer etwa gleich grofsen Menge frischen Blutes und mengt Blut und Tinktionsflüssigkeit gut durcheinander. Nach etwa einer Stunde trägt man innerhalb der Lackzelle eines frischen Objektträgers einen Tropfen der für den Einschlufs bestimmten Sublimatsolution auf und vermischt dieselbe mit einem entsprechenden Quantum des jetzt gefärbten Blutes, mischt gut durcheinander und setzt das Deckglas auf. Die schwache Färbung, welche hierbei die Einschlufsflüssigkeit infolge Nichtentfernens des überschüssigen Farbestoffes annimmt, stört bei der Untersuchung nicht im geringsten, während die Blutkörperchen entsprechend intensiv gefärbt sind. Der sofort auszuführende dauernde Verschlufs wird, wie vorstehend angegeben, ausgeführt.

Handelt es sich um die Untersuchung pathologisch veränderten Blutes, so führt allerdings die vorstehend empfohlene Tinktionsmethode nicht zum Ziele; in diesem Falle hat wohl die besten hierherbezüglichen Vorschriften Professor Ehrlich gegeben. Die von ihm angegebenen Färbungen des Blutes haben nämlich den Zweck, die bei Bluterkrankungen eintretenden Veränderungen der Blutkörperchen und ihres Inhaltes dem Auge des Mikroskopierenden deutlich zu machen. Seine Methoden sind daher für den Arzt von so hohem Werte, dafs sich derselbe der praktischen Ausübung der Ehrlich'schen Blutprüfungsmethoden nicht entziehen kann. Die beiden am meisten gebräuchlichen Methoden

— eine eingehende Behandlung dieser Materie mufs den einschlägigen Fachzeitschriften überlassen bleiben — sollen hier eine kurze Besprechung finden.

a) Ehrlich's Blutfärbung mit dem dreifachen Glyceringemisch. Die trocken und ungefärbt auf Objektträger gebrachten Blutpräparate werden auf 110° bis 120° C. erhitzt und 1¼ Stunden lang auf dieser Temperatur möglichst gleichmäfsig erhalten. Hierauf bringt man auf jedes der Präparate einen Tropfen der von Prof. Ehrlich empfohlenen Farbemischungs-Flüssigkeit und läfst dieselben mindestens 24 Stunden lang liegen. Nach Ablauf dieser Zeit werden die Präparate abgewaschen, getrocknet und in Kanadabalsam eingelegt.

b) Ehrlich's Blutfärbung mit der neutrophilen dreifarbigen Mischung. Nach dieser Methode werden die Blutpräparate wieder wie oben angegeben auf eine Temperatur von 110°—120° C. erhitzt, jedoch nur 1—2 Minuten auf derselben erhalten, worauf gefärbt wird; die Wirkung der Farbe beansprucht hier lediglich einen Zeitraum von 1—2 Minuten.

Die von Prof. Ehrlich angegebenen Farbmischungen können — wie alle übrigen zur Durchführung derartiger Untersuchungen erforderlichen Geräte, Apparate und Chemikalien — von der Firma J. Klönne & G. Müller in Berlin (NW., Luisenstrafse 49) in bester Qualität bezogen werden.

Zur Erhitzung der Blutpräparate benutzt man am besten den sog. Toluolkocher nach Ehrlich. Derselbe besteht aus einem kupfernen, halbkugelförmigen Kessel mit ganz ebener Deckplatte, auf welcher ein loser aufzuklappender Wärmehalter angebracht ist. In einem Tubus des Wärmehalters steckt ein Thermometer, in einem Tubus der Deckplatte ein langes Glasrohr zur Verdichtung der Toluoldämpfe, auch kann dasselbe — wo Wasserleitung vorhanden ist — mit einem Kühlapparate in Verbindung gebracht werden. Man hat bei Anwendung dieses Kochers, dessen Kessel mit Toluol gefüllt wird, den Vorteil, dafs die Platte nie zu heifs werden kann und stets die Temperatur des kochenden Toluols, welche gerade die nötige ist, beibehält.

Einfacher ist die Anwendung der Ehrlich'schen Wärmeplatte, welche bei der Benutzung auf einen Dreifufs gelegt wird. An einem Ende der Platte wird eine Spirituslampe untergestellt, so dafs die Platte ihrer ganzen Länge nach verschieden stark erwärmt ist. Die Stelle, welche den zum Erhitzen der Präparate erforderlichen Wärmegrad besitzt, sucht man hierbei dadurch aufzufinden, dafs man mit dem befeuchteten Finger an verschiedenen Stellen die Platte betupft; wo das Wasser, das am Finger hing, aufbraust, da ist die richtige Stelle, an welche ein Präparat gelegt wird, zu beiden Seiten desselben wird dann noch je ein Präparat gelegt, so dafs auf diese Weise drei Präparate neben einander liegen, von denen sicher eines die richtige Temperatur empfängt und brauchbar wird, während die beiden anderen eben so sicher verderben. Wo es sich also darum handelt, sämtliche Präparate gut zu erhalten, ist der Toluolkocher vorzuziehen.

Aufser mit den Ehrlich'schen Farbenmischungen kann übrigens Blut durch Erhitzen auch mit Methylblau, Eosin, Hämatoxylin und anderen Stoffen gefärbt werden. Dabei stellt Ehrlich die Regel auf, dafs stark säurehaltige oder glycerinige Farbstofflösungen in der Regel stark fixierte d. h. lange und energisch erhitzte Blutpräparate voraussetzen, während die neutralen wässerigen Lösungen einen geringeren Grad der Erhitzung und auch kürzere Zeit erfordern.

Ein Blick auf Fig. 40 zeigt die grofse Verschiedenheit der roten Blutkörperchen des Menschen und der Tiere. Obwohl sich nun beim Gerinnen und Eintrocknen des Blutes diese Blutzellen vielfach verändern, so sind einenteils diese Veränderungen bei den einzelnen Blutarten so verschieden, wie die Körperchen im normalen Zustande selbst, andererteils sind uns diese Veränderungsformen genau bekannt. Es ist somit die Möglichkeit geboten, Menschenblut von beliebigem Tierblute selbst dann noch unterscheiden zu können, wenn es längst geronnen oder eingetrocknet wäre, was für die Kriminaljustiz manchmal von grofser Bedeutung ist.

In ganz gleicher Weise wie normales Blut lassen sich auch die sog Samentierchen, richtiger Samenfäden (*Spermatozoën* oder *Zoospermien*) des Samens dauernd präparieren. Auch sie werden entweder auf einem Objektträger unter Anwendung von Wärme eingetrocknet und hierauf tingiert, oder sie werden in die Pacini'sche Flüssigkeit, oder endlich in reine Sublimatsolution (Verdünnung 1 : 300), tingiert oder nicht tingiert, eingeschlossen. Zur Tinktion lassen sich alle bei der Blutfärbung aufgeführten Farbstoffe mit gutem Erfolge verwenden.

VI. Herstellung von Präparaten der mikroskopischen Wasserbewohner.

Bringt man in gewöhnliches Brunnenwasser einige Tage lang irgend welche Pflanzen oder Pflanzenteile und untersucht sodann einen Tropfen dieses Wassers auf einem bedeckten Objektträger unter dem Mikroskope bei 100 bis 200facher Vergröfserung, so eröffnet sich dem staunenden Auge eine neue Welt bisher nicht gekannter Tier- und Pflanzenformen; ein putziges Völkchen ergötzt sich hier in lustigen Sprüngen und halsbrecherischen Wendungen. Eine gleiche Wahrnehmung können wir machen, wenn man irgend einem Tümpel oder Sumpfe einen Tropfen Wasser entnimmt und in gleicher Weise untersucht.

Die Tierformen, denen wir hier begegnen, sind gröfstenteils die sog. Infusionstierchen (Infusorien) wohl auch etwas gröfsere schon mit freiem Auge, wenn auch undeutlich, bemerkbare Repräsentanten aus der Ordnung der Entomostraca oder Schildkrebse und einige andere; die Pflanzenformen gehören den Familien der Desmidieen und Diatomaceen an.

So herrlich diese Formen auch sind, so ist es früher doch nicht gelungen, die Tierformen und Desmidieen dauernd zu erhalten; lediglich der Kieselpanzer der Diatomaceen bot trotz seiner Kleinheit die erforderliche Widerstandsfähigkeit und liefs sich dauernd präparieren. Die Schwierigkeiten, welche sich der Präparation und Konservierung der mikroskopischen Tier- und Pflanzenwelt entgegenstellten, lagen teils in der vollständigen Vernichtung der äufserst zarten Organismen durch die zur Konservierung benutzten Flüssigkeiten, teils in einer eingetretenen Schrumpfung, durch welche die Tiere und Pflanzen eine von ihrer natürlichen Form erheblich abweichende Gestalt annahmen.

Ehrenberg empfahl, die Infusorien einfach durch Verdunsten des Wassers auf dem Objektträger austrocknen zu lassen. Auf diese Weise erhält man jedoch Präparate, welche nur ganz unbestimmte, stark verzerrte Gestalten der betreffenden Objekte darstellen, von einem Erkennen der inneren Organe ist keine Rede. Später versuchte man dieselben mit Eisessig zu behandeln, aber auch unter Einwirkung dieses Konservierungsmittels konnten diese zarten Formen nur kurze Zeit erhalten werden.

Eine ganz verlässige Methode bezüglich des Einschlusses dieser Organismen ist bei Besprechung der Anwendung des Holzessigs Seite 58 näher auseinander gesetzt. Ich selbst wende seit geraumer Zeit die dort beschriebene Art des Einschlusses, meist mit nachfolgender Färbung der Objekte an, und bin mit dem Erfolge im allgemeinen ziemlich zufrieden. Allerdings erleiden im Laufe der Zeit unter Einwirkung des Holzessigs die Objekte auch eine geringe Formveränderung, doch sind die Einzelnheiten immer noch ganz gut zu erkennen.

Vielfache Versuche, welche ich mit Sublimatlösungen angestellt habe, lieferten in vielen Fällen, namentlich bei den etwas kräftiger gebauten Tierchen, wie bei *Euplotes, Stentor, Vaginicola, Vorticella* weit bessere Resultate als Holzessig, bei *Monas* und *Volvox* dagegen war der Erfolg nicht zufriedenstellend. Den Einschlufs stelle ich unter Benutzung einer Sublimatsolution im Verhältnis von 1 : 100 ganz in derselben Weise her wie bei Anwendung von Holzessig. Die Solution 1 : 100 ist durchaus nicht zu stark, weil ja bei der Art und Weise des Einschlusses die Lösung um das Drei- bis Vierfache verdünnt wird.

Bedeutend bequemer gestaltet sich die Präparation der Organismen, welche im Schlamme unserer stehenden Gewässer leben, dann die Präparation der Organismen im Tiefseeschlamme, im pelagischen Auftriebe und der Diatomaceen; denn hier haben wir es mit inkrustierten Organismen zu thun, die sogar die Aufbewahrung in verdünntem Alkohol ganz gut ertragen.

Dem Anfänger drängt sich gewiſs die Frage auf: Wo finde ich denn solche mikroskopische Wasserbewohner, deren Präparation ich vornehmen könnte? Allerdings finden sich die gewünschten Objekte nicht in jedem Wasser, obwohl gerade das Wasser das eigentliche Lebenselement der meisten mikroskopischen Organismen ist, in dem sich dieselben mit rapider Geschwindigkeit und in beinahe unglaublicher Menge fortpflanzen. Während übrigens manches Wasser reich an mikroskopischen Organismen ist, besitzt anderes nur wenige und wieder anderes vielleicht gar keine. Wir sind jedoch im stande, schon nach dem Aussehen des Wassers zu beurteilen, ob dasselbe eine Ausbeute verspricht oder nicht. Alles schnell flieſsende Wasser bietet dem Mikroskopiker — von lokalen Zufälligkeiten abgesehen — keine Ausbeute; es wäre daher verlorene Zeit, wollte man an oder in klaren Gebirgsbächen oder schnell flieſsenden Flüssen mikroskopische Organismen zu erhalten trachten. Nur langsam flieſsendes und vor allem stehendes Wasser beherbergt das Gesuchte. Tümpel, welche schon teilweise ausgetrocknet sind, Gräben, sog. Altwasser, das sind die Orte, an denen Umschau gehalten werden muſs.

Ein groſser Reichtum makroskopischer Pflanzen im Wasser weist ebenfalls stets auf einen Reichtum an mikroskopischen Organismen hin. Ebenso soll auch Pfahlwerk, welches sich im Wasser befindet, untersucht werden. Man führt die Untersuchung aus, indem man mit einem Messer oder einem anderen hiezu geeigneten Instrument etwas von dem an den Pfählen sitzenden Schlamme abkratzt und in ein Gläschen mit Wasser bringt. Einen Teil der Wasserpflanzen reifst man aus, schabt den äufserlich an denselben haftenden Schleim ab, bringt ihn in ein Sammelglas und prefst die Pflanze selbst mit der Hand vorsichtig über dem Glase aus. Das hierbei aufgefangene trübe Wasser wird in den meisten Fällen reich an mikroskopischen Organismen, namentlich an Diatomaceen sein.

Die mikroskopischen Tierchen erhält man am leichtesten, indem man Proben des Wassers vermittels einer als Heber benutzten Glasröhre entnimmt. Statt der zerbrechlichen Glasröhre verwendet man mit Vorteil einen etwa einen Meter langen, nicht zu engen Kautschukschlauch, den man zusammengerollt bequem mit sich führen kann. Derselbe bietet noch den weiteren Vorteil, dafs man das Wasser in verschiedenen Tiefen, selbst Bodenschlamm bequem emporheben kann, in welch letzterem sich besonders die Kieselpanzer verschiedener Diatomaceen finden werden. Zeigen sich stagnierende Gewässer an der Oberfläche mit einer dünnen Haut überzogen, so suche man mit einem Papierstückchen eine Partie derselben in ein Sammelgläschen zu übertragen, die nachfolgende Untersuchung wird diesen Hautüberzug in höchst merkwürdiger Weise differenzieren. — Wird auch zugegeben, dafs die wärmere Jahreszeit die reichlichste Entwicklung dieser kleinen Lebewesen aufserordentlich begünstiget, so ist doch während der Winterszeit dieses organische Leben nicht ganz erloschen, es können daher auch während der kalten Jahreszeit diesbezügliche Untersuchungen vorgenommen werden, wobei man nicht selten höchst interessanten Formen der Ruhezustände dieser Lebewesen begegnen wird. Die günstigste Tageszeit zum Einsammeln ist die, wenn die Sonne längere Zeit hindurch auf das Wasser geschienen hat. Es sammeln sich dann diese Organismen nahe an der Oberfläche in grofser Menge und läfst sich daher in kurzer Zeit eine reiche Ausbeute erzielen.

Dafs auch der Meeresschlamm reich sowohl an lebenden als auch an unorganischen Überresten abgestorbener mikroskopischer Wasserbewohner ist, bedarf wohl keiner weiteren Begründung, da gerade das Meer die eigentliche Wohn- und Vermehrungssätte des weitaus gröfsten Teiles dieser Organis-

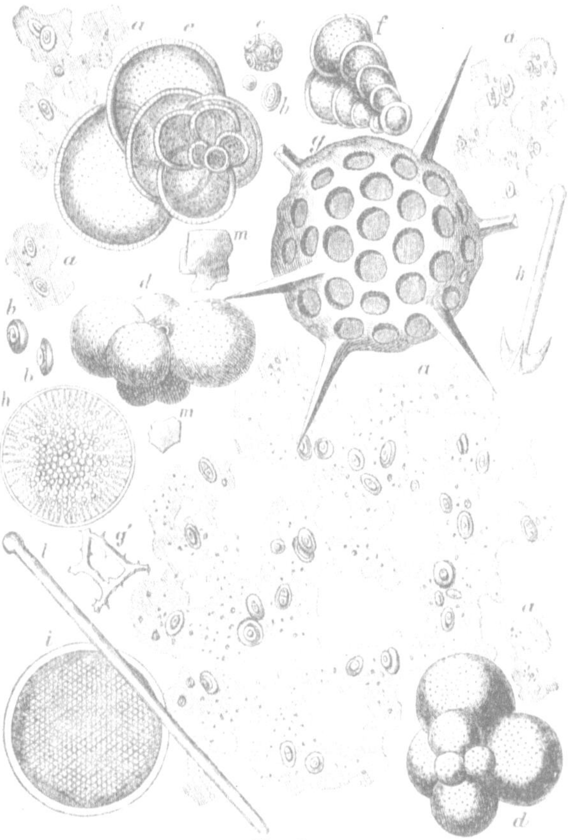

Fig. 41.

Mikroskopische Ansicht einer Partie Tiefseeschlammes aus dem atlantischen Ocean.

a Bathybius mit *Coccolithen*. *b* einzelne *Discolithen* und *Cyatholithen*. *c Coccosphäre*. *d Globigerinen*. *e* eine *Globigerine* aufgebrochen. *f Textilaria*. *g* und *g' Radiolarien*. *h* und *i Diatomaceen*. *k* und *l* Kieselnadeln von *Spongien*. *m* Mineralfragmente.

men ist. Wenn daher meine mikroskopierenden Freunde irgend wo in der Nähe einer Küste einen Bekannten besitzen, dessen Liebenswürdigkeit sie in Anspruch nehmen können, oder mit ihren Geschäfts- oder Tauschverbindungen irgendwo nach dem Meeresstrande inklinieren, so wollen dieselben ja nicht versäumen, diese Gelegenheit dahin auszunutzen, in den Besitz solchen Tiefseeschlammes oder pelagischen Auftriebes zu gelangen. Die Einholung des bezüglichen Materiales verursacht wenig Umständlichkeit. Ein Glas voll Schlamm einer ruhigen buchtigen Meeresstelle zur Zeit des Flutrückganges entnommen, oder ein mit einem Steine beschwerter Blechbecher an dünner Leine befestigt auf den schlammigen Meeresboden geworfen und nach kurzem Hinziehen auf dem Grunde wieder in die Höhe gezogen, birgt in der Regel überreiches Material. Die Versendung des so erhaltenen Schlammes kann, wenn die Ankunft am Bestimmungsorte innerhalb der nächsten acht Tage zu erwarten ist, ohne weiteres erfolgen, im anderen Falle wird ein Zusatz von $1/4$ bis $1/8$ Alkohol die Masse auf lange Zeit vor schädlicher Veränderung bewahren. Fig. 41 gibt uns ein mikroskopisches Bild einer Partie Tiefseeschlamm aus dem atlantischen Ozean.

Unter allen mikroskopischen Wasserbewohnern erfreut sich keine Gruppe einer so allseitigen Aufmerksamkeit und Bewunderung wie die Familie der Diatomaceen, und auch hier sind es weit weniger die ganzen Pflanzen im lebenden Zustande, als vielmehr die kieselpanzerigen Überreste der abgestorbenen Pflanzen. Allerdings mufs zugegeben werden, dafs sich nirgends sonst ein solch unerschöpflicher Reichtum an Formen, ein so hoher Grad von, bis in das kleinste ausgeprägter, Regelmäfsigkeit und Zartheit findet wie hier. Es ist daher wohl am Platze, auf die Präparation dieser Kieselpanzer etwas näher einzugehen. Die Panzer der lebenden Formen setzen sich nach dem Absterben der Pflanzen zu Boden, verlieren durch Verwesung die Überreste der ihnen noch anhaftenden organischen Bestandteile und bilden in stehenden süfsen wie salzigen Gewässern mit andern Substanzen vermischt einen gallertartigen Bodensatz. Die Überreste fossiler Diatomaceen bilden nicht selten mächtige alluviale oder diluviale Ablagerungen, wie z. B. die Kieselguhre von Franzensbad und Kasan, die Infusorienerde von Berlin und der Lüneburger Haide, das Bergmehl von Sizilien und andere, sie erscheinen auch als ältere Niederschläge im Tripel und Polierschiefer wie bei Aufsig und Bilin in Böhmen, oder als rezente Ablagerungen wie der Hamburger Schliek, endlich bilden sie den Hauptbestandteil der sog. efsbaren Erde der Indianer und Neger.

Will man lebende Diatomeen präparieren und kommt es dabei nicht darauf an, dafs man ganz bestimmte Formen erhält, so nimmt man von stagnierendem Wasser, das man zuerst oberflächlich auf seinen Gehalt an diesen Organismen untersucht hat, ein Sammelglas voll und filtriert dasselbe langsam durch gutes schwedisches Filtrierpapier, das Filtrat wird sodann in einer Chlorkalciumlösung (1 Teil Chlorkalcium und 3 Teile Wasser) ausgewaschen und sofort in derselben Flüssigkeit auf die gewöhnliche Weise eingeschlossen.

Zum Zwecke der Präparation leerer Kieselpanzer von lebenden Diatomeen verschafft man sich Diatomeenschlamm aus irgend einem Gewässer. Die schönsten und mannigfaltigsten Formen beherbergt das Meer. Je reichhaltiger derselbe an diesbezüglichem Materiale ist, desto einfacher gestaltet sich die Arbeit. Zunächst wird nun dieser Schlamm in grofsen Bechergläsern bei reichlichem Zusatze und wiederholter Erneuerung von Wasser ausgewaschen, um alle organischen Bestandteile zu entfernen. Man übergiefst zu diesem Zwecke den Diatomeenschlamm mit viel Wasser und schüttelt das Ganze gut durcheinander. Die gröfseren und leichteren organischen Verunreinigungen treten dadurch in die Höhe und können nach einiger Zeit abgegossen werden. Man übersehe dabei aber ja nicht, dafs sich die Diatomeen, trotz ihres bedeutenden spezifischen Gewichtes, infolge der in ihnen vorhandenen Hohlräume und feinen Vertiefungen noch lange Zeit in der Flüssigkeit schwebend erhalten. Um also nicht zu viele Diatomeen zu verlieren, sei man bei dem Abgiefsen des Wassers äufserst vorsichtig und untersuche das Wasser, ehe man es wegschüttet, unter dem Mikroskope auf seinen etwaigen Gehalt an Diatomeen. Durch Wiederholung dieses Verfahrens wird man zwar alle organischen

Verunreinigungen, nicht aber die mineralischen entfernen können. Zur Entfernung dieser letzteren mufs der Diatomeenschlamm geschlämmt werden. Es geschieht dieses in eigens hierfür angefertigten Metallsieben, die eine Maschenweite von 0,2 bis 1 mm besitzen. Ein Satz solcher Siebe, meist aus fünf Stücken bestehend, kann aus jedem Geschäfte für Mikroskopierartikel bezogen werden. Das Schlämmen wird in der Weise ausgeführt, dafs man den Diatomeenschlamm unter reichlichem Wasserzusatz nacheinander — mit dem weitestmaschigen beginnend — durch die sämtlichen Siebe laufen lässt, wobei die erdigen Beimengungen in den Sieben zurückbleiben. Das zu behandelnde Material mufs zweimal durch jedes Sieb geschlämmt werden. Beim letzten Schlämmen bleiben in den Sieben auch eine Menge feiner Schmutzpartikelchen zurück, die auf keine andere Weise entfernt werden können. Da sich, wie schon erwähnt, die Diatomeen sehr lange im Wasser schwebend erhalten, so mufs man nach dem Schlämmen die durch die Siebe gelaufene Flüssigkeit mindestens zwölf Stunden ruhig stehen lassen; nach Ablauf dieser Zeit haben wohl alle Diatomeen sicher den Boden erreicht, und kann nun das darüber stehende Wasser sorgfältig abgegossen werden. Den so erhaltenen Bodensatz, der nunmehr die verschiedenen Diatomeen rein enthält, spült man mit etwas verdünntem Spiritus zusammen und bewahrt ihn bis zur Herstellung der Präparate auf. Auch die in den Sieben zurückbleibenden Rückstände enthalten meist noch viele Diatomeen, die durch wiederholtes Schlämmen gleichfalls von den fremdartigen Beimengungen nachträglich noch getrennt werden können.

Handelt es sich um die Präparation von fossilen Diatomeen, so ist das Hauptaugenmerk auf die vollständige Entfernung des mineralischen Niederschlages, in welchem die Kieselpanzer eingebettet sind, zu richten. Häufig genug erhält man Bergmehl, Kieselguhr oder Infusorienerde, in welcher die Kieselpanzer weitaus den gröfsten Bestandteil der ganzen Masse ausmachen, und in diesem Falle bietet die Präparation keine Schwierigkeiten, zumal wenn man mit dem Materiale nicht besonders sparsam umzugehen braucht; ist dagegen das zur Verfügung stehende Material der Hauptsache nach mineralischen Ursprungs, dann allerdings sind manche Kunstgriffe nötig, um zum ersehnten Ziele zu gelangen.

Am einfachsten gestaltet sich die Sache, wenn das Einlagerungsmaterial kohlensaurer Kalk ist. In diesem Falle rührt man eine entsprechende Partie des zur Verfügung stehenden Materials mit Wasser zu einem Brei an und verdünnt denselben stark mit Wasser. Hierauf trägt man in die Flüssigkeit, behufs Zersetzung des kohlensauren Kalkes, tropfenweise konzentrierte Salzsäure ein, solange noch ein Aufbrausen stattfindet, worauf man unter öfterem Umrühren die Flüssigkeit einige Tage stehen läfst, und sich durch Zusatz von einigen Tropfen Salzsäure von der vollständigen Zersetzung des kohlensauren Kalkes überzeugt. Die Flüssigkeit wird nunmehr noch weiter mit Wasser verdünnt, umgerührt und nach eintägigem Stehen der gröfste Teil der jetzt klaren Flüssigkeit abgegossen, der Rest wieder mit Wasser verdünnt und so fortgefahren, bis fast alles Chlorkalcium und die noch vorhandene freie Salzsäure entfernt sind. Die Untersuchung des Rückstandes unter dem Mikroskope wird uns belehren, ob die Kieselpanzer jetzt hinlänglich rein oder ob sie noch mit mineralischen Bestandteilen vermengt sind. Ist letzteres der Fall, so ist dies — vorausgesetzt, dafs die Zersetzung des kohlensauren Kalkes vollständig durchgeführt wurde — ein Beweis dafür, dafs als Beimengungen auch Thonerdeverbindungen vorhanden sind, und wird jetzt, wie nachstehend auseinandergesetzt werden soll, verfahren.

Sind die Kieselpanzer in Thonerdeverbindungen eingelagert, was leicht daran zu erkennen ist, dafs bei Übergiefsen mit Salzsäure kein Aufbrausen erfolgt, so ist die Behandlung des Materials etwas umständlicher. Die Scheidung der Diatomeen von den Beimengungen beruht in diesem Falle auf der Thatsache, dafs die Diatomeen als organisierte Skelette, trotz ihres vielleicht gröfseren spezifischen Gewichtes, in einer Flüssigkeit weit länger schwebend erhalten bleiben als rein mineralische Stoffe. Das bezügliche Material wird auch hier mit Wasser zu einem Brei angerührt und dieser dann stark mit Wasser verdünnt. Nachdem die Flüssigkeit einige Zeit ruhig gestanden und klar geworden, wird mit einem Glasstabe eine Probe entnommen und unter dem Mikroskope untersucht. Es wird sich da zeigen, ob die Kieselpanzer schon rein in der Flüssigkeit schweben, oder ob noch anderweitige erdige Beimengungen vorkommen. Solche Untersuchungen sind wiederholt und solange fortzusetzen, bis sich die fremden Bestandteile vollkommen abgesetzt haben, worauf die reine Flüssigkeit in ein Becherglas abgelassen wird und in demselben einen Tag lang ruhig stehen bleibt. Nach Ablauf dieser Zeit wird die Flüssigkeit im Becherglase abgegossen und der geringe Bodensatz, der jetzt die Kieselpanzer rein enthält, in ein Reagensgläschen mit etwas Zusatz von Weingeist gebracht. Das Rohmaterial wird während dieser Zeit wieder mit Wasser angerührt, Proben davon unter dem Mikroskope untersucht, und so wird fortgefahren, bis ein genügendes Quantum an reinen Diatomeen gewonnen ist. Bisweilen führt auch Schlämmen zum erwünschten Ziele.

Als Dauerpräparate werden die Diatomeen entweder trocken oder in Kanadabalsam konserviert. Beim trockenen Einschlusse verfährt man auf zweierlei Art, je nachdem man die Diatomeen in verdünntem Weingeist oder trocken aufbewahrt. Liegen die Diatomeen unter Spiritus, so bringt man mit einem feinen Pinsel eine entsprechende Menge Kieselpanzer auf die Mitte eines Objektträgers und verteilt dieselben möglichst gleichmäſsig. Hierauf wird der Objektträger über einer sehr schwachen Spiritusflamme solange erwärmt, bis Alkohol und Wasser verdunstet sind. Nunmehr bringt man um die, dem Objektträger schwach anhaftenden, Diatomeen eine dünne Lackzelle an, läſst diese oberflächlich trocken werden, setzt dann das Deckglas auf und drückt dieses ringsum sanft aber gleichmäſsig an die Zelle an. Am folgenden Tage kann man den ersten Dauerverschluſs anbringen. Man hüte sich davor, das Deckglas auf die noch nasse Zelle zu bringen oder den ersten Dauerverschlufs vor dem vollständigen Austrocknen der Zelle anzulegen, da in beiden Fällen Lack unter das Deckglas eindringen und das Präparat verderben würde.

Will man die Diatomeen trocken aufbewahren, was bei Einschlufs in Kanadabalsam geschehen mufs, so ersetzt man den verdünnten Alkohol, in welchem die Diatomeen liegen, erst durch absoluten, giefst diesen, soweit es ohne Gefahr für das Mitschwimmen der Diatomeen geschehen kann, ab und läfst den Rest vollständig verdunsten, so dafs die Diatomeen gründlich austrocknen können. Will man nun trocken einschliefsen, so wird auf einem Objektträger eine schwache Lackzelle angebracht, nach deren oberflächlichem Trocknen ihr Innenraum mit einem Pinsel dünn, aber möglichst gleichmäfsig mit Diatomeen bestreut wird, worauf das Deckglas aufgesetzt wird. Der Dauerverschlufs erfolgt wie oben angegeben.

Will man die Diatomeen in Balsam einlegen, so bringt man auf einen Objektträger einen Tropfen Balsam, breitet denselben zur Deckgläschengröfse aus und streut in denselben mit einem feinen Pinsel gleichmäfsig die Diatomeen, worauf man langsam und vorsichtig das erwärmte Deckglas aufsetzt. Man nehme lieber zuwenig als zuviel Balsam, da im letzteren Falle beim sanften Andrücken des Deckglases die Diatomeen zum gröfsten Teile mit dem Balsam unter dem Deckglase hervorgeprefst werden und für das Präparat verloren gehen.

VII. Herstellung von Schliffpräparaten.

Um von harten oder zerbrechlichen Körpern wie Knochen, Zähnen, Korallen, Muschelschalen, Fossilien, Gesteinsarten, Tierstacheln, Samenschalen u. s. w. dünne, durchscheinende, für die mikroskopische Untersuchung brauchbare Plättchen zu erhalten, bedient man sich der Methode des Schleifens. Zu diesem Behufe verschafft man sich erst mittels einer Feile oder feinen Säge (sog. Laubsäge) eine ebene Oberfläche an dem Körper, und sägt hierauf parallel zu der so hergerichteten Fläche eine möglichst dünne Lamelle von dem Körper ab. Je dünner diese Lamelle ist, um so weniger Zeit hat man später auf das Schleifen zu verwenden. Übrigens hat man es nicht in allen Fällen in seiner Gewalt, die Lamelle beliebig dünn zu machen, es hängt dieses häufig von der Natur der Objekte selbst ab. Spröde Körper, wie Zähne, Schalen von Muscheltieren, Fossilien und andere zerbrechen, wenn die Lamelle besonders dünn gehalten wird, sehr leicht, so dafs man in solchen Fällen genötigt ist, kräftigere Lamellen auszusägen, denen dann später durch fortgesetztes Schleifen die erforderliche Dünne gegeben werden mufs.

Wie nicht ein und dasselbe Rasiermesser zum Schneiden für die verschiedenen Objekte ausreicht, so kann man auch nicht ein und dieselbe Säge für alle zu sägenden Gegenstände gebrauchen, man mufs sich hiervon vielmehr mehrere Sorten von verschiedener Stärke und in ziemlicher Anzahl vorrätig halten, da dieselben, abgesehen von dem zufälligen Abspringen derselben, bei harten Objekten gar bald ihre Schneide und damit ihre Brauchbarkeit verlieren. So lange es sich nur um die Herstellung von Lamellen in solchen Dimensionen handelt, wie sie bei Präparaten auf den gebräuchlichen Objektträgern (26 : 76 mm) zulässig sind, genügen die Sägen in den Nummernstärken wie sie bei Anfertigung der gewöhnlichen Laubsägearbeiten Verwendung finden; sollen dagegen die Schliffe in gröfseren Dimensionen ausgeführt werden, so sind die eben genannten Sägen zu schwach und zu wenig ausdauernd, man kauft sich in diesem Falle bei einem Zeugschmiede einige entsprechend kräftigere Sägeblätter mit dazu gehörigem Bogen.

Viele Körper, wie die meisten Gesteinsarten und Fossilien, lassen sich aber überhaupt gar nicht sägen. Hier behilft man sich zunächst mit dem Hammer, indem man dünne Plättchen von den betreffenden Gegenständen abzusprengen sucht, was ohne Schwierigkeit zu erreichen ist, wenn die Richtung des Schliffes gleichgültig ist, aber einen gewissen Grad von Kunstfertigkeit voraussetzt, wenn nach einer ganz bestimmten Richtung geschliffen werden soll. Viele Mühe kann man sich ersparen, wenn jene Mikroskopiker, welche sich häufig mit Anfertigung von Gesteinsschliffen beschäftigen, fleifsig Umschau in nahegelegenen Steinbrüchen oder in der Werkstätte von Steinhauern halten; hier fallen bei Bearbeitung der Gesteinsarten mit den verschiedenen Instrumenten eine Menge von Splittern ab, unter welchen sich hinreichend viele von solcher Beschaffenheit finden werden, dafs sie ohne weiteres sofort geschliffen werden können.

Ist der Gegenstand zu klein, als dafs man ihn während des Sägens in der Hand halten könnte, so klemmt man ihn zwischen einen kleinen Handschraubstock, oder kittet ihn mit Siegellack auf einem Stückchen Holz fest.

Die erhaltenen Lamellen müssen nun durch Schleifen entsprechend dünn gemacht werden. Sehr harte Gegenstände und besonders dicke Lamellen erhalten ihren ersten oberflächlichen Schliff auf einem gewöhnlichen drehbaren Schleifstein. Derselbe mufs während des Schleifens beständig nafs gehalten werden. Die Lamelle kittet man, wenn sie eine bereits geebnete Seite besitzt, mit dieser, im anderen Falle mit der flacheren der beiden unebenen Flächen auf ein Holzscheibchen oder eine starke Glasscheibe und drückt sie während des Drehens an eine Seitenfläche (nicht die gekrümmte, zum gewöhnlichen Schleifen benutzte Fläche) des Schleifsteines fest. Das Schleifen mufs, soferne die aufgekittete Seite des Objektes bereits geebnet ist, so lange fortgesetzt werden, bis das Objekt nahezu die gewünschte Dünne erreicht hat, was binnen wenigen Minuten der Fall sein wird. Sind aber die beiden Seiten noch nicht geebnet, so wird das Schleifen der ersten Fläche nur so lange fortgesetzt, bis diese vollkommen eben geschliffen ist, worauf das Objekt getrocknet, der Kitt aufgelöst, das Präparat umgewendet, mit der geschliffenen Seite von Neuem aufgekittet und jetzt die zweite Seite so lange geschliffen wird, bis die gewünschte Dünne nahezu erreicht ist. — Beim Schleifen ist besonders darauf zu sehen, dafs die beiden geschliffenen

Flächen möglichst parallel zu einander werden, das Präparat also überall gleich dick wird. Geringe Dickenunterschiede lassen sich zwar beim nachfolgenden Feinschleifen ohne besondere Mühe ausgleichen; gröfsere Differenzen jedoch erfordern eine zeitraubende Nachbehandlung, die bei einiger Sorgfalt während des Rohschliffes vermieden werden kann.

Um die bei dem ersten Rohschleifen solch harter Objekte verursachten Unebenheiten, Streifen u. dgl. zu beseitigen, geht man nun zu dem Schleifen auf einem harten, feinkörnigen Abziehstein über. Mittelharte und weichere Gebilde wie Tierstacheln, Knochen, weiche Gesteinsarten, Kohlenfossilien, Fruchtschalen und ähnlich harte Objekte erfahren überhaupt keine vorgängige Behandlung auf einem drehbaren Schleifsteine, sondern kommen sofort auf den Abziehstein. Beim Schleifen auf dem Abziehsteine hat man darauf zu achten, dafs die Bewegungen des Objektes nicht stofsweise vor- und rückwärts erfolgen, sondern unter Anwendung eines mäfsigen möglichst gleichstarken Druckes in kreisförmigen Schlingen fortschreiten. Auch hier mufs die Schleiffläche fortwährend mit Wasser benetzt sein. Bei besonders weichen Substanzen gelingt der Schliff am besten, wenn man aus freier Hand schleift, d. h. mit dem Zeigefinger als Auflage unter Anwendung eines gelinden Druckes die Lamelle über die Steinfläche in kreisförmigen Schlingen dahinführt. Hierdurch kann man während des Schleifens ein sicheres Urteil über die Dicke des Schliffpräparates gewinnen und durch einseitig verstärkten Druck etwa bemerkbar gewordene dickere Stellen verdünnen, Kleinere Gegenstände, welche man nicht mehr gut mit dem Finger über den Stein führen kann, bedeckt man zweckmäfsig mit einem Stückchen Kork, womit dieselben sich sehr gut festhalten lassen.

Von Zeit zu Zeit spült man den Schliff mit Wasser ab und bringt ihn unter das Mikroskop, um zu sehen, ob man den erforderlichen Grad von Durchsichtigkeit erreicht hat. Bei Beginn des Abziehens mufs man mit dem Finger einen mäfsigen Druck auf das Objekt ausüben, der aber, je mehr sich der Schliff der Vollendung nähert, immer schwächer werden mufs, da aufserdem gar leicht der Schliff in Trümmer geht.

Hat man das Abziehen so lange fortgesetzt, bis die beiden Flächen des Schliffes vollkommen glatt sind und der wünschenswerte Grad der Dünne erreicht ist, so geht man zum Polieren über. Dieses nimmt man am besten auf einem Stücke weichen Leders (Reh- oder Hirschleder) vor, welches mit der glatten (Haarseite) Seite nach oben gekehrt, gleichmäfsig ausgespannt auf ein ebenes Brettchen befestigt ist. Als Poliermittel wendet man fein geschlämmten Tripel an, der bei jedem Messerschmiede zu haben ist, und mit welchem man das Leder einreibt. Das Polieren wird trocken, also ohne Anwendung von Wasser, im übrigen aber ebenso wie das Abziehen vorgenommen, und ist als beendet zu betrachten, wenn die unter dem Mikroskope untersuchten beiden Flächen des Schliffes frei von Ritzen und Rinnen sich darstellen. Je sorgfältiger und zarter das Abziehen, namentlich gegen den Schlufs der Manipulation zu durchgeführt wird, in desto kürzerer Zeit ist die nötige Politur erreicht. Nunmehr ist das Präparat zum Einschlusse fertig. Wie sich ein genügend dünner und auch sonst gelungener Schliff, hier z. B. eines Knochens, unter dem Mikroskope zeigen soll, ist aus Fig. 42, welche den Querschliff durch einen menschlichen Knochen darstellt, zu ersehen.

Ist jedoch die zu schleifende Fläche gar zu klein, oder ist das Material leicht zerbrechlich, so mufs das Schleifen, Abziehen und Polieren auf andere Weise vorgenommen werden. Die von mir in nachstehendem empfohlene Methode hat zwar auf den ersten Blick manche Umständlichkeit an sich, sie gewährt jedoch dem Arbeitenden eine Menge schwerwiegender Vorteile und sichert das Gelingen der Arbeit selbst in sehr kritischen Fällen. Wer viele Schliffe auszuführen hat, wird kaum eine praktischere und rascher zum Ziele führende Schleifform finden.

Die Methode besteht nämlich darin, dafs man das Objekt auf eine Glasplatte aufkittet, es auf derselben schleift, abzieht und poliert und sodann den fertigen Schliff wieder von der

Platte ablöst. — Man benützt hierzu irgend eine eben geschliffene Glasplatte. Für Arbeiten von geringer Ausdehnung nimmt man hierzu einen gewöhnlichen Objektträger — die im sog. Giessener Format (48 : 28 mm) hergestellten besitzen hierfür eine besonders geeignete Form — und kittet die

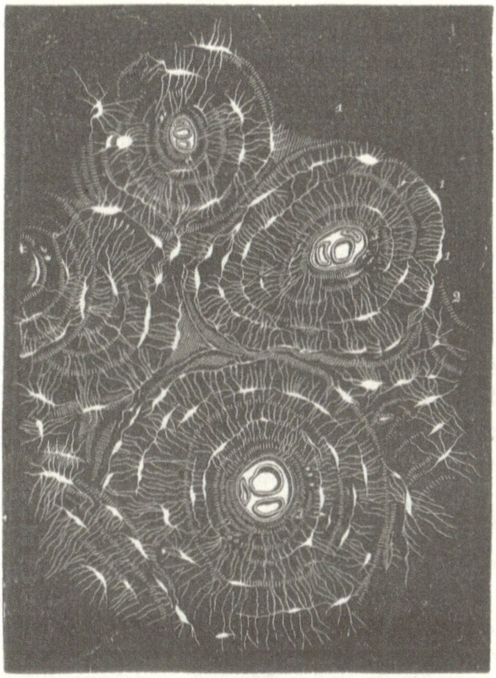

Fig. 42.

Querschliff eines menschlichen Knochens.

1 Knochenhöhlen mit Ausläufern. *2* Lamellen. *3* Havers'sche Kanäle mit querdurchschnittenen Blutgefäfsen.

herausgesägte Lamelle mit Kanadabalsam auf demselben fest. Ich kitte auf einen und denselben Objektträger so viele Lamellen unmittelbar an einander als der Raum gestattet. Zum Aufkitten verwendet man alten Balsam, der bei gewöhnlicher Temperatur ganz hart ist; steht solcher nicht zur Verfügung, so erfüllt auch mit Chloroform verdünnter Balsam den gleichen Dienst. Kanadabalsam, der mit Terpentinöl verdünnt ist, kann für diesen Zweck keine Verwendung finden, da er einerseits viel zu langsam erhärtet und andererseits das betreffende Objekt nicht fest genug an die Glasplatte ankittet, durch welch letzteren Umstand die Präparate meist im letzten Stadium der Vollendung noch zu Grunde gehen.

Das Aufkitten der Objekte erfolgt in der Weise, dafs man auf den Objektträger etwas Balsam bringt und den mit einer Pinzette zu haltenden Objektträger über einer Spiritusflamme bis zum Sieden des Balsams erhitzt, hierauf die Lamelle in den Balsam legt und sie fest an das Glas andrückt, so dafs zwischen ihr und dem Glase eine ganz dünne Schichte Balsam — aber ja keine Luftblase — eingeschlossen ist. Nach dem Erkalten schabt man mit einem Messer den etwa auf die Oberseite der Lamelle gedrungenen Balsam weg. Die Lamelle haftet jetzt — wenn nur zwischen ihr und dem Glase keine Luftschichte mit eingeschlossen wurde — fest und sicher auf dem Objektträger und ist zum Schleifen fertig. Hat man statt reinen Balsam mit Chloroform verdünnten benutzt, so mufs dessen Erhitzen, vor Aufbringen des Objektes, so lange fortgesetzt werden, bis alles Chloroform entwichen ist, was man an dem Verschwinden des spezifischen Chloroformgeruches erkennt. Es ist dies deshalb notwendig, weil bei Anwesenheit von Chloroform der Balsam nur langsam trocknet und das Schleifen erst nach vollständigem Trocknen des Balsams vorgenommen werden kann; sind noch bemerkbare Rückstände an Chloroform im Balsam, so müfste mit dem Schleifen immerhin mehrere Tage zugewartet werden. Man hüte sich auch davor, beim Erhitzen den Balsam in Brand geraten zu lassen, da er sonst weniger gut kittet, die Lamelle sich also während des Schleifens leicht von der Glasplatte loslöst und bei empfindlichen Objekten, wie Knochenschliffe es sind, das Präparat möglicherweise gänzlich verdorben werden könnte.

Ist die eine Fläche geschliffen, abgezogen und poliert, so reinigt man die Glasplatte sorgfältig in Wasser, trocknet sie vollkommen und erwärmt den Objektträger, wodurch sich die Lamelle loslöst. Bei sehr zarten und zerbrechlichen Objekten ist es vorzuziehen, den Objektträger behufs Ablösung des Präparates nicht zu erwärmen, sondern ihn in etwas erwärmten Alkohol oder auch in Chloroform zu legen, worauf die Abtrennung in kurzer Zeit erfolgen wird.

Nunmehr wird die bereits geschliffene Seite des Präparates auf dieselbe Weise, wie vorher angegeben, auf einen frischen Objektträger mit Kanadabalsam befestigt und das

Fig. 43.

Steinkohle. Dünnschliff.

Schleifen, Abziehen und Polieren der zweiten, jetzt nach aufsen gekehrten Seite vorgenommen.

Damit aber der Schliff überall gleichmäfsig dünn wird, kittet man mit Kanadabalsam an den vier Ecken des Objektträgers auf derselben Seite, auf welcher das Objekt befestigt ist, je ein Stückchen eines sehr dünnen Deckgläschens in gleicher Weise wie das zu schleifende Objekt fest. Diese vier Glassplitter bilden eine sicher führende Unterlage, so dafs, wenn alle vier Glassplitter gleichmäfsig den Schleifstein berühren — was in den Fingerspitzen der Hand, welche das

Präparat über den Schleifstein führt, leicht zu fühlen ist — der in Mitte liegende Schliff allseitig gleich fein sein mufs. Diese Einrichtung schützt nicht nur vor der Gefahr die betreffenden Präparate einseitig abzuschleifen, sondern sie ermöglicht auch so viele Präparate als auf dem Objektträger neben einander Platz finden können gleichzeitig, und was die Hauptsache ist, gleichmäfsig dünn zu schleifen.

Fig. 44.

Lava vom Vesuv. Dünnschliff.

Wie sich die Struktur gelungener Dünnschliffe unter dem gewöhnlichen Mikroskope darstellt, davon gibt Fig. 43 bezüglich der Steinkohle, Fig. 44 bezüglich eines Lavastückchens vom Vesuv und Fig. 45 hinsichtlich eines Stückchen Obsidian aus Mexiko Aufschlufs.

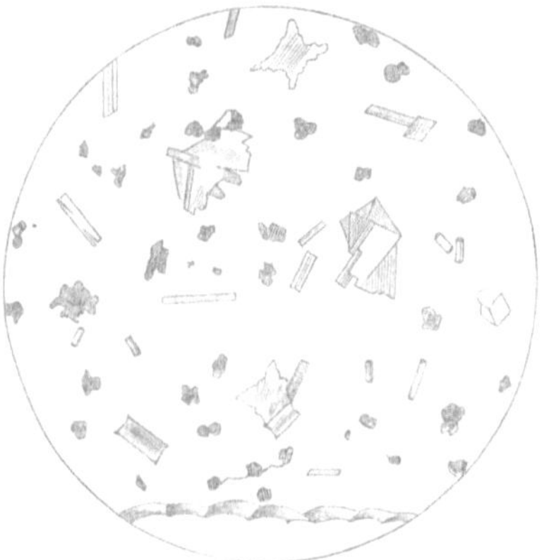

Fig. 45.

Obsidian aus Mexiko. Dünnschliff.

Manche Objekte ertragen aber die zum Aufkitten mit Kanadabalsam erforderliche Wärme nicht ohne Schaden zu nehmen. In diesem Falle geschieht die Befestigung des Präparates auf der Glasplatte mit, in absolutem Alkohol gelöstem, Schellack, wozu die Lösung möglichst konzentriert zu nehmen ist. Allerdings kann hier nicht unmittelbar nach dem Einlegen des Objektes in den Schellacktropfen geschliffen werden, man mufs vielmehr so lange warten, bis der Schellack durch Verdunsten des Alkohols völlig erhärtet ist, was nach Ablauf eines Tages sicher der Fall ist. Das Schleifen selbst erfolgt wie beim Balsamkitt, das Loslösen des geschliffenen Objektes mit absolutem Alkohol.

Kanadabalsam und ähnliche Substanzen wie Mastix und Damarharz, die beiden letzteren jedoch nur in venetianischem Terpentin gelöst, können auch in Anwendung kommen, wenn

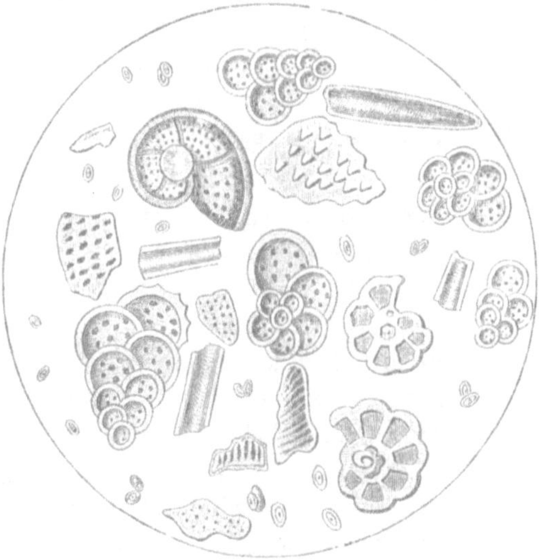

Fig. 46.
Schreibkreide nach Zittel.

es sich darum handelt, stark porösen oder in eine lockere nur wenig Zusammenhang bietende Masse eingelagerten Objekten, von denen man befürchten mufs, dafs sie beim Schleifen auseinander fallen, einen festeren Zusammenhang zu verschaffen, wie dieses namentlich der Fall ist bei Gesteinen mit Foraminiferen (Fig. 46), fossilen Hölzern und Spongien. Solche Körper legt man kurze Zeit in dickflüssigen Kanadabalsam oder in eine der beiden vorgenannten Harzlösungen, nimmt sie, wenn die Flüssigkeit hinreichend in dieselbe eingedrungen, heraus, läfst Balsam oder Harz gründlich erhärten und führt dann mit der Säge die beabsichtigten

Schnitte aus, worauf die erhaltenen Lamellen zum Zwecke des Schleifens, wie oben angegeben, auf einen Objektträger aufgekittet werden. Wirkt Balsam oder Harz, welche Stoffe in die Zwischenräume des Objektes eingedrungen sind, auf das fertige Präparat irgendwie störend ein, so können dieselben nachträglich mit Chloroform, Alkohol oder Terpentinöl ausgezogen werden, im andern Falle läfst man die Kittsubstanz in den Zwischenräumen.

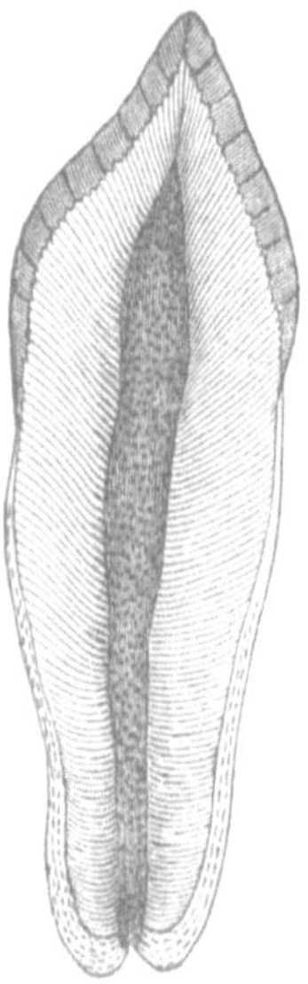

Fig. 47. Ein menschlicher Schneidezahn im Längsschliff.

Auf diese Weise habe ich ohne jede Mühe aus dem so zerbrechlichen Kieselskelett fossiler Spongien, deren inkrustierende Masse (kohlensaurer Kalk) ich zuvor mit Salzsäure auszog, tadellose Schliffe in der Gröfse von mehreren Quadratcentimetern erhalten.

Obwohl ich gerne zugebe, dafs neben dem Kanadabalsam die oben genannten beiden Harzlösungen mit eben so gutem Erfolge angewendet werden können, so möchte ich doch den Rat geben in allen Fällen, in denen mäfsige Erwärmung zulässig ist, ausschliefslich Kanadabalsam zu benutzen. Man gewinnt nämlich in der Ausführung der hier erforderlichen Manipulationen eine weit gröfsere Sicherheit, wenn man sich hierbei immer der nämlichen Flüssigkeit, deren Eigentümlichkeiten man ja bei der vielseitigen sonstigen Verwendung genau kennt, bedient. Dazu kommt noch, dafs Kanadabalsam für alle Schliffpräparate das Einschlufsmedium bildet, sein Vorhandensein also in keinem Falle störend wirken kann.

Will man die Glasplatte, auf welcher die zweite Fläche eines Objektes geschliffen wurde, zugleich als bleibenden Objektträger für den Schliff benutzen — was bei leicht zerbrechlichen Präparaten in hohem Grade wünschenswert ist — so mufs man beim Aufkitten schon darauf bedacht sein, dafs keine Luftblasen entstehen, denn aus dem getrockneten

Balsam verziehen sich dieselben nicht mehr. Nach vollzogener Politur und erfolgtem Abtrocknen bringt man in diesem Falle einen Tropfen Balsam auf den fertigen Schliff, erwärmt leicht und setzt auf die Kuppe des Balsams das Deckglas. Die hierbei auftretenden Luftblasen brauchen nicht weiter beachtet zu werden, da sie sich mit dem Trocknen des Balsams am Rande des Deckglases ansammeln. Fig. 47 stellt einen auf diese Weise hergestellten Längsschliff eines menschlichen Schneidezahnes dar.

Bemerkt muſs hier noch werden, daſs das Polieren aller Schliffe, welche mit Balsam oder Harz auf einen Objektträger gekittet sind, nicht trocken und nicht auf Rehleder geschehen darf, weil bei der hier unvermeidlichen Friktion Balsam und Präparat sich so stark erwärmen könnten, daſs ein Erweichen des Balsams zu befürchten wäre, wodurch der Schliff leicht zu Grunde ginge. Das Polieren erfolgt hier auf einem weichen Abziehstein unter Anwendung von Wasser und bei möglichst geringem Drucke.

Die meisten Schliffpräparate erfordern zur Ermittlung ihrer elementaren Zusammensetzung eine möglichst vielseitige Modifikation der Beleuchtung, insbesondere die Anwendung konvergierender Lichtstrahlen und des polarisierten Lichtes, und verweise ich dieserhalb auf das im Kapitel »Studium der fertigen Präparate« hierüber Gesagte.

VIII. Finnen und Trichinen.

Zwei Krankheiten, von welchen mehrere uns zur Nahrung dienende Haustiere, insbesondere das Schwein, befallen werden, und die daher unsere Aufmerksamkeit besonders in Anspruch nehmen, sind die Finnenkrankheit und die Trichinose.

Die **Finnenkrankheit** wird durch einen Blasenwurm (*Cysticercus cellulosa*), gewöhnlich Finne genannt, hervorgerufen, der sich im Zellgewebe und vorzüglich im Muskelfleische des Schweines oft in enormer Anzahl vorfindet. Die Finnen stellen sich als kleine, hirsenkorn- bis kirschkerngroſse Bläschen von weiſsgelber bis bläulicher Farbe dar

(Fig. 48). Sie besitzen Köpfe mit Saugnäpfen und Hakenrüsseln (Fig. 49), die dem Kopfe der Bandwürmer, die beim Menschen vorkommen (Fig. 50), ähnlich sind. Diese Köpfe sitzen auf länglichen Schwanzblasen, die mit einer eiweifshaltigen dicken Flüssigkeit gefüllt sind. Geschlechtsteile hat man bei denselben nicht wahrgenommen, und man war daher bezüglich ihrer Fortpflanzung früher längere Zeit im Unklaren, bis neuere Untersuchungen herausgestellt haben, dafs die Finne durch den Genufs reifer Glieder des Menschenbandwurmes sich im Körper des Schweines aus den Eiern dieser Bandwurmkolonien bildet und wieder in die Form des Bandwurmes zurückkehrt, wenn solche Finnen lebend vom Menschen genossen werden.

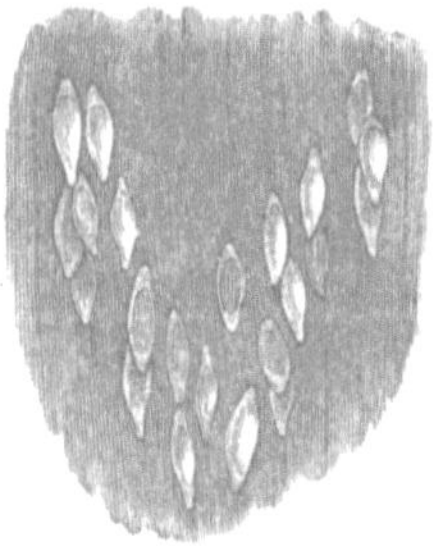

Fig. 48.

Im Muskelfleische der Schweine eingebettete Finnen in natürlicher Gröfse.

Fig. 49.

Hakenkranz der Schweinsfinne, stark vergröfsert.

Der gemeine Bandwurm (*Taenia solium*) besitzt einen Kopf (*Scolex*) in der Gröfse einer mittelgrofsen Stecknadel. Auf dem Stirnvorsprunge steht ein Kranz von zweierlei Haken, in der Regel zusammen 26 Stück. Rings um den Kopf sitzen vier wulstige Saugnäpfe, welche als Haftorgane dienen. Fig. 50 zeigt den Kopf des Menschenbandwurmes in starker Vergröfserung, ebenso einzelne Haken des Hakenkranzes. Der Hals ist etwa 3 cm lang und die Zahl der die Kette bildenden unreifen und reifen Glieder kann sich auf 700 bis 800 (Fig. 51 *a*) und mehr belaufen.

Die Gestalt der einzelnen Glieder ist in den verschiedenen Strecken sehr verschieden. Vom Kopfe aus bis etwa gegen die Hälfte der ganzen Länge ist die Breitenausdehnung entschieden vorherrschend, von da ab halten sich Längen- und Breitenausdehnung so ziemlich das Gleichgewicht, während sie im letzten Viertel eine ausgesprochene längliche Form annehmen. Die einzelnen Glieder schieben sich vom Halse aus knospenförmig nach, so dafs die hintersten Glieder die ältesten sind; diese sind als selbständige geschlechtsreife Individuen zu betrachten. Man sieht nämlich an diesen sog. »reifen« Bandwurmgliedern in der Regel schon mit unbewaffnetem Auge den Eihalter, der aus einem mittleren Stamme und nach beiden Seiten hin abgehenden unregelmäfsigen Ästen besteht. Dieses Organ ist dicht mit Eiern gefüllt. Die hintersten Glieder des Bandwurmes lösen sich von Zeit zu Zeit von der Kette los und werden mit den Faeces aus dem Darmkanal ausgestofsen. Die auf diese Weise massenhaft ins Freie gelangenden Eier widerstehen allen Unbilden der Witterung sowie der Einwirkung gährender und faulender Substanzen, werden mit dem Dünger auf Wiesen und Felder transportiert und bleiben

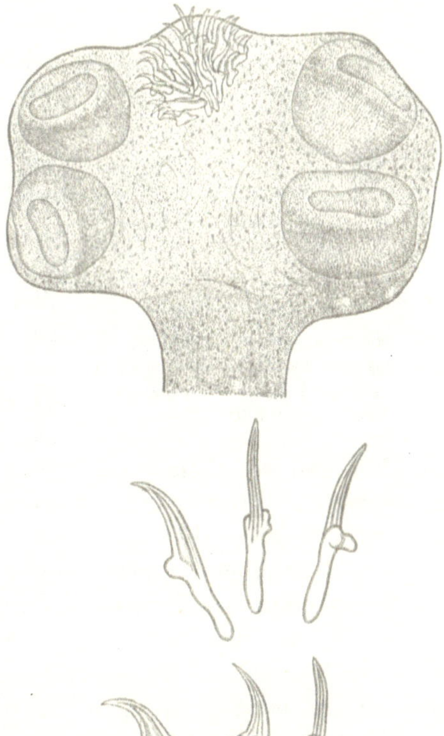

Fig. 50.
Kopf mit Saugscheiben und Hakenkranz sowie einzelnen Hakenzähnen vom gemeinen Bandwurm (*Taenia solium*).

von den sie umhüllenden fremden Stoffen allmählich befreit so lange liegen, bis sie durch einen jener tausend möglichen Zufälle in den Magen eines Schweines gelangen. Hier löst sich unter dem Einflusse der Magensäure die Hülle der Eier, der eingeschlossene mit drei Paaren von Häkchen bewaffnete Embryo wird frei und begibt sich nun mit Hilfe dieser Häkchen auf die Wanderung im Körper seines Wirtes. Das Ziel dieser Wanderung ist bei *Taenia solium* nach den verschiedenen Muskelpartien gerichtet. Gewöhnlich bleibt das Fett der Tiere von diesen Parasiten verschont, doch findet man, namentlich bei massenhafter Einwanderung, öfters auch diese Substanz von den Cysticercen ergriffen.

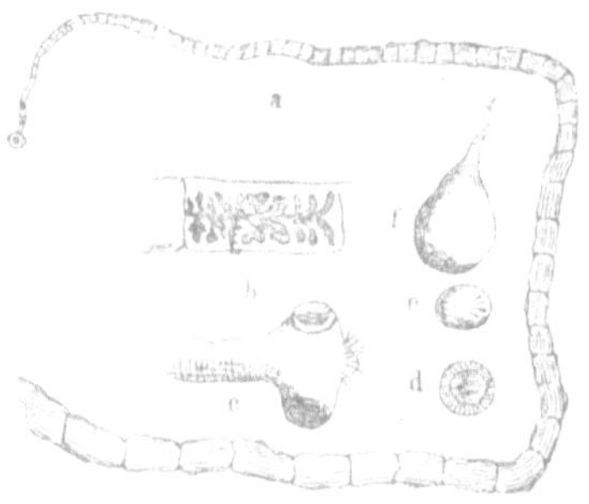

Fig. 51.
Der gemeine Bandwurm (*Taenia solium*). *a* Gliederreihe. *b* ein reifes Glied. *c* Kopf. *d* Ei. *e* erster Entwicklungszustand des Eies. *f* Blasenwurm (Finne).

Am Ziele angekommen umgibt sich das winzige, von den Muskelsäften des Wirtes sich ernährende Tierchen, nachdem es die nunmehr unnütz gewordenen Haken abgeworfen, mit einer Kapsel und ist damit in eine zweite Lebensperiode getreten, in welcher es sich zum sog. Blasenwurm oder zur Finne umbildet. Im Innern des kugeligen Körpers sammelt sich nämlich eine Flüssigkeit, wodurch der Körper mehr und mehr zu einer Blase aufgetrieben wird. Gleichzeitig bildet sich, nach dem Innern der Blase eingeschlagen, der Bandwurmkopf aus, der auch nach der vollständigen Entwickelung des Tieres von der Finne, die nunmehr ihren gewählten Aufenthaltsort nicht mehr verläſst, meist eingestülpt gehalten wird, so daſs von demselben äuſserlich nichts sichtbar ist.

Wird nun finniges Fleisch roh oder in ungenügend garem Zustande, wie lediglich geräuchert oder nur wenig eingepökelt, vom Menschen genossen, so findet im Darmkanale des Menschen eine Umformung der Finne statt, der Blasenwurm verwandelt sich in den eigentlichen Bandwurm. Die erste Veränderung bildet das völlige Hervortreten des Kopfes, welcher alsbald eine zweite, das Abfallen der Schwanzblase folgt, die von dem Tiere einfach verdaut wird. Der Kopf mit seinem Halse ist nun ein eigenes, selbständiges Lebewesen, welches aus dem Magen des Wirtes zu irgend einer Stelle der Gedärme hinabsteigt, wo es sich festsetzt, von dem verdaulichen Darminhalte des Menschen sich ernährt und nun die Geschlechtstiere in der Form der Bandwurmglieder hervorbringt.

Ungefähr drei Monate verstreichen nach dem Einführen der Bandwurmeier in das Schwein, bis die Finnen in den Muskeln ihre Entwickelung abgeschlossen haben. Von der Einführung der Finne in den Magen des Menschen bis zur Abstofsung der ersten reifen Glieder scheint ein Zeitraum von 5 bis 6 Monaten erforderlich zu sein. Sein Alter bringt der Bandwurm auf 10 bis 12 Jahre, kann jedoch bei gehöriger Pflege, d. h. bei Vernachlässigung der zu seiner Vertreibung gebotenen Mittel, noch älter werden.

Die Finnen kommen hauptsächlich bei Schweinen vor, die nicht ausschliefslich im Stalle gehalten werden, sondern öfters in's Freie kommen, sei es, dafs man sie nur auf den Höfen herumlaufen läfst, wo sie Gelegenheit haben, in dem Düngerhaufen herumzuwühlen oder die Dunglöcher von Aborten aufzusuchen und so Eier von *Taenia solium* aufzunehmen, sei es dafs sie auf die Weide getrieben werden und hier Gelegenheit finden, die mit dem Dünger auf die Felder geführten Bandwurmeier mit der Nahrung aufzunehmen. Auch bei sonst unrein gehaltenen Schweinen, namentlich solchen, deren Stallungen in unmittelbarer Nähe von Aborten liegen, finden sich die genannten Parasiten nicht selten. Die Ansicht, dafs die Finnenkrankheit erblich sei, ist unrichtig. Die Finne geht mit dem Tiere, das sie bewohnt, zu Grunde, wenn nicht auf die oben angegebene Weise durch den Genufs finnenhaltigen Fleisches zu ihrer weiteren Umbildung Veranlassung gegeben wird.

Von den Finnen wird der Kopf mit den Saugnäpfen und dem Hakenkranze dauernd präpariert. Man schneidet zu diesem Zwecke das Tier aus dem Muskelfleische vorsichtig heraus. Da der den Hakenkranz tragende Kopf in der Regel in das Innere der Blase eingestülpt sein wird, hat man letztere aufzuschneiden oder — falls sich bereits eine kalkige Inkrustation um dieselbe gebildet haben sollte, was nicht selten bei älteren Schweinen vorkommt — zu zerdrücken und die Flüssigkeit sowie die Blasenmembran zu entfernen. Eine vorläufige Betrachtung unter dem Mikroskope gibt über die Lage der Saugnäpfe und des Hakenkranzes Aufschlufs und läfst erkennen, ob die Membran genügend entfernt ist. Der Kopf kann sodann gefärbt oder ungefärbt in verdünntes Glycerin gelegt und in diesem, oder besser in Glyceringelatine, dauernd eingeschlossen werden. Als Tinktionsmittel verwendet man mit Vorteil Pikrokarmin, wodurch an den Saugnäpfen eine zarte Doppelfärbung eintritt. Sollte die Beseitigung der Blasenwand nicht gelingen, so legt man das Präparat kurze Zeit in reines Glycerin und schliefst es sodann, nachdem eine gründliche Durchtränkung mit der Einschlufsmasse erfolgt ist, in Glyceringelatine ein. Nach dem Aufsetzen des Deckglases bringt man das noch warme Präparat unter das Mikroskop und sucht, während man dasselbe betrachtet, durch Aufdrücken mit einem Skalpell den Hakenkranz von der Blase frei zu machen. was in der Regel ganz gut gelingen wird. Schliefslich kommt das Präparat auf etwa eine halbe Stunde unter den Presser. Zarte Behandlung ist übrigens dringend geboten, da sich sonst die einzelnen Haken leicht aus ihrem gemeinsamen Verbande loslösen. Aus diesem Grunde ist auch jede Behandlung mit Eisessig oder Ätzkalilauge zu unterlassen.

Um den Kopf von *Taenia solium* zu präparieren trennt man ihn vom Halse ab und legt ihn einige Male wechselweise in Ätzkalilauge und destilliertes Wasser bis der gewünschte Grad von Aufhellung erreicht ist. Da man es hier mit einer weit kräftigeren Muskulatur als bei der Finne zu thun hat, so wird der Hakenkranz hierdurch in keiner Weise alteriert; die Behandlung in Eisessig ist jedoch auch hier ausgeschlossen. Vor der weiteren Behandlung überzeugt man sich von der zweckmäfsigen Lage des Hakenkranzes und hilft nötigenfalls mit einem steifen Pinsel durch Betupfen entsprechend nach. Nach gründlichem Auswaschen wird der Kopf in absoluten Alkohol gelegt und später in Kanadabalsam eingeschlossen. Eine weitere Aufhellung wird in den meisten Fällen nicht angezeigt sein; wünscht man dieselbe gleichwohl, so bringt man das Präparat vor dem Einschlusse auf kurze Zeit in Nelkenöl.

Will man die stammartigen Verzweigungen der Eierbehälter und die Eier eines reifen Bandwurmgliedes zur Anschauung bringen, so erreicht man dieses sehr gut durch passende Längs- und Querschnitte. Die Proglottide mufs zu diesem Zwecke zuvor erhärtet werden, was in der Müllerschen Flüssigkeit oder in Chromsäure geschehen kann. In ersterer wird bei täglicher Erneuerung der Flüssigkeit der erforderliche Härtegrad in 8 bis 10 Tagen, in letzterer ohne Wechsel der Flüssigkeit in etwa halb so langer Zeit erreicht sein. Zum Zwecke des Schneidens schmilzt man das Objekt am besten in Paraffin ein, wobei aber auf schnittgerechte Lage besonders zu achten ist, da aufserdem namentlich die Längsschnitte, welche die baumartigen Verzweigungen der Eierbehälter deutlich zeigen sollen, nicht gut gelingen. Nach dem Schneiden kommen die Schnitte in absoluten Alkohol und hierauf zur Aufhellung auf kurze Zeit in Nelkenöl. Der Einschlufs erfolgt in Kanadabalsam. Eine vorhergehende Tinktion ist nicht gerade notwendig, doch liefert die Färbung mit Pikrokarmin besonders hübsche rot und gelb, die Färbung mit Hämatoxylin und Eosin schöne rot und blau gefärbte Präparate.

In ganz gleicher Weise lassen sich auch die Köpfe und Hakenkränze anderer Blasenwürmer wie *Echinococcus hominis*, *Ech. veterinorum* und *Coenurus cerebralis* sowie die Köpfe der hiezu gehörigen Bandwürmer präparieren.

Trichinose. Kein Eingeweidewurm hat seit dem Jahre 1860 so viel von sich reden gemacht, als der gefährlichste aller, die Trichine *(Trichina spiralis)*. Auch dieses Tier lebt gleich der Finne, wenn auch nicht ausschliefslich, im Schweine. Während aber die Finne wegen ihrer Gröfse schon mit unbewaffnetem Auge im Muskelfleische des Schweines wahrgenommen, und der Genufs des damit behafteten Fleisches daher vermieden werden kann, ist das Gleiche bei der Trichine nicht der Fall. Die Einwanderung derselben in den menschlichen Körper ist daher weit gefahrdrohender, zumal sie mit dem Schweinefleisch genossen eine sehr schmerzhafte, ja sogar tötliche Krankheit bei dem Menschen hervorrufen kann.

Die Trichine wurde als Muskeltrichine bereits im Jahre 1832 von dem englischen Arzte Hilton in dem Muskelfleische einer Leiche als kleine weifsliche Körperchen entdeckt und im Jahre 1835 von Owen als ein Wurm mit spiralförmiger Aufrollung erkannt und beschrieben. Später wurden dann auch in dem Muskelfleische der Schweine Trichinen gefunden, aber die Gefährlichkeit, welche dieser Wurm für den Menschen hat, erst im Jahre 1860 durch einen Krankheitsfall im Stadtkrankenhause zu Dresden, der mit dem Tode endigte, festgestellt. Seit dieser Zeit hat man diesem heimtückischen Feinde ein besonderes Augenmerk zugewendet und wurde insbesondere seine Lebensweise sorgfältig erforscht.

Die Trichinen sind kleine, mit unbewaffnetem Auge schwer oder gar nicht sichtbare Fadenwürmer, welche als sog. Muskeltrichinen im Muskelfleische mehrer Tiere, insbesondere des Schweines vorkommen.

Die Muskeltrichine umgibt sich, ebenso wie der Blasenwurm mit einer Blase oder Kapsel, die, wenn die Tiere längere Zeit in dem Muskelfleische des Wirtes verweilt haben, allmählich mit einer kalkigen Masse sich inkrustiert, und erscheint im Muskelfleische als ein weifsliches Knötchen, das mit unbewaffnetem Auge nur wahrgenommen werden kann, wenn die Verkalkung vollständig stattgefunden hat und die Tiere sich in erheblicher Anzahl bei einander finden. In nebenstehender Fig. 52, ein Stückchen infiziertes Muskelfleisch eines Schweines darstellend, bezeichnen die weifsen Pünktchen die verkalkten Muskeltrichinen vielleicht etwas deutlicher, als dies in der Wirklichkeit der Fall ist. Beobachtet man diese Pünktchen unser dem Mikroskope, so erscheinen dieselben als rundliche oder spiralförmige Körper, in welchen ein spiralförmig aufgerolltes oder bretzelartig verschlungenes, feines, haarförmiges Würmchen sich befindet, wie dies Fig. 55 in stark vergröfsertem Mafsstabe darstellt; man hat also den Wurm mit der ihn umgebenden Kapsel vor sich. Bringt man einen Tropfen irgend einer verdünnten Säure (auch gewöhnlicher Essig reicht hierzu aus) auf die Kapsel, so sieht man wie allmählich die Kalkhülle verschwindet und der darin eingeschlossene Wurm (die Muskeltrichine) zum Vorschein kommt.

Fig. 52. Verkalkte Muskeltrichinen im Schweinefleisch. Natürliche Gröfse.

Wird nun solches, von Muskeltrichinen besetztes Fleisch gegessen, ohne durch gründliches Sieden, Kochen oder Braten diese Tiere zuvor getötet zu haben, so wird zunächst durch die wie eine Säure wirkenden Verdauungssäfte im Magen und Dünndarm die Hülle der Kapsel aufgelöst und verdaut und die darin eingeschlossene ruhende, aber nicht tote Trichine frei. Die frei gewordenen Trichinen, nun Darmtrichinen genannt, ernähren sich von dem Chylus des Menschen, wachsen schnell heran, so dafs sie schon in wenigen Tagen vollständig ausgewachsen sind, und bilden sich zugleich zu geschlechtsreifen Tieren aus. Sie erscheinen in diesem Zustande, wie Fig. 53 in starker Vergröfserung darstellt, als überaus feine fadenförmige Würmchen von 1,5 bis 3 mm Länge und sind getrennten Geschlechtes, und zwar ist das männliche Tier bedeutend kleiner als das weibliche.

Nach stattgefundener Befruchtung gebären die weiblichen Tiere lebendige Junge (Fig 53 *b*) und zwar 1000 bis 2000 Stück. Schon 5 bis 8 Tage nach der Einwanderung der Tiere in den Darmkanal des Menschen findet diese Vermehrung in kurzen Zwischenräumen statt, die in Bezug auf die Anzahl der geborenen Jungen von der Zahl der in den Magen gelangten Muskeltrichinen abhängt und unter Umständen an das Unglaubliche grenzen kann. Nach vorgenommenen Zählungen können in 20 g Fleisch (der zehnte Teil einer normalen Fleischportion) bis zu 20000 Stück Muskeltrichinen enthalten sein, von denen sich etwa $^9/_{10}$ zu Weibchen ausbilden. Durch ein solches Stückchen Fleisch können, einen mittleren Durchschnitt der Vermehrung angenommen, 10 Millionen junger Trichinen in den menschlichen Körper gebracht werden, eine Zahl, welche unschwer begreifen läſst, daſs diese Tiere den befallenen Körper zu Grunde zu richten im stande sind.

Fig. 53.
a männliche, *b* weibliche Darmtrichine.

Die Darmtrichinen sterben kurze Zeit nach stattgefundener Vermehrung ab und werden neben einem kleinen Teile junger Tiere mit den Exkrementen entleert. Die jungen Würmchen, welche bei ihrer Geburt eine Länge von etwa 0,1 mm haben, bewegen sich lebhaft an den Darmwänden und bohren sich mit dem Kopfe in dieselben ein; dies ist der Grund, weshalb bei den Entleerungen verhältnismäſsig nur wenige derselben mitgenommen werden. Alsbald treten nun die jungen Trichinen eine Wanderung in dem Körper an. Zu diesem Zwecke durchbohren sie die Darmwände und gelangen in die Bauchhöhle, woselbst sie einige Tage verweilen. Von hier aus dringen sie nach allen Richtungen des Körpers neben den Blutgefäfsen und Nerven bis in die Muskeln vor, in denen die zuerst geborenen Jungen schon etwa nach 10 Tagen, vom Zeitpunkte des Genusses trichinenhaltigen Fleisches an gerechnet, gefunden werden. In die Blutgefäfse scheinen sie nur ausnahmsweise zu gelangen, um von dem Blutstrome in entferntere Körperteile fortgetragen zu werden. Ihr Weg ist vielmehr vornehmlich ein freiwilliger in dem sog. Bindegewebe, welches die Muskeln umkleidet und durchsetzt. Je reicher die Muskeln vom Bindegewebe umgeben sind, desto gröfser ist die Anzahl der einwandernden Trichinen. Die Annahme, dafs die Bewegung der Muskeln selbst zum Vorwärtskommen der wandernden Tiere beiträgt, hat ihre volle Berechtigung. Die junge Brut wächst bis zur Ankunft in der Muskelmasse nur wenig; sobald jedoch die Einwanderung in die einzelnen Fleischfasern stattgefunden hat, schreitet das Wachstum rasch vorwärts. Haben die Tiere eine Länge von etwa 0,5 mm erreicht, so beginnen sie sich in Schraubenwindungen oder bretzelartig zusammenzurollen. Während des Einrollens zeigen die Muskelfasern leichte Entzündungserscheinungen, die Hülle derselben verdickt sich, die Muskelkörperchen selbst vergröfsern sich, zwischen ihnen lagert sich eine derbere Substanz ab, und so entsteht nach und nach um das Tier herum eine festere und dichtere Masse, eine Kapsel. Drei Wochen nach der Ankunft in der Muskelfaser ist das Wachstum der Tiere vollendet und das vollständige Einrollen abgeschlossen. Fig. 54 zeigt uns ausgewachsene Muskeltrichinen im Zustande des Einrollens stark vergröfsert.

Die Muskeln, in welchen erfahrungsgemäfs die meisten Trichinen angetroffen werden, sind: das Zwerchfell, dessen beiden Pfeiler damit am stärksten erfüllt sind, die Kaumuskeln, die Kehlkopf- und Augenmuskeln, die Zwischenrippen- und Halsmuskeln, sowie jene der Vorderarme und Schenkel. In allen Muskeln ist dann wieder die gröfsere Zahl der Trichinen dort zu finden, wo vom Muskelbauche aus die Sehnenfasern des Muskelanfangs und Muskelendes beginnen, woselbst also die Wanderung der Tiere nicht mehr weiter fortgesetzt werden kann.

Unter dem Mikroskope betrachtet zeigt sich die werdende Kapsel als gelb gefärbte Stelle, in deren Mitte man bei sorg-

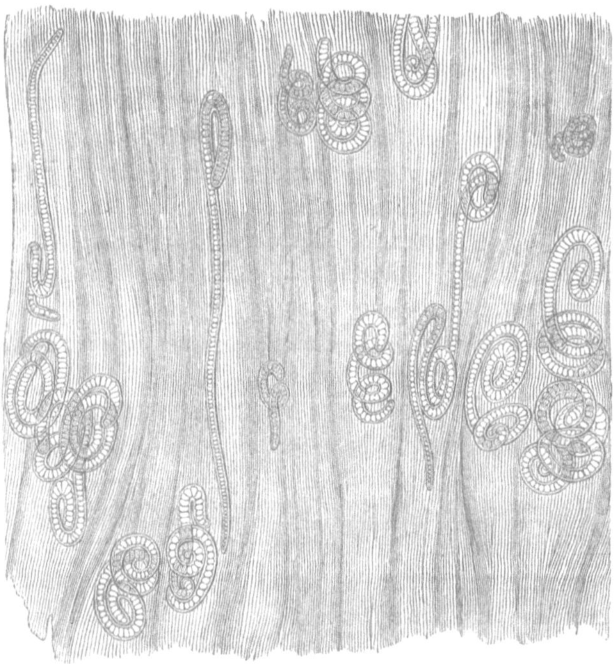

Fig. 54.

Ausgewachsene Muskeltrichinen im Zustande des Einrollens. (Stark vergröfsert.)

fältiger Einstellung die Trichine gewöhnlich zusammengerollt bemerken wird. Bei fortschreitender Einkapselung nimmt die Dicke der Kapsel immer mehr und mehr zu, und zwar verdichtet sich besonders der Inhalt, weniger die Hülle, so dafs die Trichine jetzt nur mehr undeutlich, vielleicht gar nicht mehr, wahrgenommen werden kann. Der mittlere Teil der Kapsel, also die Stelle, an welcher das zusammengerollte Tier liegt, erscheint bei mäfsiger Vergröfserung wie eine helle, kugelige oder eiförmige Masse. An den, dem Verlaufe der Muskelfasern entsprechenden Enden finden sich in der Regel zwei Anhänge, welche bei durchgehendem Lichte dunkel, bei auffallendem Lichte weifslich erscheinen und sich allmählich verdünnen, um mit einem abgerundeten oder abgestumpften Ende aufzuhören. Häufig haben sie die gröfste Ähnlichkeit in der Form mit dem Ausschnitte des inneren Augenwinkels (Fig. 55 *a* und *b*). Diese Anhänge sind von verschiedener Länge und nicht selten auch an einer und derselben Kapsel ungleich. Bisweilen fehlen sie ganz, und die Kapsel bildet in diesem Falle ein einfaches Oval, oder sie ist an den Enden abgestumpft oder selbst eingedrückt.

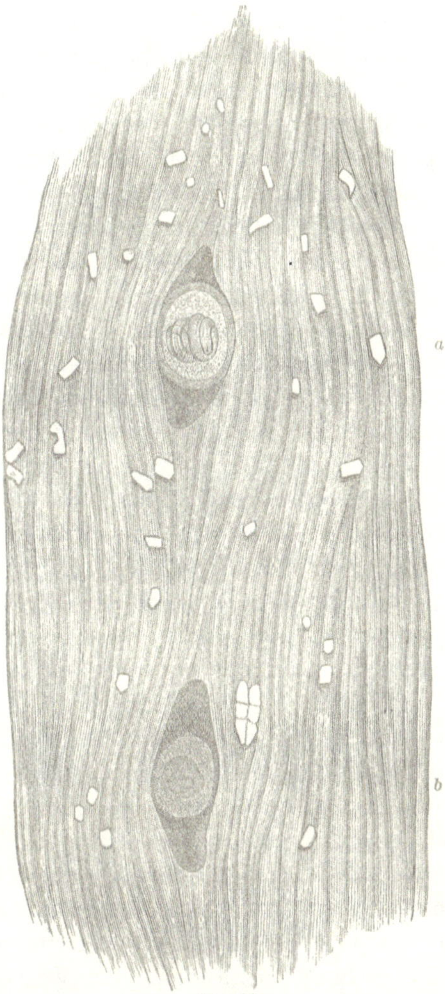

Fig. 55.
Eingekapselte Muskeltrichinen. (Stark vergröfsert.)

Über diesen Umwandlungen vergehen 2 bis 3 Monate. Das eingerollte Tier bleibt bewegungslos in der Kapsel liegen, behält aber eine Reihe von Jahren seine Lebensfähigkeit bis es endlich mit dem verzehrten Fleische des Wirtes in den Magen und Darm des Menschen gelangt.

Längere Zeit nach der Einwanderung erfolgen weitere Veränderungen an den Kapseln. Die gewöhnlichste ist die, dafs sich Kalksalze auf denselben ablagern oder wie man auch sagt, dafs die Kapseln verkalken oder verkreiden. Fig. 55 zeigt zwei Exemplare solcher veränderter Kapseln. Bei *a* ist die Kapsel lediglich verdickt, das eingeschlossene Tier also noch teilweise sichtbar. Bei *b* dagegen ist eine durch abgelagerte Kalksalze undurchsichtig gewordene Kapsel dargestellt. Die Ablagerung der Kalkmasse kann so stark werden, dafs die Trichine in der Kalkschale eingeschlossen ist wie in einem Vogelei.

Wie lange die Trichine in diesem abgeschlossenen Zustande der Einkapselung verharren kann, ohne die Fähigkeit zu verlieren, in einen passenden Darmkanal versetzt, sich fortzupflanzen, ist nicht genau bekannt. Jedenfalls behält das Tier diese Fähigkeit Jahre lang, vielleicht Jahrzehnte lang. Menschen und Tiere, welche die stürmische und schmerzhafte Krankheit, von der eine Masseneinwanderung der Trichinen stets begleitet ist, glücklich überstanden haben, und bei denen die zerstörten Muskelfasern durch Neubildungen ersetzt sind, haben von diesen gefährlichen Gästen, die nunmehr in einen Zustand vollkommener Ruhe gelangt sind, keine weiteren Unbilden zu erdulden. Wird aber das mit eingekapselten Muskeltrichinen besetzte Fleisch von dem Menschen oder einem Tiere wie: Schwein, Ratte, Maus, Hamster, Marder, Iltis, Igel, Fuchs, Hund, Katze und anderen genossen, so erlangen die Trichinen in dem Darme des Verzehrers ihre Geschlechtsreife und erzeugen, wie schon erwähnt, nach kurzer Zeit junge Darmtrichinen. Soll also die Muskeltrichine zur Geschlechtsreife gelangen, so ist die Versetzung derselben in den Darmkanal des Menschen oder gewisser Tiere notwendig.

Zur Untersuchung auf Trichinen wählt man rotes Muskelfleisch von den oben genannten Muskeln, in welchen diese Tiere besonders häufig vorkommen. Bei den amtlichen

Untersuchungen des Fleisches auf Trichinen sind von dem betreffenden Schlächter die beiden Augen und die Unterkiefermuskeln an den Fleischbeschauer abzuliefern. Will man durch eine mikroskopische Untersuchung die Überzeugung gewinnen, dafs das Fleisch eines Schweines frei von Trichinen und daher zum Genusse tauglich ist, so mufs man von jedem der vorgenannten Körperteile drei bis vier Präparate anfertigen, die man unter dem Mikroskope durchmustert. Je dünner man dabei die Muskelpartie nimmt und je flacher dieselbe ausgebreitet wird, desto rascher gelangt man zum Ziele und desto sicherer fällt das Urteil im verneinenden Falle aus. Am besten ist es, man nimmt ein Stückchen des Muskels, legt es in Glycerin und sucht es in demselben mit Präpariernadeln möglichst fein zu zerfasern. Hierauf bringt man das Präparat mit einem Tropfen Glycerin auf einen Objektträger, breitet auf demselben die Muskelpartie sorgfältig aus, legt einen zweiten Objektträger darauf und prefst beide mit den Händen fest aufeinander. Hierauf durchsucht man das Präparat bei etwa 50- bis 70facher Vergröfserung, indem man dasselbe langsam von einer Seite zur andern so oft durch das ganze Gesichtsfeld führt, bis alle Teile gründlich durchgemustert sind.

Hat man altes Fleisch, Cervelatwurst, Schinken oder ähnliche Fleischwaren zu untersuchen, so thut man am besten, mit einem Rasiermesser möglichst dünne Scheibchen loszutrennen, diese mit Ätzkalilauge zu befeuchten und mit einem starken Deckglase oder Objektträger bedeckt zur Untersuchung zu bringen. Die Lauge wird in der Regel binnen wenigen Minuten die Objekte hinlänglich durchsichtig gemacht haben, wenn nicht, so läfst man die Lauge noch längere Zeit einwirken. Schinken mufs überdies vor Anwendung der Lauge einige Zeit lang in lauwarmem Wasser aufgeweicht werden. Möglichst feine Schnitte, gründliches Auseinanderfasern, und zweckmäfsiger Druck beschleunigen die Arbeit. Die Objektivvergröfserung soll bei allen Untersuchungen nicht höher gewählt werden als zum deutlichen Erkennen der Tiere unbedingt notwendig ist, da ein möglichst grofses Gesichtsfeld die Untersuchung wesentlich erleichtert. Zeigen sich die Trichinen stark verkalkt, so bringt man statt der Ätzkalilauge einen Tropfen verdünnte Essigsäure (Eisessig) auf das Objekt, worauf nach kurzer Zeit die Kalksubstanz gelöst sein wird, so dafs das eingeschlossene Tier auch von dem Laien mit absoluter Sicherheit erkannt zu werden vermag.

Um vor Täuschungen sicher zu sein, bemerke ich, dafs im Schweinefleisch häufig Körper vorkommen, welche — weil sie zum Teil Trichinenkapseln ähnlich sehen — den Unkundigen irreleiten können. Zwischen den Fleischfasern finden sich nämlich häufig Reihen und Gruppen von **Fettbläschen** eingelagert, die auch oft um die Trichinenkapseln herumliegen. Wer sie einmal gesehen hat und sich dabei an das über das Aussehen von Fett- und Ölkörperchen Seite 12 Gesagte erinnert, wird sie leicht wieder erkennen und sich durch dieselben eben so wenig irreführen lassen, als durch etwaige Luftblasen, welche als dunkel kontourierte Kugeln erscheinen, oder durch mit Luft gefüllte Spalten, welche gleichfalls dunkel umsäumt erscheinen. Anders verhält es sich allerdings mit den sog. Rainey'schen Schläuchen oder Körperchen (*Psorospermien*), langgestreckten, seltener ovalen, mit einem körnigen Inhalte erfüllten Schläuchen, welche oft die Form verkalkter Trichinenkapseln annehmen, hinsichtlich ihrer Entstehung und Bedeutung aber noch unerforscht sind. Ein Befeuchten mit Essigsäure wird, wenn wir es mit einer Trichinenkapsel zu thun haben, stets die Kapselwand auflösen und das Tier freilegen, während die Rainey'schen Schläuche nach wie vor ihren körnigen Inhalt zeigen werden.

Bei der Siedehitze werden die Trichinen absolut sicher getötet. Siedehitze wird folglich die beste Vorsichtsmafsregel sein, um sich vor der Ansteckung durch diese Tiere zu schützen. Aber freilich mufs auch die Siedehitze alle Teile des betreffenden Fleischstückes, auch die innersten, erreichen, soll das Kochen, Dünsten oder Braten völlige Sicherheit gewähren. Das ist aber keineswegs so schnell erreicht, als man gewöhnlich glaubt. Willkomm führt als Thatsache auf, dafs ein vier Pfund schweres Stück Schweinefleisch, welches $1^1/_2$ Stunden lang lebhaft gekocht worden war, im Innern erst eine Temperatur von 52° R. angenommen hatte, eine Temperatur, bei welcher es immerhin möglich ist, dafs die ihr ausgesetzt gewesenen Trichinen lebend geblieben sind. Deshalb müssen Cervelat-, Brat- und Knackwürste, welche nur schwach geräuchert sind, sowie nur flüchtig gebratene Speisen aus Schweinefleisch, namentlich Fleischklöfse, als bedenklich bezeichnet werden, weil alle diese Speisen im Innern noch mehr oder weniger roh sind.

Will man Dauerpräparate von Muskeltrichinen herstellen und kommt es dabei nicht auf besondere Eleganz der betreffenden Präparate an, so kann folgendes einfache Verfahren eingeschlagen werden. Man schneidet aus frischem oder in Wickersheimer'scher Flüssigkeit aufbewahrtem trichinenhaltigen Fleische mit dem Rasiermesser, der Richtung der Muskelfasern folgend, dünne Scheibchen ab, zerfasert dieselben mit Präpariernadeln leicht und hellt dieselben in Ätzkali oder Essigsäure auf. Nach wiederholtem sorgfältigem Auswaschen werden dieselben sodann in Glycerin gelegt und in dieser Flüssigkeit oder in Glyceringelatine auf die bekannte Art dauernd eingeschlossen. Will man die verkalkten Trichinen mit ihrer Kalkhülle zur Anschauung bringen, so darf Essigsäure aus dem oben angeführten Grunde nicht als Aufhellungsflüssigkeit verwendet werden.

Weit schönere und instruktivere Präparate erhält man dagegen durch folgendes Verfahren. Trichinenhaltiges Fleisch wird in Müller'scher Flüssigkeit unter öfterem Erneuern derselben 8 bis 10 Tage lang erhärtet, worauf das Objekt zum Zwecke des Schneidens in Paraffin eingeschmolzen wird. Hierbei ist besonders darauf zu achten, dafs der erhärtete Muskel eine solche Lage erhält, dafs die später herzustellenden Schnitte bequem parallel zu den Muskelfasern ausgeführt werden können. Die Schnitte werden nun auf kurze Zeit in Alkohol und dann behufs Tinktion zuerst in Wasser und sodann in die Färbeflüssigkeit gelegt. Hierzu verwendet man eine konzentrierte Lösung von Pikrokarmin, welches man in kaltem Zustande eine halbe bis ganze Stunde lang auf das Objekt einwirken läfst. Hierbei zeigen namentlich die Muskeln eine deutlich hervortretende gelbe Querstreifung, während die Trichinen, soferne sie noch nicht verkalkt sind, schön rot gefärbt erscheinen. Bei verkalkten Trichinen mufs nach dem Schneiden die Kalkhülle zuvor auf die bekannte Weise entfernt werden. Auch Doppeltinktionen mit Anilinfarben liefern meist sehr anschauliche Bilder.

Will man geschlechtsreife Darmtrichinen erhalten, so bleibt nichts anderes übrig, als eine Maus oder Ratte, die häufig in der Gefangenschaft gehaltenen weifsen Mäuse oder Ratten eignen sich hierzu ganz gut, mit trichinenhaltigem Fleische zu infizieren. 14 Tage bis 3 Wochen nach Einführung der Muskeltrichinen wird das Versuchstier getötet und der Darmkanal untersucht, der dann hinreichendes Material nebst jungen Muskeltrichinen liefern wird. Um den richtigen Zeitpunkt für die Tötung des Tieres zu treffen, ist es angezeigt, die Darmentleerungen des Tieres etwa von dem sechsten Tage an zu untersuchen, da dieselben von dieser Zeit an meist schon abgehende Darmtrichinen mit jungen Muskeltrichinen aufweisen und unter günstigen Umständen allein schon so reichliches Material liefern, dafs die Tötung des Versuchstieres unterbleiben kann. Das Tier selbst ist dann, vorausgesetzt, dafs es den Erkrankungsprozefs durchmacht, später ein ergiebiges Objekt für Muskeltrichinen. Als Einschlufsflüssigkeit empfiehlt sich stark verdünnter Holzessig. Eine Färbung derselben ist überflüssig.

Ein ganz zweckmäfsiges, von Prof. Johne in Dresden speziell als Trichinenmikroskop empfohlenes Instrument, das übrigens auch ganz gut als Hilfsstativ für das Laboratorium, sowie für technische Zwecke verwendet werden kann, ist in Fig. 56 abgebildet. Dasselbe wird von der Firma C. Zeiss in Jena hergestellt, besitzt eine sehr solide Konstruktion und gestattet noch bequem den Gebrauch mittelstarker Objektive.

Trichinenmikroskop von Zeiss.

Fig. 56.

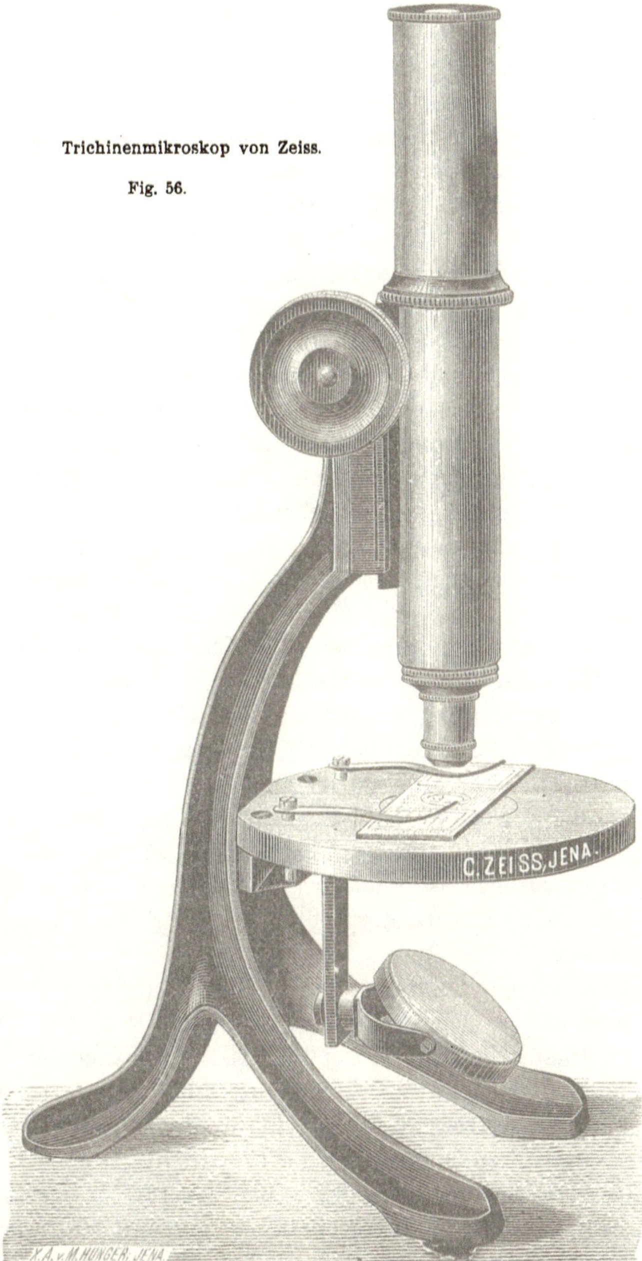

IX. Konservierung der Bakterien.

Die kleinsten und zugleich die allereinfachsten und niedrigst organisierten pflanzlichen Lebewesen nennen wir Bakterien (Stäbchen, nach einer häufig auftretenden Form ihres vegetativen Zustandes) oder Schizomyceten (Spaltpilze, nach der Art ihrer vegetativen Vermehrung). Ist es nun schon an und für sich wichtig, diese kleinsten und einfachsten Lebewesen näher kennen zu lernen — wozu allerdings ein gutes Mikroskop mit stark vergröfsernden Linsensystemen und zweckmäfsiger Beleuchtung erforderlich ist — so steigert sich unser Interesse an denselben durch die Erkenntnis, dafs gerade diese kleinsten Wesen von der allergröfsten Bedeutung im Haushalte der Natur sind, dafs sie mit unsichtbarer aber unwiderstehlicher Gewalt die wichtigsten Vorgänge der lebenden und leblosen Natur beherrschen und beeinflussen und selbst in das Dasein des Menschen zugleich geheimnis- und verhängnisvoll eingreifen.

Alle Spaltpilze entbehren des Chlorophylles, sie sind daher als echte Pilze auf bereits vorgebildete organische Substanz als Nahrung angewiesen. Gewisse Spaltpilze sind vorzugsweise oder ausschliefslich auf tote Organismen oder auf unorganisierte Körper in Gestalt von Lösungen oder Infusionen angewiesen, man pflegt sie mit dem Namen Saprophyten zu bezeichnen; andere suchen sich ihre Nahrung vorzugsweise oder ausschliefslich auf und in lebenden Tier- oder Pflanzenkörpern, man pflegt sie Parasiten zu nennen.

Als Saprophyten treten die Spaltpilze auf in stehenden und auch fliefsenden Gewässern, die einen gewissen Reichtum an organischen Substanzen aufweisen, in Jauchetümpeln, an deren Oberfläche sie Kahmhäute bilden, in Kloacken, Brunnen, Wasserreservoiren und Röhren der Wasserleitungen, in Drainageröhren u. s. w., wo sie bei einem gewissen Eisengehalte des Wassers ockergelbe bis braune, in gröfseren Massen schlammbildende Verunreinigungen darstellen; ferner in vegetabilischen oder animalischen Infusionen, so im

Heuaufgusse, in Kartoffel- und Fleischaufgüssen, desgleichen in Infusionen fleischiger Wurzeln und stickstoffreicher Samen (Rüben, Bohnen, Erbsen). Sie siedeln sich in unseren Getränken (Milch, Bier, Wein) an, wenn diese einige Zeit der Luft ausgesetzt werden, und rufen in ihnen Trübungen hervor. Unsere Speisen (Gemüse, Fleisch, Eier, Konserven) müssen besonders geschützt werden, wenn sie nicht durch Spaltpilze verdorben werden sollen. Besonders reich an Spaltpilzen sind auch die Exkremente der Tiere. In animalischen und vegetabilischen Leichen entwickeln sich diese Organismen in gröfster Massenhaftigkeit. Auch in den, organische Reste enthaltenden Bodenschichten, sobald sich diese in hinreichend durchfeuchtetem Zustande befinden oder überflutet wurden, siedeln sich Spaltpilze an und zwar um so reichlicher, je mehr der Boden mit organischen Stoffen verunreinigt ist.

Als Parasiten treten die Spaltpilze sowohl im menschlichen und tierischen als auch im pflanzlichen Körper auf. In den Organen der Menschen und Tiere rufen sie meist schnelle Zersetzungen und damit die gefährlichsten Infektionskrankheiten (Diphtheritis, Pocken, Rückfallstyphus, Blutvergiftung, Tuberkulose, Haut- und Geschlechtskrankheiten, Milzbrand u. s. w.) hervor. Sie werden von Körper zu Körper getragen, besitzen also den Charakter von Kontagien. Aber auch in vollkommen gesunden Organen findet man Spaltpilze. Es wird durch dieselben in den betreffenden Organen keine Zersetzung hervorgerufen, so lange die normalen chemischen und physikalischen Vorgänge in den Zellen sich abwickeln und dadurch die übergrofse Vermehrung der Spaltpilze verhindern. Nur da, wo der Widerstand der tierischen Zelle zu schwach wird, tritt starke Vermehrung der Spaltpilze und damit Zersetzung ein.

So lange die oben genannten festen und flüssigen Substrate befeuchtet oder vor dem Austrocknen geschützt sind, bleiben die Spaltpilze ihnen anhaften. Sobald jedoch eine Austrocknung des Substrates eintritt, werden die Spaltpilze durch die Luftströmungen in die Atmosphäre geführt, von wo aus sie sich bei Windstille wieder herabsenken oder durch atmosphärische Niederschläge niedergeführt werden.

Die Spaltpilze gelangen auch bei der Atmung, sowie mit Speisen und Getränken in das menschliche und tierische Atmungs- und Verdauungssystem, oft in grofsen Mengen, wie z. B. beim Genusse von altem Käse, saurer Milch, Sauerkraut etc. Im gesunden Magen kommen sie jedoch infolge des Säuregehaltes desselben gar nicht oder nur schwach zur Entwicklung und werden schliefslich mit den Exkrementen wieder ausgestofsen. — Übrigens soll hier ausdrücklich hervorgehoben werden, dafs die Spaltpilze, wie überhaupt alle Pflanzen, nur da entstehen können, wo ihre Keime, seien es vegetative, seien es Dauerzustände (Sporen) vorhanden sind.

Cohn hat die Formen, in denen die vegetativen Zustände der Spaltpilze auftreten, als Grundlage einer Klassifikation derselben gewählt und demnach sechs Gattungen von Spaltpilzen unterschieden.

1. *Micrococcus,* die kugeligen und eirunden,
2. *Bacterium,* die kurzen Stäbchen,
3. *Bacillus,* die geraden Fäden,
4. *Vibrio,* die wellig gelockten Fäden,
5. *Spirillum,* die kurzen steifen Schrauben,
6. *Spirochaete,* die langen biegsamen Spiralen.

Diese Benennungen stützten sich auf die Voraussetzung, dafs einer bestimmten Spaltpilzspezies im vegetativen Zustande auch eine bestimmte, unter allen Umständen sich gleich bleibende Form entspricht. Diese Vorraussetzung war jedoch irrig; man weifs jetzt, dafs die Spaltpilze mit wenig Ausnahmen befähigt sind, verschiedene der oben genannten Vegetationsformen anzunehmen und die jeweils auftretende Spaltpilzform im allgemeinen abhängig ist von der Verschiedenheit der Nährmedien und der Temperatur. Durch diese Erkenntnis hat die Cohn'sche Einteilung an Bedeutung verloren, gleichwohl werden die bezüglichen Namen zur Bezeichnung des Formenkreises nach wie vor beibehalten.

Die vegetative Vermehrung der Spaltpilze erfolgt durch Zweiteilung der Zellen. Vor Eintritt dieses Prozesses streckt sich die Zelle etwas in die Länge und inseriert eine Querwand, die sich in zwei Lamellen spaltet, welch letztere sich gegen einander abrunden und schliefslich von einander trennen. Die neuere Spaltpilzforschung hat jedoch festgestellt, dafs diese Organismen aufser dieser vegetativen Vermehrung durch Teilung auch noch eine Fortpflanzung mittels besonderer Organe (Dauerzellen, Sporen, Dauersporen) besitzen, welche den Dauersporen der übrigen niederen Pilze morphologisch und physiologisch im wesentlichen gleich sind. Gewöhnlich bilden die Spaltzellen nur je eine, selten zwei oder mehrere Dauersporen, deren Keimfähigkeit unmittelbar nach erlangter Reife eintritt.

Die Spaltpilzzellen sind stets mit einer Membran umkleidet, die teils aus Cellulose, teils aber auch aus einer eigentümlichen, eiweifshaltigen Substanz besteht, die den Namen *Mycoproteïn* erhalten hat. Die Membran kann sich bei vielen Spaltpilzen verdicken, diese Verdickungen sind immer allseitig und zeigen eine starke Neigung zur Vergallertung. Die gelbe, grüne, rote, blaue etc. Färbung gewisser Spaltpilzzellen hat ihren Sitz in der Zellmembran, neben dieser Membranfärbung besitzen manche Spaltpilze auch im Innern der Zelle gelöste Pigmente. Alle Spaltpilzformen, mit Ausnahme der langfadigen, sind unter gewissen Ernährungsbedingungen mit *Cilien* oder Geifseln ausgerüstet, welche als Bewegungsorgane dienen und stets eine polare Stellung einnehmen. Die Geifselzahl beträgt im Minimum 1, im Maximum 4 bis 6.

Um Spaltpilze rein zu erhalten, hat man dieselben in geeigneten Züchtungsgefäfsen in Nährlösungen zu bringen. Als solche Nährlösungen verwendet man in Gläschen eingeschmolzen Agar-Agar, Nährgelatine und Glycerinagar. Bezüglich der hierbei einzuschlagenden Methoden, sowie überhaupt hinsichtlich aller das Leben der Spaltpilze weiter berührenden Punkte verweise ich auf das vorzügliche Werkchen von Dr. Zopf »Die Spaltpilze« (Breslau bei

Trewendt) und bemerke noch, dafs frisch geimpfte und gut angewachsene Reinkulturen fast aller bekannten Spaltpilzspezien (195 Arten), sowie alle Apparate, Geräte, Chemikalien, Farbstoffe, Nährböden, Glas- und Porzellanwaren zum Züchten, Sterilisieren und Präparieren dieser Organismen in vorzüglichen Qualitäten von J. Klönne und G. Müller in Berlin (Luisenstrafse 49) zu beziehen sind.

Zur genauen Untersuchung der Bakterien sowie zur Herstellung von Dauerpräparaten dieser Organismen wendet man jetzt fast ausschliefslich das sog. Eintrocknungsverfahren an. Es besteht darin, dafs eine bakterienhaltige Flüssigkeit in sehr dünner Schichte auf einem Objektträger eingetrocknet wird. Man erreicht dadurch aufser der Fixierung zugleich eine Lagerung dieser Gebilde in einer Ebene. Diese Schichte wird später mit Wasser oder verdünnter Essigsäure wieder aufgeweicht, um die Bakterien in ihre ursprüngliche Form wieder zurückzuführen, worauf das Präparat gefärbt wird, um die Membranen und Querscheidewände, die aufserdem zu zart erscheinen, deutlicher zu machen und damit zugleich die Struktur (Gliederung in Stäbchen bzw. Coccen) hervortreten zu lassen.

Die einzelnen Teile dieses Verfahrens führt man nach Geheimrat Dr. Koch wie folgt aus. Man breitet zum Zwecke des Eintrocknens ein Tröpfchen der bakterienhaltigen Flüssigkeit in einer möglichst dünnen Schichte auf einem Objektträger aus, so dafs die Bakterien und die sonst noch in der Flüssigkeit schwebenden Körperchen sich nicht gegenseitig decken, sondern durch kleinere oder gröfsere Zwischenräume getrennt sind und läfst die Masse dann langsam eintrocknen. Am vorteilhaftesten erreicht man diesen Zweck, wenn man die ausgebreitete Masse mit einem reinen Deckglase bedeckt, so dafs die Spaltpilze sowohl auf dem Objektträger als auch auf dem Deckglase antrocknen, wodurch zwei Präparate zu gleicher Zeit erhalten werden. Um zu verhüten, dafs die gegenseitige Lage der Spaltpilzelemente eine Veränderung erleidet oder sich Schraubenformen modifizieren, wird das Eintrocknen ohne Anwendung künstlicher Wärme vorgenommen. Wässerige Lösungen sind in der Regel nach wenigen Minuten eingetrocknet; eiweifshaltige Flüssigkeiten, namentlich Blut, läfst man länger, unter Umständen einige Stunden lang eintrocknen. Bei vorsichtigem Eintrocknen wird die Gestalt und Gröfse der Bakterien fast gar nicht verändert, weil ihnen die zarte, gallertartige Hülle ihrer Membran genügenden Schutz gegen Einschrumpfen verleiht.

Der zweite Teil des Verfahrens besteht in dem Aufweichen der getrockneten Masse. Mit besonders gutem Erfolg verwendet man hierzu eine Lösung von essigsaurem Kali (ein Teil Salz in zwei Teilen Wasser), da hierdurch ein Erweichen und Aufquellen der Bakterien ohne Loslösung derselben von dem Objektträger erreicht wird, und gleichzeitig diese Organismen — mit Ausnahme der Schraubenform — ihre ursprüngliche Form wieder vollständig annehmen, wobei dieselben nur etwas blasser und durchsichtiger als zuvor erscheinen. Da die Bakterien in der Lösung des essigsauren Kali sich nicht weiter verändern, diese Flüssigkeit auch nicht bleichend auf die später als Tinktionsmittel zur Anwendung kommenden Anilinfarben einwirkt, so kann dieselbe auch mit Vorteil zum dauernden Einschlusse dieser Präparate verwendet werden.

Der dritte Teil des Verfahrens bezweckt die Färbung der Präparate. Man verwendet hierzu irgend eine der schon wiederholt genannten Anilinfarben, teils in wässerigen, teils in alkoholischen Lösungen; aber auch Hämatoxylin, Jod- und Pikrinschwefelsäure in starken Verdünnungen finden Anwendung. Die Bakterien nehmen die Anilinfärbung mit einer solchen Sicherheit, so schnell und so reichlich auf, dafs man diese Farben als Reagens zur Unterscheidung der Bakterien von krystallinischen und amorphen Niederschlägen, sowie auch von feinsten Fetttröpfchen und anderen kleinsten Körperchen benutzen kann. Aufserdem wirken die Anilinfarben in ihren wässerigen Lösungen ganz ähnlich wie das essigsaure Kali, indem sie die Bakterienschichte erweichen, ohne dieselbe vom Objektträger abzulösen. Koch empfiehlt unter den Anilinfarben besonders Methylviolett und Fuchsin, ich möchte diesen beiden noch das Eosin zur Seite stellen.

Man tingiert die Bakterien unmittelbar nach erfolgtem Aufweichen. Stark verdünnte wässerige Anilinlösungen, unter Umständen mehreremale hinter einander angewendet, wirken am besten. Da die Anilinfarben auf die Gallerthülle der Spaltpilze nicht tingierend wirken, so müssen die Präparate, wenn auch diese Hülle gefärbt werden soll, noch ganz kurze Zeit mit einer konzentrierten wässerigen Lösung von Hämatoxylin behandelt werden.

Ehe man die so gefärbten Präparate dem Trocknen überläſst, hat man sich unter dem Mikroskope zu überzeugen, ob die Färbung gelungen, und namentlich, ob nicht etwa bei dem zweiten Präparate der Untergrund des Deckglases, der bei dem fertig eingeschlossenen Präparate die oberste Schichte bildet, mitgefärbt ist. Wäre dieses der Fall, so müsste durch kurzes Eintauchen in Alkohol und rasches Ausspülen die Farbe wieder entfernt werden.

Um Spaltpilze in tierischen Geweben nachzuweisen, härtet man das bezügliche Material zunächst in Alkohol oder der Müllerschen Flüssigkeit, bettet in Paraffin ein und stellt dann Schnitte her, die man in der eben besprochenen Weise tingiert. Da es sich hier um das Erkennen winzig kleiner Körperchen handelt, so müssen die Schnitte äuſserst fein gemacht werden, was wohl nur recht geübten Praktikern ohne Benützung eines Mikrotomes gelingen dürfte.

Zum dauernden Einschluſs gefärbter Bakterien verwendet man Kanadabalsam oder eine konzentrierte Lösung von essigsaurem Kali.

Schlieſst man in Kanadabalsam ein, so läſst man die Präparate nach dem Entfernen der färbenden Flüssigkeit erst vollständig trocknen, bringt dann sehr dünnflüssigen, in Chloroform gelösten Balsam auf den Objektträger und setzt das Deckglas, wo möglich ohne jede künstliche Erwärmung auf. Solche Präparate bedürfen geraumer Zeit, bis der Balsam soweit erhärtet ist, daſs der Dauerverschluſs angebracht werden kann.

Wünscht man in essigsaurem Kali einzuschliefsen, so wird nach dem Färben die Tinktionsflüssigkeit entfernt und an deren Stelle ein Tropfen essigsauren Kalis gebracht, worauf das Deckglas aufgesetzt wird. Nach vollständigem Entfernen der überschüssigen Flüssigkeit wird das Deckglas provisorisch an mehreren Stellen mit Lack festgekittet, nach dessen Antrocknen die Dauerverschlüsse angelegt werden können.

Als erstes Untersuchungsobjekt empfiehlt sich **Bacterium termo.** Man kann sich dasselbe jederzeit sehr leicht verschaffen, indem man ein Stückchen rohes Fleisch in ein Schälchen legt, dasselbe mit Wasser übergiefst und 10 bis 12 Stunden an der Sonne oder in der Nähe eines warmen Ofens stehen läfst. Sobald sich ein opalisierendes Häutchen auf der Flüssigkeit gebildet hat, zeigt jeder Tropfen unter dem Mikroskope Millionen dieser winzigen, sich lebhaft bewegenden Stäbchen, an denen ohne besondere Schwierigkeiten sich die Kochsche Auftrocknungs- und Färbemethode vornehmen läfst.

Weitere bequem zu erlangende Bakterien sind, abgesehen von den pathogenen, die folgenden:

Bacterium subtile Ehrbg., der Heupilz oder das Heubakterium, findet sich überall auf den oberirdischen Teilen lebender und toter Pflanzen, namentlich auch auf dem Heu. In Infusionen von Heu entwickelt er sich sehr üppig und bildet an der Oberfläche derselben eine Kahmhaut. Um den Pilz sicher und rein zu erhalten bedient man sich am besten folgender von Buchner empfohlener Methode. 1. Vierstündiges Verweilen des mit möglichst wenig Wasser übergossenen Heues bei 36 ° C. 2. Abgiefsen des Extraktes, nicht Filtrieren, und Verdünnen bis zum spez. Gewichte 1,004. 3. Einstündiges Kochen in mit Watte verschlossenem Kolben bei geringer Dampfentwicklung. 4. Stehenlassen des Aufgusses (500 ccm, nicht weniger) bei 36 ° C. — Nach 28 Stunden wird meist schon die Kahmhaut gebildet sein. Ist der Aufgufs zu stark sauer, so mufs er vor dem Kochen mit kohlensaurem Natron neutralisiert werden. Von vegetativen Entwicklungszuständen kennt man Coccen,

Stäbchen und Fadenform; überdies erzeugt der Heupilz Dauersporen.

Bacterium aceti Kutz, Essigpilz, Essigferment, ist der nach der Methode der Schnellessigfabrikation Essigsäure bildende Pilz. Untergärige Biere (Lagerbiere), welche in offenen Gefäfsen 2 bis 3 Tage lang einer Temperatur von 30 bis 35° C. ausgesetzt werden, erhalten nach Ablauf dieser Zeit an ihrer Oberfläche eine schöne Kahmhaut, in welcher der in Rede stehende Pilz meist in vollkommener Reinheit enthalten ist. Man kennt von diesem Pilze Coccen, Kurzstäbchen, Langstäbchen und Fadenform, die beiden ersten Formen überdies auch im Schwärmezustande (mit Geifseln). Bemerkenswert, und für den Essigpilz geradezu charakteristisch, erscheint der Umstand, dafs die Langstäbchen und Fäden häufig abnorme Gestalten annehmen, indem die zylindrische Form bauchige Anschwellungen zeigt.

Bacterium tumescens Zopf. Man erhält den Pilz mit Sicherheit, wenn man gekochte Mohrrübenscheibchen (*Daucus Carota*) bei gewöhnlicher Temperatur nicht allzufeucht hält. Nach wenigen Tagen erscheint der Pilz an der Oberfläche in Form kleiner 5 bis 10 mm im Durchmesser haltenden scheibenförmigen Gallertmassen, die eine ziemlich zähe gefaltete Haut darstellen von weifslicher Färbung. Untersucht man diese Haut, so lange sie noch fest ist, so bemerkt man, dafs sie aus dicht gelagerten Stäbchenreihen besteht, die aufserordentlich stark vergallertet sind. Einige Tage später zeigt die nämliche Gallertmasse, von der die erste Probe genommen wurde, den Zerfall der Langstäbchen in Kurzstäbchen und Coccen.

Leuconostoc mesenterioides Cienc., Froschlaichpilz. Dieser Pilz ist der gefürchtetste Feind der Zuckertechniker bei der Rübenzuckerfabrikation, woselbst er oft binnen kurzer Zeit bedeutende Zuckermengen zu zersetzen im stande ist. Er tritt aber auch an rohen und gekochten Mohrrüben und Zuckerrübenscheiben auf, an deren Oberfläche er Gallertkuchen erzeugt, die mehrere Zentimeter im Durchmesser und mehrere Millimeter Dicke erreichen können. Man kennt von diesem Spaltpilze bis jetzt nur die Coccenform, die jedoch hier Coccenketten bilden, die sich mit einer dicken Gallerthülle umlagern, sich häufig krümmen und zu einer dichten, widerstandsfähigen Zoogloee vereinigen.

Clostridium butyricum Praz., Buttersäurepilz. Der Pilz hat in der Natur eine weite Verbreitung; er tritt besonders häufig auf in fleischigen Wurzeln, in den Knollen der Kartoffeln, wo er die bekannte »Nafsfäule« hervorruft, im Sauerkraut, in sauren Gurken, in Malzmaischen, in altem Käse, in der Laabflüssigkeit etc. Man kennt von demselben Coccen, Kurzstäbchen und die Fadenform; auch Sporenbildung ist nachgewiesen.

Leptothrix buccalis Rob., Pilz der Zahnkaries. Bewohnt die Mundhöhle des Menschen, woselbst er als Saprophyt auf der Schleimhaut, im Zahnbeleg und im Zahnstein zu finden ist. Unter gewissen Umständen gewinnt er übrigens auch parasitische Angriffskraft auf die Zahnmasse selbst und ruft in ihr die eigentümliche Krankheit hervor, welche man als Zahnfäule oder Zahnkaries bezeichnet. Er bildet in seinen Fäden Langstäbchen, Kurzstäbchen und endlich Coccen.

Micrococcus prodigiosus Ehrbg., Pilz der roten Milch. Er stellt eine der bekanntesten und auffälligsten Spaltpilzformen dar. Am häufigsten ist sein Vorkommen auf stärkehaltigen Substraten, Weifsbrod, Hostien, gekochten Kartoffelscheiben, Mehlbrei, Stärkekleister etc., wo er rosen- bis blutrote tröpfchenförmige Zoogloeen bildet, die später zu einem ausgebreiteten Überzuge verschmelzen. Auch auf der Milch entsteht er bisweilen spontan und wird dieselbe durch den Pilz gleichfalls blutrot gefärbt. Man kennt von ihm nur Coccen.

Schliefslich sollen hier noch die beiden gegenwärtig gebräuchlichen Methoden der Untersuchung von Sputum, Eiter etc. auf Tuberkel- und andere Bazillen eine kurze Besprechung finden.

Untersuchungsmethode nach Ziehl.

Man nimmt mit einem krummgebogenen Platindraht oder einer Pinzette aus dem Sputum ein käsiges oder eiteriges

Flöckchen heraus und überträgt davon ein stecknadelkopfgrofses Teilchen auf ein sauber geputztes Deckglas, legt ein zweites Deckglas darauf und breitet das Teilchen durch Reiben der beiden Gläschen aufeinander zu einer möglichst dünnen Schichte aus. Etwaige überflüssige Masse entfernt man sodann mit Fliefspapier. Nun läfst man die dünne Sputumschichte zwischen den beiden Deckgläschen gut austrocknen, worauf man beide Deckgläschen von einander trennt, wodurch man zwei Deckgläschen erhält, deren jedes auf einer Seite ein aufgetrocknetes Sputumpräparat trägt. Hierauf wird das Deckglas mit einer Pinzette erfafst und dreimal langsam — die präparierte Seite nach oben gekehrt — durch eine Spiritusflamme gezogen.

Nunmehr füllt man ein Schälchen oder Uhrglas mit Karbol-Fuchsin (Ziehlsche Lösung), legt das Präparat, mit der präparierten Seite nach unten, darauf und läfst es entweder bei gewöhnlicher Temperatur zehn Minuten darin schwimmen, oder erwärmt es, bis leichte Dämpfe aufsteigen, worauf es in einer Krystallisationsschale mit Wasser, durch Schwenken mit der Pinzette, gründlich von dem anhaftenden überschüssigen Farbstoff befreit wird; ein wiederholtes Erneuern des Wassers wird dabei erforderlich werden.

Nunmehr füllt man ein zweites Schälchen mit zinkfreier Methylenblaulösung in verdünnter Schwefelsäure (25 %) und läfst das Präparat auch hierauf, jedoch ohne es zu erwärmen, 1 bis 1½ Minuten lang schwimmen, worauf wieder gründlich ausgewaschen, getrocknet und ohne weiteres in Kanadabalsam eingelegt wird. Diese Methode ist die einfachste und liefert sehr schöne doppeltgefärbte Präparate. Die Lösungen werden am besten von Klönne & Müller, welche dieselben genau nach Ziehl's Vorschriften herstellen, fertig bezogen.

Untersuchungsmethode nach Ehrlich.

Das Aufbringen, Zerteilen, Trocknen und Erhitzen der zu präparierenden Masse wird ganz in der gleichen Weise wie nach der Ziehlschen Methode vorgenommen.

Nunmehr bereitet man sich eine Flüssigkeit A dadurch, dafs man 2 ccm Anilinöl mit 50 ccm destilliertem Wasser eine halbe Minute lang schüttelt und dann nach fünf Minuten langem Stehen filtriert. Zum Filtrate bringt man sodann 6 ccm konzentrierte Methylviolettlösung (in Spiritus) unter häufigem Schütteln und 5 ccm Spiritus (Alkohol). Diese Flüssigkeit kann längere Zeit aufbewahrt werden.

Ferner wird eine Flüssigkeit B bereitet, indem man in ein mit destilliertem Wasser halb gefülltes Uhrschälchen soviel konzentrierte wässerige Lösung von Bismarckbraun filtriert, dafs die Flüssigkeit intensiv braun wird, aber noch durchsichtig bleibt.

Hierauf bereitet man:

1. Ein Uhrschälchen halb mit A gefüllt;
2. Ein Uhrschälchen halb mit Salpetersäure 1 : 4 gefüllt;
3. Ein Krystallisationsschälchen mit Alkohol;
4. Ein Uhrschälchen mit B gefüllt;
5. Ein Krystallisationsschälchen mit destilliertem Wasser.

Nun legt man das vorbereitete Deckglas [1]) mit der präparierten Seite nach unten so auf die Flüssigkeit in 1, dafs es schwimmt, ergreift das Schälchen mit der Tiegelzange, erwärmt es langsam über einer Spiritusflamme bis die ersten Dämpfe aufsteigen und läfst es dann fünf Minuten stehen. Darauf taucht man das Deckglas in die Säure in 2 und bewegt es höchstens fünf Sekunden darin hin und her. Hierauf spült man es in der Alkoholschale 3 einige Sekunden lang aus, bis die Färbung der Sputumschichte verschwunden ist. Nunmehr läfst man das Deckglas auf der Flüssigkeit B in 4 eine halbe Minute lang schwimmen und spült es sodann in Schälchen 5 ab. Nach dem Trocknen kann das Präparat direkt in Kanadabalsam eingelegt werden.

Die Untersuchung von Präparaten auf Bakterien unter dem Mikroskope erfordert nicht nur gute, stark vergröfsernde Systeme — meist Immersionssysteme — sondern setzt auch eine kräftige, bequem regulierbare und nach allen Richtungen

---

[1]) Jede Untersuchung liefert zwei Präparate, auf je einer Deckglasseite eines.

hin modifizierbare Beleuchtung voraus. Hierzu reicht aber ein Hohl- und Planspiegel mit Iris- oder Zylinderblenden keineswegs aus, es ist vielmehr die Benutzung eines Abbéschen Beleuchtungsapparates, der durch ein Kondensorsystem von kurzem Fokus die von dem Plan- oder Hohlspiegel ausgehenden Lichtstrahlen in einen Strahlenkegel von sehr grofser Apertur sammelt und im Objekte vereiniget, unbedingtes Erfordernis. Näheres hierüber in dem Kapitel »Das Studium der fertigen Präparate«.

X. Herstellung von Präparaten der normalen Histologie der Wirbeltiere.

a) Epithelien.

Unter Epithelien versteht man die Überzüge gedrängter Zellen, welche die verschiedenen Oberflächen des Körpers teils in einfacher Lage, teils in Schichtungen übereinander darbieten. Man kann nach der Gestalt der Zellen das Pflaster- oder Plattenepithelium aus niedrigen, unregelmäfsig aneinander gereihten Elementen, und das Zylinderepithelium aus hohen, schmalen, mosaikartig aneinander gefügten Zellen unterscheiden. Aufserdem ist noch des Flimmerepitheliums zu erwähnen, bei welchem die Oberfläche der Zellen mit sehr feinen, während des Lebens peitschenartig schwingenden Härchen besetzt ist.

Platte Epithelialzellen kann man mit einem Zuge des Messerrückens über die Zunge in Menge abschaben, aufserdem findet es sich auf der Hornhaut, auf anderen serösen Häuten, auf der Innenfläche der Gefäfse u. s. w. Die Hornhaut des Frosches zeigt in den vorderen Partien geschichtetes. in den hinteren dagegen ungeschichtetes Epithel. Da die einzelnen Zellen in der Regel sehr blafs sind, so ist eine Färbung derselben sehr zu empfehlen. Mit Vorteil wendet man hierzu Fuchsin, Pikrokarmin oder Eosin an. Auch die Silberimprägnation ist eine vorzügliche Methode zur genauen Erkennung der Zellumrisse blasser Epithelien. Man bedient sich hierzu einer sehr schwachen (0,5 bis 0,2prozentigen) wässerigen Lösung von Höllenstein. In einen Tropfen dieser

Lösung bringt man auf 20 bis 40 Sekunden das Epithel, spült sodann sorgfältig mit verdünntem Alkohol ab und setzt das Objekt dem Lichte aus bis eine bräunliche Färbung bemerkbar ist. Der dauernde Einschlufs solcher imprägnierter Präparate erfolgt am besten in Kanadabalsam, während die lediglich tingierten Objekte in Glyceringelatine eingeschlossen werden.

Zylinderepithel kann durch leichtes Abschaben der Schleimhaut des Dünndarmes gewonnen werden. Es ist anzuraten, das Abschaben erst einige Stunden nach dem Tode des Tieres vorzunehmen, da dann die Abtrennung vom Mutterboden leichter erfolgt. Zur Tinktion empfiehlt sich irgendeine wässerige Anilinlösung; der dauernde Einschlufs erfolgt in weicher Glyceringelatine.

Flimmerepithel gewinnt man am besten, wenn man die Nasenschleimhaut des Frosches vorsichtig von der knorpeligen Unterlage abhebt, derart faltet, dafs die zellentragende Fläche den freien Rand der Falte bildet und mit Zusatz einer unschädlichen Flüssigkeit wie Blutserum, Fruchtwasser, Glaskörperflüssigkeit, unter das Mikroskop bringt. Wasserzusatz erhöht für kurze Zeit die Lebhaftigkeit des Flimmerns, um ihm desto schneller ein Ende zu machen. Ein besonders interessantes Objekt das Spiel der Cilien des Flimmerepitheles beliebig lange Zeit in Wasser beobachten zu können, bietet irgend ein lebendes Muscheltier aus dem Genus *Anodonta* (in allen Seen und gröfseren Teichen in Menge zu finden). Der Mantel dieser Tiere ist an seinem Aufsenrande seiner ganzen Länge nach mit kräftigem Flimmerepithel bekleidet, dessen Cilienbewegungen auch nach dem Tode des Tieres noch lange Zeit in Wasser beobachtet werden können. Ein Schnitt mit einem scharfen Rasiermesser über den Mantelrand zerschneidet die Flimmerzellen und bringt die losgelegten Cilien schön zur Anschauung. Das Flimmerepithel der *Anodonten* kann schon in lebendem Zustande (aber auch nach dem Absterben des Tieres) mit Eosin tingiert werden, und können solche Präparate auch dauernd in Glyceringelatine eingeschlossen werden. Präparate vom Flimmerepithel der Wirbeltiere mit Freilegung der Cilien herzustellen ist meines Wissens noch nicht gelungen. Vielleicht gelingt dies nach der — mir übrigens nicht näher bekannten — Löfflerschen Methode, durch welche Geifselbakterien mit sichtbaren Geifseln gefärbt werden

Zur Tinktion der Epithelialgebilde verwendet man das Eosin meist in einprozentiger alkoholischer Lösung. Wird statt Glyceringelatine reines Glycerin als Einschlufsflüssigkeit gewählt, so ist es gut, dem Glycerin etwas Kochsalz oder Alaun zuzusetzen, weil reines Glycerin einen Teil des Farbstoffes auszieht. Schöne Doppelfärbungen werden erzielt, wenn die bereits mit Eosin tingierten Präparate in einer wässerigen Lösung von Methylviolett wiederholt gefärbt werden. Doppelt gefärbte Präparate werden (wenn nötig) in Nelkenöl aufgehellt und in diesem Falle in Kanadabalsam, andernfalls auch in Glyceringelatine eingeschlossen.

b) Knorpel- und Bindegewebe.

Zur Untersuchung des Knorpelgewebes benutzt man bequem ein Stück Knorpel von einem Kalbsfufs oder die knorpeligen Teile eines beliebigen jungen Knochens. Da das Knorpelgewebe eine Konsistenz besitzt, welche ohne alle Vorbereitung die Anfertigung dünner Schnitte gestattet, so wird die Untersuchung sehr einfach dadurch bewerkstelliget, dafs man mit dem Rasiermesser dünne Schnitte anfertigt. Zur Befeuchtung des Messers sowie der Schnittfläche des Objektes wird in diesem Falle am besten Wasser verwendet, denn der Knorpel ist eines der wenigen tierischen Gebilde, welche frisch mit Wasser in Berührung gebracht werden dürfen, ohne dafs man eine Veränderung des Gewebes zu befürchten hätte. Die Schnitte werden mittels eines feinen Pinsels von der Messerklinge in ein Gefäfs mit Wasser gebracht. Sind die Schnitte zur genauen Durchmusterung nicht dünn genug, oder ist das Gewebe infolge eingetretener Verkalkung zu wenig durchsichtig, so bringt man sie auf einige Minuten zur Aufhellung in Glycerin. Ist jedoch die Verkalkung des Knorpelgewebes schon bedeutend vorgeschritten, so vermag auch Glycerin das undurchsichtige Präparat nicht mehr genügend aufzuhellen. Hier empfiehlt sich die Anwendung der von H. Müller geübten Methode. Man legt den Knorpel längere Zeit in wässerige Chromsäurelösung (1 bis 2 %) ein, deren Wirkung man unter Umständen noch durch Zusatz einiger Tropfen Salzsäure unterstützen kann. Von Zeit zu Zeit hat man sich unter dem Mikroskope von der fortschreitenden Einwirkung der Säuren auf die Kalkpartien zu überzeugen. Nach Auflösung der Kalkteile werden die Schnitte in Wasser ausgespült und sind dann, wenn nicht vorher noch eine Färbung beliebt wird, sowohl zur Untersuchung wie zum dauernden Einschlusse fertig. In der Regel erhält man durch die Müllersche Methode auch ungefärbt sehr instruktive Präparate.

Zur Tinktion der Knorpelschnitte verwendet man Methylviolett und Methylblau (Anilinblau) in wässerigen stark verdünnten Solutionen. Tingiert man die Präparate zuerst mit ammoniakalischer Karminlösung und nach dem Auswaschen in Anilinblau, dem man einen Tropfen Salzsäure zugesetzt hat, so erzielt man eine hübsche Doppelfärbung, indem auf farblosem Grunde die zelligen Elemente des Gewebes rot, die elastischen blau erscheinen.

Um die Entstehung des Knorpelgewebes zu erforschen wähle man den Ohrknorpel der Säugetierembryonen.

Zum dauernden Einschlusse von Knorpelpräparaten wählt man stark verdünntes Glycerin (1 Teil Glycerin, 2 Teile Wasser), Glyceringelatine, oder Farrants'sche Flüssigkeit. Reines Glycerin ist entschieden zu vermeiden, da es die Präparate zu stark aufhellt und überdies die Farbstoffe auszieht. Die Farrants'sche Flüssigkeit (1 Teil mittelstarker Lösung von Gummi arabicum, 1 Teil reines Glycerin und 1 Teil gesättigte wässerige Lösung von arseniger Säure) mufs vorsichtig bereitet und gut verkorkt aufbewahrt werden, da sich sonst auf ihrer Oberfläche Schimmelbildung einstellt. Widerstandsfähiger gegen Pilze wird die Lösung, wenn man die arsenige Säure in kochendem Wasser auflöst und nach dem vollständigen Erkalten die mittlerweile wieder ausgeschiedene arsenige Säure abfiltriert. Nach meinen

Erfahrungen verdient Glyceringelatine vor den beiden anderen Einschlufsflüssigkeiten den Vorzug.

Um den Prozefs der Ossifikation zu studieren, schneide man mittels eines kräftigen Skalpelles — das Rasiermesser leidet dabei zu sehr — die Grenze der Epiphyse und Diaphyse irgend eines jungen Knochens. Man wähle als Schnittrichtung zuerst die parallel zur Längsachse und sodann die auf ersterer senkrecht stehende Richtung. Behandlung und Einschlufs der Präparate wie oben erörtert.

Fig. 57.
Bindegewebsfaser. (300mal vergröfsert.)

Um Bindegewebsfibrillen zu sehen lege man ein frisches Stückchen Sehne in gesättigtes Kalkwasser und lasse es 4 bis 6 Tage lang darin. Dabei ist das Gefäfs stets gut verschlossen zu halten, da sich sonst leicht unter Einwirkung der Kohlensäure der Luft so viel kohlensaurer Kalk bildet und in feinen Partikelchen auf dem Gewebe niederschlägt, dafs bei der nachfolgenden mikroskopischen Untersuchung trübe Bilder entstehen. Man spült nunmehr das Objekt in Wasser gründlich ab und zerfasert es auf dem Objektträger. Die Fibrillen legen sich jetzt, da ihre Kittsubstanz durch die Einwirkung des Ätzkalkes gelöst wurde, leicht auseinander (Fig. 57). Der dauernde Einschlufs, soferne ein solcher überhaupt gewünscht wird, geschieht am besten in Glycerin.

Die Bindegewebskörperchen treten deutlich hervor, wenn man ein Stückchen Bindegewebe mit Essigsäure aufquellen macht. Gewebe von jungen Tieren oder von Embryonen zeigen weit mehr solche Körperchen als von älteren Tieren.

Sehr schöne Bilder geben die feinen Sehnen aus dem Schweife von Ratten und Mäusen. Hier kann man wahrnehmen, dafs die Bindegewebskörperchen Platten bilden, welche im Bogen um Faserbündel herumgelegt sind. Um sich über die Art der Anordnung der Bindegewebsfasern in den verschiedenen Organen zu unterrichten, untersucht man seröse Häute von Frosch oder Triton frisch in Kochsalzlösung oder verdünntem Glycerin, indem man die Haut auf dem Objektträger ausbreitet. Sehnen von gröfseren Tieren werden an der Luft getrocknet und dann mit dem Rasiermesser Längs- und Querschnitte gemacht. Die Untersuchung geschieht in Wasser oder verdünntem Glycerin.

Da alle diese Präparate ohne weiteres in eine stark lichtbrechende Substanz eingeschlossen nach kurzer Zeit sehr durchsichtig werden, so tingiert man dieselben. Anilinfarben sowie Hämatoxylin leisten dabei gute Dienste. Der nasse Einschlufs, der den Vorzug verdient, erfolgt in Glyceringelatine, während Einschlufs in Kanadabalsam vorherige Entwässerung in absolutem Alkohol voraussetzt.

c) Knochen und Zähne.

Knochen können entweder mit oder ohne ihre mineralischen Bestandteile zur Untersuchung und Präparation verwendet werden. Im letzteren Falle müssen sie zuvor entkalkt werden.

Zum Zwecke der Entkalkung sägt man sich kleine Stücke der zu untersuchenden Knochen ab und bringt sie in verdünnte Salzsäure (5 bis 10 Teile konzentrierte Salzsäure auf 95 bis 90 Teile Wasser). Man läfst sie so lange in der Säure, bis sie vollkommen weich geworden sind, was nach 4 bis 6 Tagen erreicht sein wird. Nimmt man die Salzsäure stärker, so wird der Entkalkungsprozefs zwar in viel kürzerer Zeit abgelaufen sein, doch läuft man dabei Gefahr, dafs das Knochengewebe verletzt wird, wodurch man kein übersichtliches Bild von dem Baue der Knochen erhält, Ist der Knochen entkalkt, so wascht man ihn sorgfältig in Wasser aus und schneidet und tingiert wie beim

Knorpel. Auch der dauernde Einschlufs erfolgt in gleicher Weise.

An so behandelten Knochen läfst sich zwar die Struktur des Knochenbaues vollkommen gut erkennen, die feineren Bildungen der Knochenkörperchen jedoch sind undeutlich. Um diese zur Anschauung bringen zu können ist es nötig, sich aus festen, nicht entkalkten Knochen dünne Plättchen herauszusägen und diese dann entsprechend zu schleifen, worüber das Nähere bei der Herstellung von Schliffpräparaten eingehend erörtert ist. Das in neuerer Zeit wiederholt empfohlene Schleifen von Knochen auf einer Spiegelglasplatte mit Bimsteinpulver finde ich bedenklich, weil die Kritzer, welche der Bimstein in der verhältnismäfsig weichen Knochenmasse erzeugt, tief eindringen, weshalb beim nachfolgenden Abziehen und Polieren lange gearbeitet werden mufs, um dieselben zu entfernen, wobei nicht selten das Präparat in Trümmer geht.

Um bei einem Knochenschliffe die Knochenzellen recht deutlich hervortreten zu lassen, müssen die Schliffe mit Karmin, Pikrokarmin oder Hämatoxylin tingiert werden, indem man sie kurze Zeit in eine der genannten Flüssigkeiten bringt und dann abspült. Die auf diese Weise hergestellten Knochenschliffe liefern reizende Bilder, erfordern aber beim dauernden Einschlusse eine gewisse Vorsicht. Will man nämlich die, den ganzen Knochen durchziehenden Grundlamellen, die Querschnitte der Havers'schen Kanäle und der sie umschliefsenden Speziallamellen und die Knochenkörperchen mit ihren Kalkkanälchen zur Anschauung bringen, so müssen die Kanäle mit Luft erfüllt sein und bleiben. Glyceringelatine als Einschlufsmittel würde zwar die Luft keineswegs aus den Hohlräumen des Präparates verdrängen, doch liefert dieselbe keine so hübschen und klaren Bilder wie Kanadabalsam. Dieser aber dringt bekanntlich in alle Hohlräume ein und vertreibt daraus nach kurzer Zeit die Luft, weshalb derselbe ohne weiteres für den dauernden Einschlufs solcher Schliffpräparate nicht benutzt werden kann. Um nun das Eindringen des Balsams in die Hohlräume des Präparates zu verhindern, umzieht man den Schliff mit einer dünnen Schichte warmer, vorher filtrierten Lösung von Gelatine. Nach dem Erkalten und vollständigen Trocknen derselben kann der Einschlufs in Kanadabalsam auf die bekannte Weise vorgenommen werden.

Will man dagegen das Kanalsystem der Knochenkörperchen von Flüssigkeit erfüllt in Form von Lücken zur Anschauung bringen, so schliefst man ohne weiteres in Kanadabalsam ein.

Aufser den Querschliffen empfiehlt es sich auch Schliffe anzufertigen, die parallel zur Längsachse des Knochens verlaufen, in denen also die Havers'schen Kanäle der Länge nach getroffen sind.

Auch die Herstellung von Zahnpräparaten kann nur durch Schleifen geschehen. So dünne Lamellen wie bei Knochen lassen sich jedoch aus einem Zahne nicht heraussägen ohne zu zerbrechen; man mufs daher die Lamellen mindestens 2 mm dick nehmen und bedient sich beim Sägen einer neuen kräftigen Laubsäge. Viele Zähne sind indessen so hart und spröde, dafs auch die beste Säge nach kurzem Gebrauche nicht mehr angreift. In diesem Falle kittet man den Zahn mit Siegellack fest auf die Endfläche eines Korkes und drückt ihn unter reichlicher Beigabe von Siegellack fest in den Lack und die Korkfläche ein. Nach dem Erkalten schleift man Zahn und Siegellack auf einem grobkörnigen, drehbaren Schleifsteine etwa bis zur Hälfte ab, was ziemlich rasch geht. Nunmehr erweicht man das Siegellack vorsichtig, nimmt den Zahn heraus, wendet ihn derart um, dafs die geschliffene Fläche jetzt nach innen zu liegen kommt und schmilzt ihn in dieser Lage wiederholt ein. In gleicher Weise wird nun auch die zweite Fläche so lange auf dem Schleifsteine behandelt, bis der Schliff die gewünschte Feinheit erreicht hat. Das nachträgliche Abziehen, und wenn nötig Polieren, wird in der früher angegebenen Weise bethätigt. Auch hier ist die Anfertigung von Quer- und Längsschliffen erforderlich; bezüglich der letzteren hat man darauf zu achten, dass die Zahnampulle in demselben nicht eine solche Lage erhält, dafs sie der ganzen Länge nach im Schliffe liegt, in welchem Falle derselbe zerbrechen würde.

Der dauernde Einschlufs von Zahnschliffen erfolgt, gefärbt oder ungefärbt, in Kanadabalsam. Als Tinktionsmittel empfiehlt sich besonders Karmin.

d) Muskeln und Nerven.

Die glatten Muskelfasern können im frischen Zustande nicht isoliert werden, man mufs dieselben vielmehr zuerst mazerieren. Am leichtesten gelingt dieses, wenn man ein Stückchen Uterus, Darm, Harnblase, Aorta u. s. w. in Müller'scher Flüssigkeit mazeriert. Für diesen Fall wählt man dieselbe zweckmäfsig in folgender Zusammensetzung: 10 Teile doppeltchromsaures Kali, 5 Teile schwefelsaures Natron und 500 Teile Wasser. Man nimmt von dieser Flüssigkeit ungefähr nochmal so viel als das Volumen des zu mazerierenden Gewebes beträgt und läfst die Objekte 4 bis 6 Tage lang darin. Selbstverständlich darf die Flüssigkeit in diesem Falle nicht — wie solches beim Härten geschehen mufs — gewechselt werden. Will man eine raschere Wirkung erzielen, so verwendet man als Mazerationsflüssigkeit 1 Teil Salzsäure mit 4 Teilen Wasser verdünnt.

Nach dem Mazerieren werden die Muskelpartien mit Nadeln zerzupft und können nun sofort untersucht oder dauernd eingeschlossen werden. Wasser darf als Zusatzflüssigkeit bei Muskelpräparaten nicht verwendet werden, man nimmt statt desselben eine $^3/_4$ bis 1 prozentige Kochsalzlösung oder Jodserum. Letzteres wird gegenwärtig durch folgende Zusammensetzung allgemein ersetzt: 30 g Eiweifs, 270 g Wasser, 2,5 g Kochsalz und 2,5 g Jodtinktur. — Als Einschlufsflüssigkeit für Dauerpräparate, die jedoch keine besonders instruktiven Bilder gewähren, verwendet man 1 Teil Essigsäure (spez. Gew. 1,7), 1 Teil Alkohol (spez. Gew. 0,81) und 2 Teile Wasser. Der Einschlufs erfolgt auf die wiederholt besprochene Weise. Vorherige Färbung mit Anilinfarben. Will man die Fäden des quergestreiften Muskelgewebes, das weit lohnendere Objekte liefert, in möglichst unveränderter Gestalt zur Ansicht erhalten, so ist hier der Frosch ganz besonders zu empfehlen. Man enthauptet das Tier und schneidet sofort, alle Anspannung und Zerrung vermeidend, den Brusthautmuskel oder auch einen der vom Zungenbein zum Unterkiefer verlaufenden platten Muskel heraus. Mit Kochsalzlösung oder Jodserum versetzt und etwas geprefst erhält man vorzügliche Bilder des mit Längs- und Querstreifung versehenen Muskelfadens. Verzichtet man auf völlige Frische, so kann ein Muskelfaden aus jedem Wirbeltierkörper einige Stunden nach dem Tode zur Verwendung kommen. Ein kleines Stückchen Gewebe, mit Nadeln sorgfältig zerzupft und mit einer einprozentigen Kochsalzlösung befeuchtet, gewährt gute Bilder. Um die Muskelkörperchen deutlich zu sehen, setzt man dem frischen Präparate einen Tropfen stark verdünnter Essigsäure zu; auch einprozentige Salzsäure leistet dieselben Dienste. Will man die quergestreiften Muskelfasern im lebenden Zustande mit dem Verlauf der Kontraktionswellen beobachten, so nimmt man hierzu einen lebenden *Hydrous piceus* oder *aterrimus* oder auch einen *Dytiscus* (gleichviel welche Spezies), schneidet vorsichtig mit Scheere und Messer die Chitinhülle eines hinteren Oberschenkelgliedes auf, ohne den in der Hülle liegenden Muskel zu quetschen, hebt den Muskel hervor, schneidet ein Stückchen davon ab und bringt es mit einprozentiger Kocksalzlösung auf einen Objektträger. Nachdem die Muskelpartie mit Nadeln etwas zerzupft und unter leichtem Drucke mit einem Deckglase bedeckt wurde, wird untersucht, wobei man, wenn die Manipulation vorsichtig und rasch erfolgt ist, immer einige Muskelfasern finden wird, an denen Kontraktionswellen ablaufen.

Um das Texturverhältnis der quergestreiften Muskelfasern zu erkennen, legt man ein Stückchen Mukelgewebe 10 bis 30 Minuten lang in Kalilauge von 35 %. Fig. 58 zeigt eine kleine Arterie des Menschen stark vergröfsert.

Um den Zerfall der Muskelfasern in Fibrillen zu sehen, wählt man Muskeln vom Frosche oder von einem der vorgenannten Käfer, die wo möglich schon sehr lange in nicht zu starkem Alkohol gelegen sind. Sie werden in Wasser zerzupft und angesehen. Dabei bekommt man sehr häufig die Nervenendigungen an den Primitivmuskeln zu Gesichte.

Der dauernde Einschlufs der Muskelpräparate erfolgt in Kanadabalsam. Wie schon erwähnt, müssen die betreffenden Objekte dabei zunächst in sehr starken Alkohol und von da in Nelkenöl (statt Nelkenöl in Terpentinöl, wenn Terpentinbalsam anstatt Chloroformbalsam verwendet werden soll), kommen, von welchem aus der Einschlufs in Kanada-

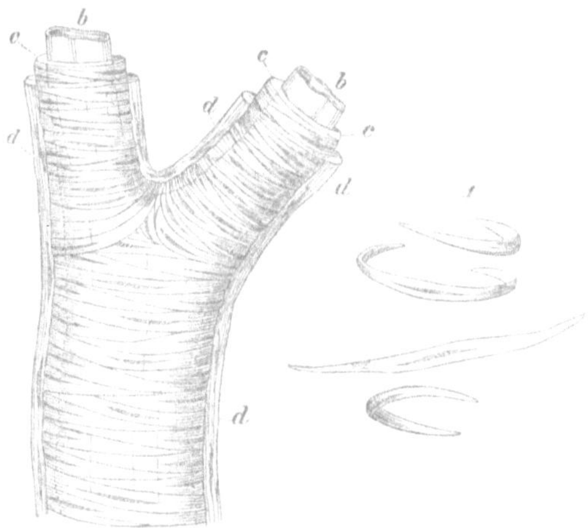

Fig. 58.

Eine kleine Arterie des Menschen stark vergröfsert.

bb innere elastische Haut. *cc* Muskelschichte (mittlere Gefäfshaut). *dd* äufsere Bindegewebslage. *1* isolierte Muskelfasern.

balsam erfolgt. Will man die Präparate tingieren, so bringt man dieselben, ehe man sie in Alkohol legt, in eine Anilinfarbelösung oder in Pikrokarmin.

Die quergestreiften Muskelfasern, deren Elemente einachsig doppeltbrechende Körper sind, sollen auch stets unter dem Polarisationsmikroskope betrachtet werden.

Von Nervenfasern untersuche man frisch zunächst doppeltkontourierte aus irgend einem gröfseren Nervenstamm. Man kann sie in verdünntem Glycerin oder in Kochsalzlösung von 1 % zerzupfen. Fig. 59 und 60.

Die Achsenzylinder sieht man deutlich, wenn man irgend einen Säugetiernerv einige Zeit hindurch in eine Chromsäurelösung, und zwar zunächst in eine solche von 0,2%, hierauf in eine solche von 0,5% und im Notfalle auch in eine noch stärkere bringt. Ist das Objekt hinlänglich erhärtet, so kann man bei einiger Übung mit einem Rasiermesser sehr dünne Schnitte anfertigen, wobei man das zu schneidende Objekt mit den Spitzen der drei ersten Finger der linken Hand hält und für genügende Befeuchtung des Gegenstandes und der Messerklinge mit Alkohol sorgt. Sind die Stückchen jedoch zum Halten zu klein, so wird man gut thun, dieselben in eine der früher besprochenen Einbettungsmassen einzuschmelzen. Die erhaltenen Schnitte werden mit Karmin oder Pikrokarmin tingiert, in absolutem Alkohol entwässert und, nach dem Einlegen in Terpentin- oder Nelkenöl — in Kanadabalsam eingeschlossen. Man erkennt jetzt nach Aufhellung des Markes den Achsenzylinder als geröteten kleinen Kreis, umgeben von durchsichtigem Marke.

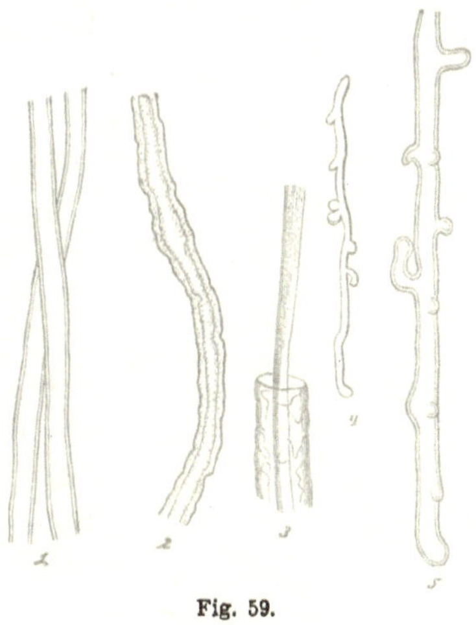

Fig. 59.
Nervenfasern.
1 und *2* aus der Haut. *4* und *5* aus dem Gehirn. *3* mit Axenzylinder. (300fach vergrößert.)

Die Rennak'schen Fasern erhält man durch Zerzupfen eines frischen oder besser kurze Zeit in stark verdünnter Essigsäure (20 bis 30 g Wasser mit 2 bis 3 Tropfen Essigsäure) gelegenen Gehirnes. Zum Sichtbarmachen der Kerne bedient man sich der vorerwähnten Tinktionsflüssigkeiten.

Um die Ganglienzellen zur Anschauung zu bringen sind verschiedene Methoden in Vorschlag gebracht und mit sehr wechselndem Erfolge angewendet worden. Bei den Wirbeltieren kann eine Erhärtung geeigneter Nervenknoten (Fig. 61) in Chromsäure oder doppelt chromsaurem Kali mit Vorteil angewendet werden. Im ersteren Falle beginne man mit schwachen Lösungen der Säure von 0,2 bis 0,5 %, wechsle öfters und steige allmählich mit der Konzentration bis 1 %. Im letzteren Falle wähle man die Müller'sche Flüssigkeit. Die erhärteten Nervenknoten gestatten und verlangen sehr feine Schnitte, welche in gewässertem Glycerin untersucht werden. Die erhärteten Schnitte können mit grofsem Vorteil 12 bis 24 Stunden lang in eine 1prozentige Lösung von Überosmiumsäure gelegt werden, wodurch sich das Nervennetz braun bis schwarz färbt und die Präparate sehr an Deutlichkeit gewinnen. Man giefst von der verdünnten Säurelösung zwei bis drei Tropfen in ein kurzes und ziemlich enges Reagensglas, legt sodann die angefertigten Schnitte hinein, verkorkt gut und läfst die Schnitte so lange der Einwirkung der Überosmiumsäure ausgesetzt, bis sie eine dunkelbraune Färbung angenommen haben. Nunmehr spült man die Schnitte mit Wasser aus dem Gläschen und wascht die Säure mit Wasser sorgfältig aus. Hierauf bringt man das Präparat zur Entwässerung in absoluten Alkohol und sodann zur Aufhellung in Nelkenöl. Der dauernde Einschlufs erfolgt in Kanadabalsam. —

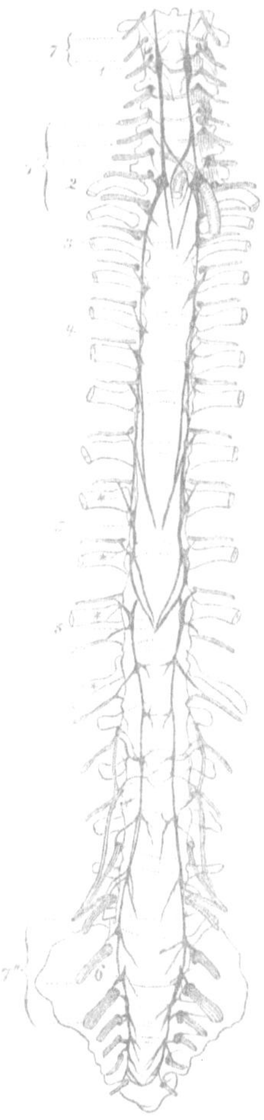

Fig. 60.

Grenzstrang des *Sympathicus*.

1 der obere Halsknoten. *2* der untere Halsknoten. *3* Nerven zum Herzen. *4* die Brustknoten. *5* Nerven zu den Eingeweiden. *6* Ganglien im Becken. *7 7' 7''* Rückenmarksnerven. * Verbindungsäste zwischen ihnen und dem Sympathicus.

Da die Dämpfe der Überosmiumsäure die Augen und die Schleimhäute der Luftwege in höchstem Grade reizen, das Arbeiten mit dieser Säure also vielfache Unbequemlichkeiten erzeugt, so wurde mehrfach als Ersatz derselben das Osmiumamid in Verwendung genommen. Es stimmen indes die meisten Mikroskopiker darin überein, daſs dasselbe hinsichtlich seiner Wirkung keineswegs der Überosmiumsäure gleichkommt, zumal es die Objekte gebrechlich macht, und sein einziger Vorzug darin besteht, daſs es keinen Geruch besitzt und Augen wie Schleimhäute nicht reizt.

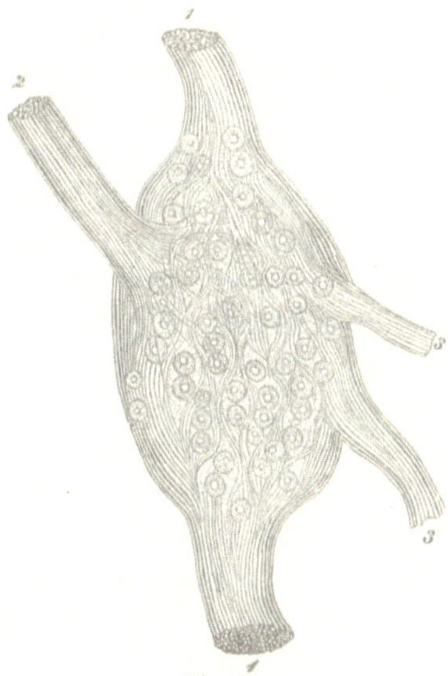

Fig. 61.

Ein Nervenknoten des *Sympathicus*. (Stark vergröſsert.)

11 Verbindung zwischen den zunächst liegenden Nervenknoten des Grenzstranges. *2* Verbindung mit dem Rückenmark. *33* Nervenäste zu den Eingeweiden.

Um die Endigungen der motorischen Nerven bei den Wirbeltieren sichtbar zu machen, wird gegenwärtig ein eigenes Verfahren eingeschlagen. Die Methode beruht im wesentlichen darauf, daſs man die zu untersuchenden Gewebe mit der Lösung eines Goldsalzes imprägniert und sodann mit Ameisensäure behandelt, wobei infolge der starken Reduktionsfähigkeit der Ameisensäure, und zwar ohne Zuhilfenahme des Lichtes, das Goldsalz zersetzt und im Gewebe metallisches Gold niedergeschlagen wird. Der Vorteil dieser Vergoldungsmethode vor den anderen in der histologischen Technik üblichen besteht darin, daſs sie einen gröſseren Prozentsatz gelungener Präparate liefert, und daſs bei ihrer Anwendung häufig Präparate erhalten werden, in denen alle Gewebe bis auf die Nervenfasern ungefärbt, die letzteren aber auf das intensivste gefärbt sich zeigen. Zur Vergoldung wählt man am besten Hautmuskeln und zwar bei Meerschweinchen, Kaninchen, Hund und Katze die Muskeln, welche in der Haut der Wangengegend verlaufen, beim Schweine die im subcutanen Gewebe und der *Cutis* der vorderen Rüsselfläche befindlichen Muskeln, beim Menschen den *Musc. orbicularis oris.* Bei eben getöteten Tieren werden nun von den bezeichneten Hautstellen Stücke von etwa 6 mm Breite so ausgeschnitten, dafs von den, in den tieferen Lagen der *Cutis* und des *Stratum subcutaneum* mächtigeren, Muskelzügen noch welche mit herausgehoben werden. Diese Hautstücke zerlegt man sodann durch, der Breite derselben parallel laufende, Schnitte in Scheiben von 1 bis 2 mm Dicke, die so rasch als möglich, d. h. noch lebenswarm in eine unverdünnte, chemish reine Ameisensäure von 1,06 spez. Gewicht gebracht werden. Nachdem die Hautstücke in der Ameisensäure gequollen und vollkommen durchsichtig geworden sind, werden sie direkt in eine 1prozentige Lösung von Goldchlorid gebracht, in welcher sie eine Viertelstunde lang bleiben. Von der Goldlösung aus kommen die Hautstückchen in destilliertes Wasser, werden darin sorgfältig abgewaschen und sodann der reduzierenden Wirkung einer mit Wasser (im Verhältnisse von 1 Teil Säure und 3 Teilen Wasser) verdünnten Ameisensäure unter Lichtabschlufs auf 24 Stunden ausgesetzt. Die Menge dieser verdünnten Ameisensäure, welche in ein verschliessbares Glasgefäfs gebracht wird, beträgt etwa 5 g. Nach Verlauf der angegebenen Zeit werden die Hautstückchen nochmals 24 Stunden lang der Einwirkung einer gleichen Menge unverdünnter Ameisensäure ausgesetzt, um an Stellen, an denen die Reduktion des Goldsalzes noch nicht genügend vorgeschritten sein sollte, noch nachträglich eine solche zu bewirken. Die nunmehr braunrot gefärbten Hautstückchen werden hierauf in absolutem Alkohol gehärtet und zum Zwecke des Schneidens, wie früher ausführlich erörtert wurde, in Paraffin eingeschmolzen, Die erhaltenen Schnitte hellt man in Nelkenöl auf und schliefst sie auf die bekannte Art in Kanadabalsam ein.

Damit die Goldimprägnation gelinge, ist es unbedingt nötig, dafs die Hautteile möglichst kurze Zeit nach dem Verenden der Tiere der Präparation unterzogen werden, da aufserdem häufig eine diffuse, das Gesamtgewebe durchziehende Färbung, oder eine auch über die Muskulatur verbreitete Goldablagerung stattfindet; auch darf das Goldchlorid nie in einer stärkeren als 1prozentigen Lösung zur Anwendung

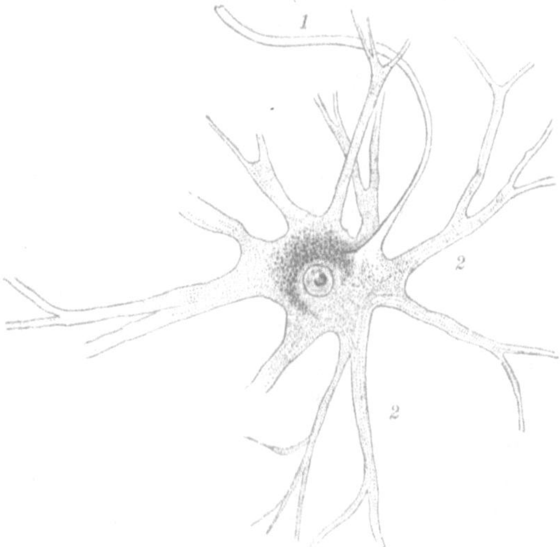

Fig. 62.

Ganglienzelle aus dem Vorderhorn des Rückenmarkes.

1 Achsenzylinderfortsatz. *2 2* Protoplasmafortsätze.
(300 fach vergröfsert.)

kommen. Schwächere Goldlösungen führen ebenso, unter Umständen noch sicherer, zum Ziele, nur mufs die Zeit der Imprägnierung entsprechend verlängert werden. Übrigens mufs hier bemerkt werden, dafs die Herstellung von brauchbaren Nervenpräparaten überhaupt die gröfsten Schwierigkeiten bietet, welche dem Mikroskopiker sich entgegenstellen, weshalb vielseitige Übung, genaue Kenntnis der Wirkungsweise der Reagentien und ausdauernde Geduld von demjenigen vorausgesetzt werden müssen, der seine Leistungsfähigkeit auf diesem Gebiete erproben will.

Die nach vorstehender, von Löwit zuerst publizierten Methode hergestellten Goldpräparate haben den grofsen Vorzug, dafs sie noch mit Farbstoffen tingiert werden können. Von diesen leistet das Eosin hier unstreitig die besten Dienste. Durch nachträgliche Tinktion der Goldpräparate mit Eosin erhält man ungemein klare und instruktive Bilder.

Um die motorischen Nervenendigungen bei den Vögeln beobachten zu können, wählt man sich Tiere der gröfseren Arten, wie Hühner, Tauben, Enten etc. aus. Da sich hier keine für die Vergoldung geeigneten hinreichend dicken Hautmuskelschichten vorfinden, so nimmt man Stamm-Muskulatur und schlägt ein etwas abgeändertes Verfahren ein. Zur Untersuchung empfehlen sich die *M. complexi cervicis*, welche man dem getöteten Tiere abtrennt und der Länge nach in etwa 1—2 mm dicke Stücke zerschneidet, diese in etwa 10 mm lange Teile zerlegt und mit verdünnter Ameisensäure (1 Teil Säure vom spez. Gewicht 1,06 und 2 Teile Wasser) behandelt, bis sie von dieser vollständig durchdrungen und durchsichtig gemacht worden sind. Während der Einwirkung der Ameisensäure werden die Muskelstückchen mit Nadeln möglichst auseinandergezerrt, damit später die Goldlösung in die einzelnen Fasern leichter eindringe. Aus der Ameisensäure kommen die Objekte direkt in 1prozentige Goldchloridlösung, in welcher sie eine Viertelstunde lang verweilen. Die weitere Behandlung ist die gleiche wie bei den Muskeln der Säugetiere, nur ist die Nachbehandlung in unverdünnter Ameisensäure hier nicht nötig. Die Einschlufsweise ist ebenfalls die gleiche, doch kann man die vergoldeten Muskeln, namentlich wenn man es mit sehr kleinen Teilchen zu thun hat, auch mit Nadeln fein in ihre Fasern zerlegen, diese in Glycerin aufhellen und dauernd in demselben einschliefsen.

Zur Untersuchung der Endigungen der motorischen Nerven bei den Reptilien kann bequem eine unserer einheimischen Eidechsen, *Lacerta viridis* oder *agilis*, verwendet werden, deren Oberarm- und Oberschenkelmuskeln genau wie bei den Säugetieren angegeben, präpariert werden.

Zur gleichen Untersuchung bei den Amphibien wählt man je einen Vertreter der Batrachier z. B. *Rana esculenta* oder *temporaria* und einen solchen der Molche z. B. *Salamandra maculata* oder *atra*. Man benutzt zur Darstellung der Nervenendigungen die Muskeln an der Beugeseite des Oberschenkels, die man in kleine Stücke zerschneidet und in verdünnter Essigsäure aufquellen läfst, da Ameisensäure keine günstigen Resultate liefert. Im Übrigen verfährt man ganz so, wie über die Behandlung der Nervenendigungen bei den Vögeln angegeben wurde.

Bei den Fischen ist es meines Wissens auch jetzt noch nicht gelungen, mit voller Klarheit die Nervenendigungen darzustellen.

e) Die Haut.

Handelt es sich zunächst darum, ein übersichtliches Bild der Schichten der Haut und der Anordnung der in denselben eingelagerten Gebilde zu erhalten, so empfiehlt Exner folgende Methode:

Stücke Haut von verschiedenen Körperstellen (Kopfhaut, Nasenflügel, Oberschenkel, *Labia minora*, Achselhöhle etc.) werden mit Messer und Scheere vom gröfsten Teil ihres Fettes befreit. Bei der Achselhöhle hat man in dieser Beziehung vorsichtig zu sein, weil hier die grofsen Schweifsdrüsen bis in den *Panniculus adiposus* hinabsteigen. Nunmehr werden sie 1 bis 2 Minuten lang in kochenden Essig, dem man einige Tropfen Kreosot zugesetzt hat, gelegt, wobei sie sich zusammenrollen und etwas einschrumpfen. Hierauf werden sie mit Stecknadeln auf einer Kork- oder Torfplatte ausgespannt und bleiben in dieser Lage bis sie vollkommen trocken sind. Hierauf können sie ohne jede vorherige Einbettung mit einem kräftigen Rasiermesser unter Benetzung mit Wasser oder Alkohol geschnitten werden.

Die geschilderte Behandlungsweise hat den Zweck, das Bindegewebe quellen zu machen, so dafs die in demselben eingebetteten Organe, wie Haare, Schweifsdrüsen etc., sowie die einzelnen Hautschichten, deutlich hervortreten. Der

Zusatz einer geringen Menge von Kreosot bewirkt, daſs die Bilder eine gröſsere Schärfe erhalten.

Die Schnitte werden möglichst senkrecht zur Hautoberfläche angefertigt, zugleich soll jedoch die Schnittebene eine solche Richtung erhalten, daſs die schief in der Haut steckenden Haarbälge ihrer ganzen Länge nach getroffen werden. Man erkennt diese Richtung leicht durch makroskopische Betrachtung des Präparates. Fig. 63 zeigt die Haut des Menschen im senkrechten Durchschnitte.

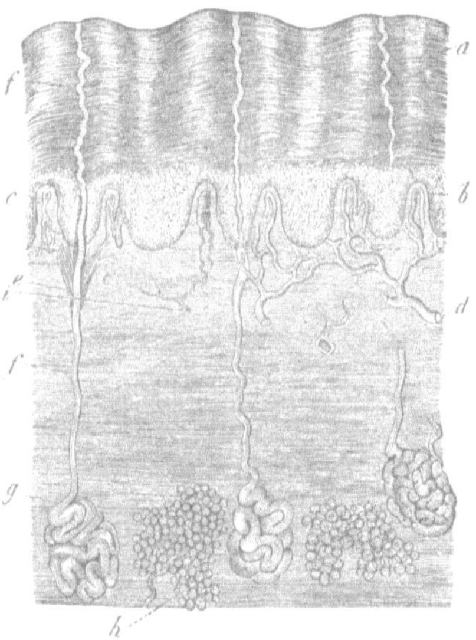

Fig. 63.

Die Haut des Menschen im senkrechten Durchschnitte.

a oberflächliche Schichten der tieferen Epidermis. *b* Malpighi'sches Schleimnetz, darunter die Lederhaut, nach oben bei *c* die Papillen oder Hautwärzchen bildend, nach unten in das Unterhautzellgewebe ausgehend, in welchem bei *h* Ansammlungen der Fettzellen erscheinen. *g* Schweiſsdrüsen mit ihren Ausführungsgängen *e* und *f*. *d* Gefäſse der Papillen. *i* Nerven, zu einem Tastkörperchen verlaufend.

Durch die angeführte Behandlungsweise geht zwar die Feinheit der Struktur gewöhnlich verloren; dafür werden aber die Schichten der Haut und die in dem Corium eingebetteten Gebilde durch die Zerstörung der faserigen Struktur um so deutlicher und dadurch für den Anfänger um so leichter verständlich.

Von ganz hervorragender Deutlichkeit und Verständlichkeit werden solche Hautschnitte, wenn sie zweckmäſsig tingiert werden. Als Färbemittel empfehlen sich einerseits Karmin und Hämatoxylin, andererseits Eosin. Wendet man die erste Färbemethode an, so bringt man die angefertigten Schnitte in eine mittelstarke Karminlösung eine halbe bis ganze Stunde lang und nach erfolgtem Auswaschen in

Wasser auf ganz kurze Zeit in eine ziemlich kräftige Hämatoxylinlösung. Wendet man Eosinfärbung an, so legt man die Schnitte erst in sehr schwache, dann nach einander drei- bis viermal in immer kräftigere Eosinlösungen bis der gewünschte Färbegrad erreicht ist. Der Einschlufs erfolgt nach vorhergegangener Aufhellung in Kanadabalsam auf die bekannte Weise.

An Stelle des eben beschriebenen Verfahrens kann auch das Erhärten von Hautteilen in Alkohol angewendet werden. Von Vorteil ist es in diesem Falle die frischen Hautstückchen erst in verdünnten, nach einigen Tagen in stärkeren und endlich in absoluten Alkohol einzulegen, da durch dieses Verfahren das Einschrumpfen möglichst vermieden wird. Nach gehörigem Erhärten werden die entsprechenden Schnitte gefertigt, welche ganz in derselben Weise wie oben angegeben weiter behandelt und eingeschlossen werden.

Auch die von Schwarz angegebene Doppelfärbung mit Karmin und Pikrinsäure liefert sehr schöne Bilder. Zu diesem Zwecke bringt man die nach dem vorbeschriebenen Exner'schen Verfahren aus getrockneten Hautstücken (auch andere Gewebe können mit Vorteil dazu verwendet werden) gefertigten Schnitte in mit Essigsäure schwach angesäuertes Wasser, worauf dieselben in reinem Wasser sorgfältig ausgewaschen werden. Hierauf bringt man sie in eine äufserst schwache, eben noch rot erscheinende wässerige Lösung des ammoniakalischen Karmins, in welcher sie etwa 24 Stunden lang bleiben, worauf sie in Wasser ausgewaschen und 2 Stunden lang in eine Lösung von krystallisierter Pikrinsäure in Wasser (0,066 g krystallisierter Säure auf 400 ccm Wasser) gebracht werden. Hierauf kommen die Schnitte behufs Entwässerung 1 bis 2 Minuten lang in eine eben so starke Lösung der Pikrinsäure in absolutem Alkohol, und von da zur Aufhellung in Nelkenöl. Hat man überfärbt, so kann man einen Teil der Pikrinsäure durch Alkohol wieder ausziehen. Der Einschlufs erfolgt in Kanadabalsam. Wenn diese Art der Tinktion auch etwas umständlich ist, so wird deren Anwendung doch durch den Effekt der erhaltenen

Bilder ausreichend belohnt. Die Doppelfärbung beruht darauf, dafs bei Anwendung von sehr stark verdünnten Karminlösungen sich gerade diejenigen Gewebeteile mit demselben imbibieren, welche von der Pikrinsäure bei eben so starker Verdünnung nicht imbibiert werden und umgekehrt.

Um Talgdrüsen (Fig. 64) aufzusuchen entnimmt man die Haut dem Nasenflügel. Die Haut der Achselhöhle zeigt uns die Schweifsdrüsen, die Kopfhaut (auch die Schnauze von Katzen oder Ratten) bietet uns die Haarbälge und ihre Muskulatur. Die Art der Präparation ist die gleiche wie oben angegeben. Will man dabei die Feinheit der Struktur der Haut möglichst schonen, so darf nicht das Exner'sche Verfahren, sondern lediglich die langsame Erhärtung in Alkohol zur Anwendung kommen. Je kleiner man in diesem Falle die Hautstückchen nimmt, desto schneller werden sie schnittreif. Zum Schneiden bettet man die Stückchen in zweckmäfsiger Lage in Paraffin ein.

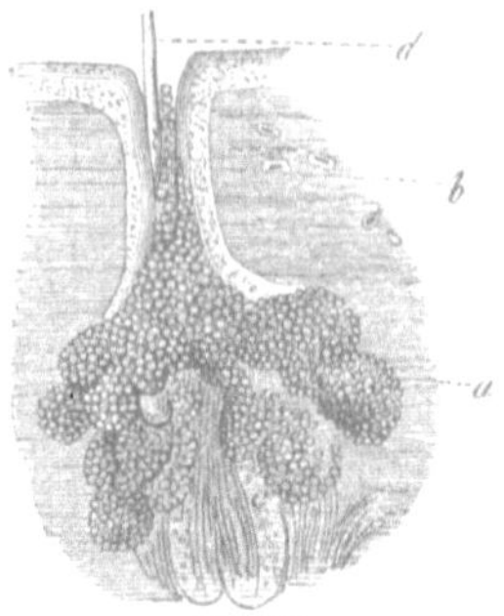

Fig. 64.
Eine Talgdrüse.
a Drüsenbläschen. *b* Ausführungsgang. *c* Balg eines Wollhaares. *d* Schaft des letzteren.

Pacini'sche Körperchen kann man sich makroskopisch an der menschlichen Haut präparieren und dann schneiden; in Hautschnitten findet man sie gelegentlich. Am schönsten sind sie aus dem Mesenterium der Katze, woselbst man sie mit unbewaffnetem Auge erblicken kann. Man schneidet sie samt dem anhaftenden Teile des Mesenteriums heraus und untersucht sie in 1prozentiger Kochsalzlösung auf einem Objektträger ausgebreitet.

Die Meifsner'schen Körperchen (Tastkörperchen) erhält man am bequemsten und wohl auch am schönsten, wenn man mit einem Rasiermesser einen senkrecht zur Hautoberfläche geführten Schnitt durch die eigene Fingerbeere macht, so dünn als er eben unter den gegebenen Umständen ausgeführt werden kann. Man überträgt ihn auf einen Objektträger mit etwas verdünntem Glycerin und sucht mit zwei

Nadeln die Epidermis von dem Schnitte abzuheben, was in der Regel leicht gelingt. Nun flottieren die Papillen frei in der Flüssigkeit und man wird in ihnen die Tastkörperchen alsbald erkennen.

f) Organe der Verdauung.

Um die Schleimhaut mit ihren Papillen, Gefäfsen, Nerven und Drüsen zu erhalten, werden Stückchen der Gaumenschleimhaut (vom Hund, der Katze und dem Kaninchen sind die betreffenden Präparate sehr schön) herausgenommen und auf die bereits angegebene Weise in Alkohol erhärtet. Hierauf werden möglichst dünne Vertikalschnitte angefertigt. Mit Anilinfarben, insbesondere mit Eosin, können die Schnitte nachträglich in bekannter Weise tingiert werden. Der Einschlufs erfolgt in Kanadabalsam.

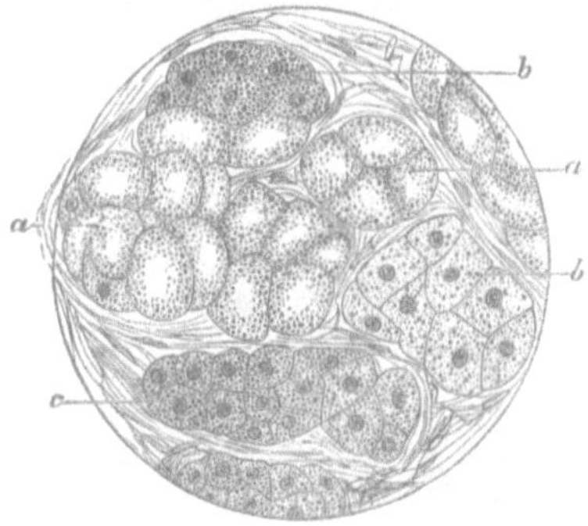

Fig. 55.

Durchschnitt der Speicheldrüse des Hundes.

Die einzelnen Läppchen sind in verschiedenen Funktionszuständen.

a ausgeruhte Läppchen. *b* Läppchen in mäfsiger Füllung. *c* in Regeneration begriffenes Läppchen.

Um die Anordnung der Muskeln in der Zunge studieren zu können, verwendet man Teile der Zunge, die man in Alkohol erhärtet und in Paraffin eingebettet oder aus freier Hand schneidet. Die Schnitte geben mit mittelstarker Karminlösung gefärbt und sodann in, mit etwas Essigsäure angesäuertem Wasser ausgewaschen, oder mit Hämatoxylin oder nach der Schwarz'schen Methode mit Karmin und Pikrinsäure tingiert, sehr schöne Bilder. Die Zungen kleiner Säugetiere verdienen den Vorzug vor denjenigen gröfserer Tiere, ebenso auch die sehr junger Tiere vor denjenigen der älteren. Der Einschlufs erfolgt in Kanadabalsam. — Die Speicheldrüsen haben in neuerer Zeit eine ganze Reihe von Untersuchungs- und

Präparationsmethoden hervorgerufen, von denen nur die wichtigsten hier besprochen werden sollen.

Heidenhain erhärtet in Alkohol, schneidet und färbt dann mit Karmin (Fig. 65). Pflüger stellt mit dem Rasiermesser feine Schnitte aus der Submaxillardrüse des Ochsen dar, zerzupft dieselben in Überosmiumsäure in Verdünnung

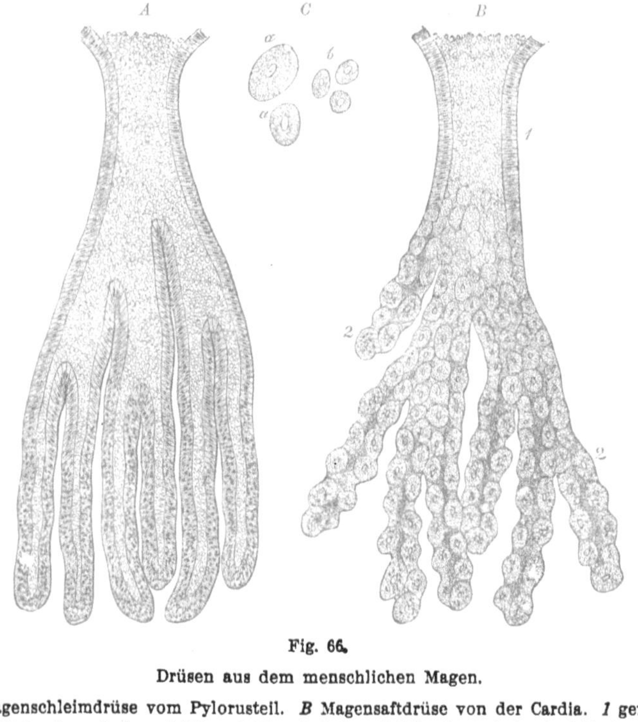

Fig. 66.

Drüsen aus dem menschlichen Magen.

A Magenschleimdrüse vom Pylorusteil. *B* Magensaftdrüse von der Cardia. *1* gemeinschaftliche Ausmündungshöhle. *2* Die einfachen Schläuche bei *A* mit Zylindern, bei *B* mit Laabzellen. *C* einzelne Laabzellen. (350fache Vergröfserung.)

bis zum spez. Gewicht von 1,003 und läfst sodann die Objekte einen Tag lang in Wasser liegen. Eingeschlossen wird in Glycerin oder, nach vorhergegangener Entwässerung, in Kanadabalsam. Die Nerven werden sich dabei rotbraun bis schwarz gefärbt zeigen.

Zur Untersuchung des Magens entnehme man das bezügliche Material womöglich einem frisch getöteten Säugetier.

Um schöne Ansichten der schlauchförmigen Magendrüsen zu gewinnen, verfertigt man aus einer in absolutem Alkohol erhärteten Schleimhaut dünne Vertikalschnitte, welche sorgfältig tingiert werden müssen. Man benutzt hierzu gegenwärtig fast ausschliefslich Eosin. Die Schnitte kommen zunächst in eine sehr stark verdünnte alkoholische Eosinlösung, welche zwei- bis dreimal mit einer etwas stärkeren Lösung vertauscht wird, bis die Färbuug schön rosarot erscheint. Das Auswaschen erfolgt in reichlicher Menge Wasser unter Einführung eines kräftigen Luftstrahles, wodurch jene Teile,

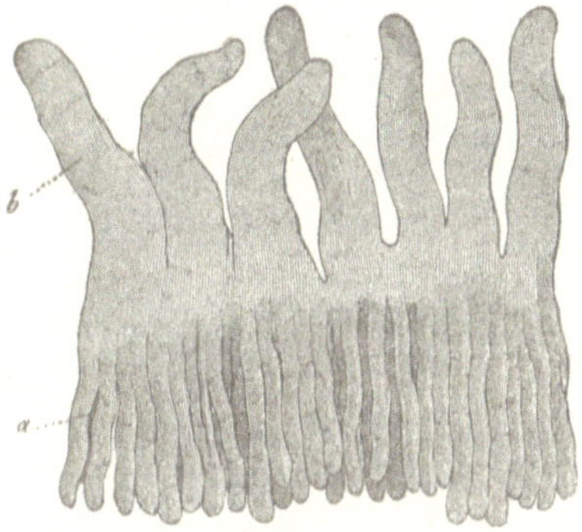

Fig. 67.

Die Darmschleimhaut der Katze im senkrechten Durchschnitte.

a die Lieberkühn'schen Drüsen. *b* die Darmzotten.

welche weniger Verwandtschaft zum Färbemittel besitzen, wieder erblassen, so dafs eine deutliche Scheidung der Gebilde zu stande kommt. Die in Eosin gefärbten Präparate können nachträglich auch noch mit Methylviolett oder Dahlia gefärbt werden, wodurch prächtige Doppelfärbungen zum Vorschein kommen. Die auf die eine oder andere Art gefärbten Schnitte dürfen nicht mehr in Alkohol kommen, können also auch nicht in Kanadabalsam, sondern nur in Glycerin oder Glyceringelatine eingeschlossen werden. Letzterer Einschlufs verdient nach meinen Erfahrungen unzweifelhaft den Vorzug. Fig. 66 stellt zwei Schleimdrüsen des menschlichen Magens vom *Pylorus* und der *Cardia* dar.

Auch eine andere Doppelfärbung mit Anilin und Karmin ist speziell bei Magendrüsen zu empfehlen. Die in Alkohol erhärteten Teile der Magenwand werden geschnitten und kommen die Schnitte auf 24 Stunden in eine ziemlich starke alkoholische Lösung von Methylinblau. Hierauf werden sie in Wasser abgespült und sofort in eine ammoniakali-

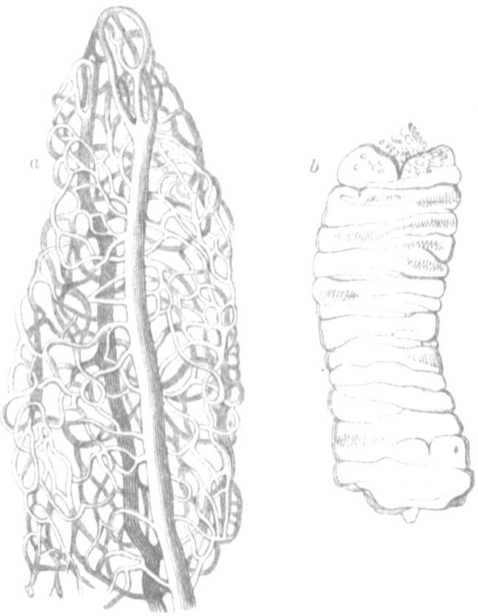

Fig. 68.

a Blutgefäfsnetz einer Darmzotte. *b* eine Darmzotte im kontrahierten Zustande.

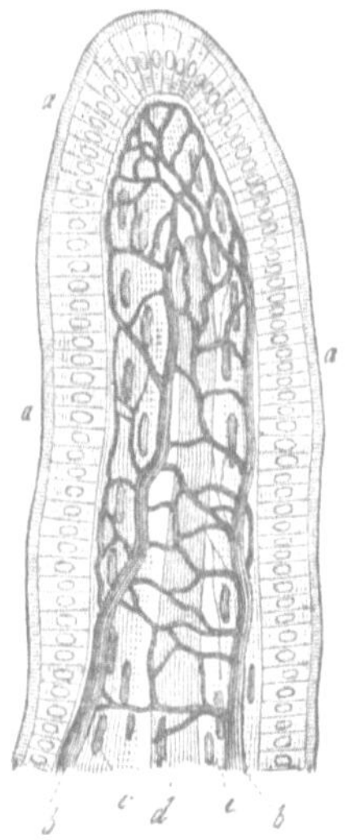

Fig. 69.

Eine Darmzotte, sehr stark vergröfsert.

a das mit verdicktem Saume versehene Zylinderepithelium. *b* das Kapillarnetz. *c* Längslagen glatter Muskelfasern. *d* das in der Achse befindliche Chylusgefäfs.

sche Karminlösung, die jedoch kein freies Ammoniak enthalten darf, so lange eingelegt, bis genügende Färbung erfolgt ist. Hierauf wird in Wasser ausgewaschen und in Glycerin oder Glyceringelatine eingelegt. Bei Anwendung des letzteren Einschlufsmittels kann im Bedürfnisfalle zuvor noch in Glycerin aufgehellt werden.

In gleicher Weise verfertigt man sich aus in Alkohol erhärteten Teilen des Dünn- und Dickdarmes Längs- und

Querschnitte, welche man einfach tingiert, entwässert und in Kanadabalsam einschliefst. (Fig. 67 bis 70.)

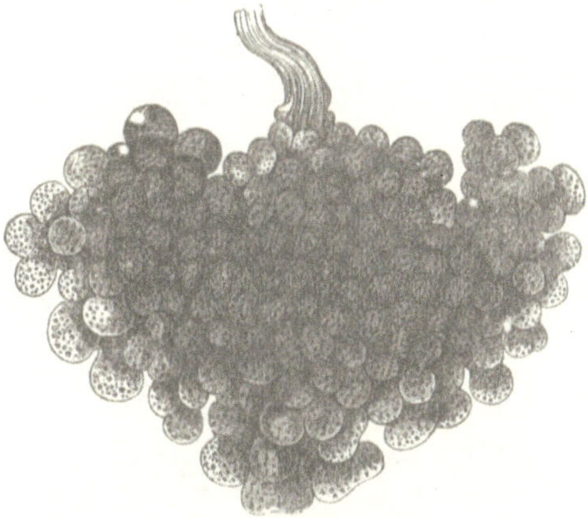

Fig. 70.
Brunner'sche Drüse des Menschen.

Zur Untersuchung der Leber verwendet man gleichfalls in Alkohol erhärtete Stückchen, aus denen man Querschnitte

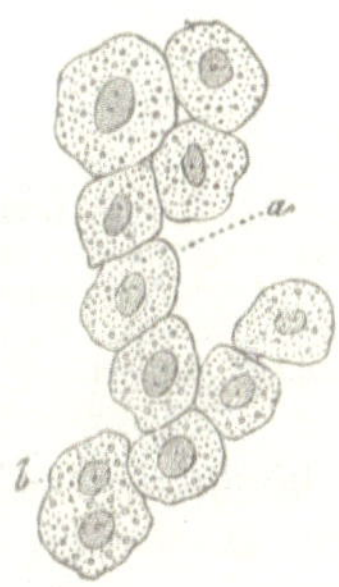

Fig. 71.
Leberzellen des Menschen. *a* einkernige, *b* mit einem doppelten Nukleus.

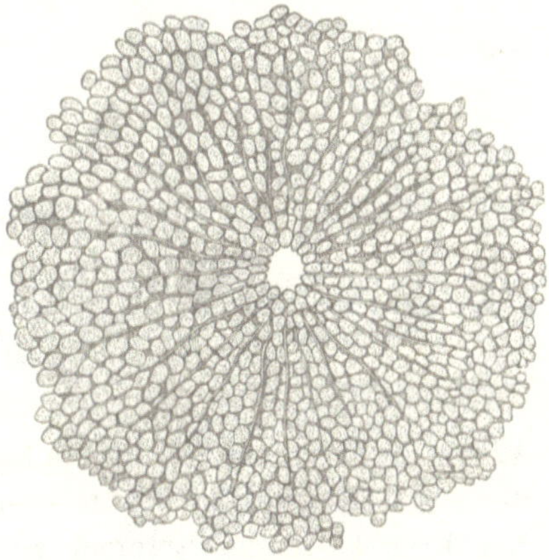

Fig. 72.
Leberläppchen eines zehnjährigen Knaben mit dem Querschnitt des Leber-Venenstämmchens in der Mitte.

herstellt. Zur nachträglichen Tinktion empfiehlt sich besonders Hämatoxylin, da sich die Leberzellen mit Karmin nur sehr schwach und langsam färben. Sehr instruktive

Bilder liefert die Leber der Katze, des Schafes und ganz besonders des Schweines. In Hämatoxylin brauchen die Schnitte nur wenige Minuten zu verweilen, worauf in Wasser ausgewaschen und in Glycerin oder Glyceringelatine eingeschlossen wird. Aufhellung überflüssig. (Fig. 71 und 72.)

g) Respirationsorgane.

Kehlkopf, Trachea und Bronchien werden auf die gewöhnliche Weise, durch Erhärten in Alkohol, Schneiden und Tingieren der Schnitte, behandelt. Eine sorgfältigere Präparation dagegen erfordert die Lunge.

Fig. 73.
Zwei Lungenläppchen *aa* mit den Luftzellen *bb* und den feinsten Bronchialästen *cc*, an denen ebenfalls noch Luftzellen sitzen.

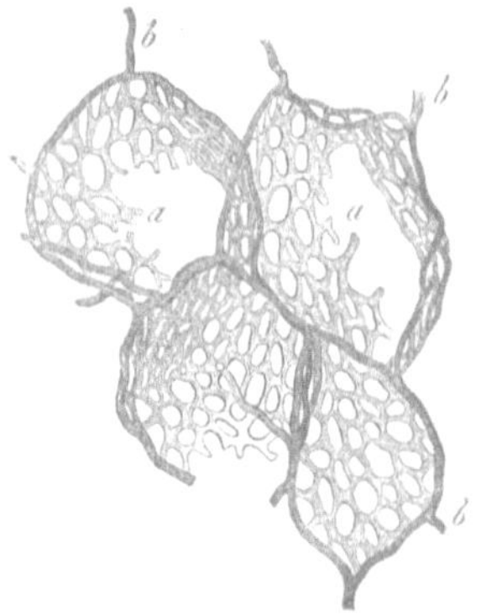

Fig. 74.
Das respiratorische Kapillarnetz der Pferdelunge.
b die, die einzelnen Lungenbläschen mehr oder weniger ringförmig umgebenden Endäste der *Arteria pulmonalis*. *a* das Haargefäfssystem zum Teil durch den Schnitt verletzt.

Will man lediglich die epithelialen Bildungen der Lungenalveolen, die elastischen Fasern und Membranen und die feinsten Bronchialverzweigungen zur Anschauung bringen, so genügt es kleine Stückchen des frischen Organes zu zerzupfen und dieselben eine kurze Zeit hindurch mit verdünnter Essigsäure oder mit Ätzkali zu behandeln. Will man dagegen weitere Aufschlüsse erhalten, so mufs wo möglich das ganze Organ in Behandlung genommen werden. Man bläst zunächst die Lunge von der Luftröhre aus mäfsig auf und unterbindet, damit die Alveolen die Gestalt annehmen, welche sie im Leben haben und erhärtet sodann in Alkohol. Nach genügender Erhärtung schneidet man sich aus der Lunge die zu untersuchenden Partien heraus, bettet dieselben in Transparentseife ein und fertigt die gewünschten Schnitte. Die Schnitte werden mit Karmin oder Eosin tingiert. (Fig. 73 und 74.) Der dauernde Einschlufs kann nach erfolgter Entwässerung in Kanadabalsam, oder sofort in Glyceringelatine erfolgen.

Eine anschauliche klare Darlegung des ganzen Lungengewebes erfordert die Anwendung der in der histologischen Technik so wichtigen Fettimprägnation, sowie der Doppelinjektion der Blutgefäfse. Die hier einschlägigen Manipulationen können, weil aufserhalb des Rahmens dieses Leitfadens gelegen, keine weitere Berücksichtigung finden.

h) Das Auge.

Frische, noch warme Augen gröfserer Schlachttiere werden in Müller'scher Flüssigkeit gehärtet, nachdem man mit einem scharfen Messer einen äquatorialen Schnitt durch die Augenhäute geführt hat. Es geschieht dies um das Eindringen der Flüssigkeit in das Innere zu erleichtern. Nach 2 bis 3 Wochen ist das Auge gehärtet und nun kann man zunächst, um sich über die Lage der Häute zu orientieren, Quadranten des Bulbus in Paraffin einschmelzen und schneiden. Längeres Liegen des Bulbus in der Erhärtungsflüssigkeit schadet übrigens der nachträglichen Präparation durchaus nicht.

Was die Untersuchung der einzelnen Häute anbelangt, so schneide man die C o r n e a mit Schonung des Epithels senkrecht auf die Oberfläche und mache auch Flächenschnitte. Durch Behandlung mit hypermangansaurem Kali, oder einer Mischung desselben mit Alaun, kann man die Corneafasern isolieren.

Nach der ganz vorzüglichen A l t m a n n'schen Methode wird die Cornea mit Fett imprägniert. Man bereitet sich zunächst eine Mischung von 1 Teil Olivenöl, oder statt desselben 1 Teil Ricinusöl, in 1/2 Teil absolutem Alkohol unter Zusatz von so viel Schwefeläther als nötig ist, um die durch den Alkohol trüb gewordene Flüssigkeit wieder vollständig aufzuhellen. In diese Mischung werden ganz kleine Stückchen des Hornhautgewebes, das ganz frischen Augen entnommen wird, gelegt, um 5 bis 8 Tage darin zu verweilen. Hierauf werden sie herausgenommen und in Wasser gelegt, damit sich das aufgenommene Öl im Innern des Gewebes ausscheide. Das an der Oberfläche ausgeschiedene Öl wird durch Schütteln in Wasser entfernt, und das Präparat sodann auf 10 bis 15 Minuten in eine 1prozentige Lösung von Überosmiumsäure gebracht, ausgespült und in Glycerin im Ganzen oder auch zerzupft eingeschlossen. Besonders schön werden die Präparate, wenn sie unmittelbar nach der Behandlung mit Überosmiumsäure — die in diesem Falle aber auf eine Zeitdauer von mehreren Stunden ausgedehnt werden mufs — in unterchlorigsaurem Natron corridieren.

Die Imprägnation der Hornhaut des Frosches mit Berlinerblau wird nach Leber folgendermafsen ausgeführt. Die Hornhaut wird für einige Minuten in eine 0,5 bis 1prozentige Lösung eines Eisenoxydulsalzes gelegt. Nach dem Herausnehmen entfernt man das Epithel und legt das Präparat 4 bis 5 Minuten lang wieder in die nämliche Lösung. Hierauf spült man in Wasser ab und schwenkt das Präparat, mit einer Pinzette gehalten, in einer 1prozentigen Ferridcyankaliumlösung einige Sekunden hin und her bis eine intensiv blaue Färbung entstanden ist. Nunmehr wäscht man das Präparat in Wasser aus und schliefst in Glycerin oder Glyceringelatine ein. Vor dem Einschlusse kann man noch mit Jod, Karmin, Fuchsin oder Eosin tingieren. Ein äufserst hübsches Bild entsteht, wenn man das imprägnierte Präparat rasch in Eosin färbt. Dabei bleibt die Grundsubstanz blau, während die Saftkanälchen rosarot gefärbt erscheinen.

Die Untersuchung der Sclera geschieht auf die gewöhnliche Weise; man verwendet hierzu teils fein zerzupfte Stückchen des frischen Gewebes, teils in Alkohol oder Müller'scher

Flüssigkeit erhärtete Objekte. Hat man an solchen Iris und Chorioidea erhalten, so ist der unmittelbare Übergang jenes Gewebes in das der Sclera schön zu beobachten. Tinktion der Präparate mit einer Anilinfarbe ist von Vorteil. Der Einschlufs erfolgt nafs oder trocken auf die gewöhnliche Weise.

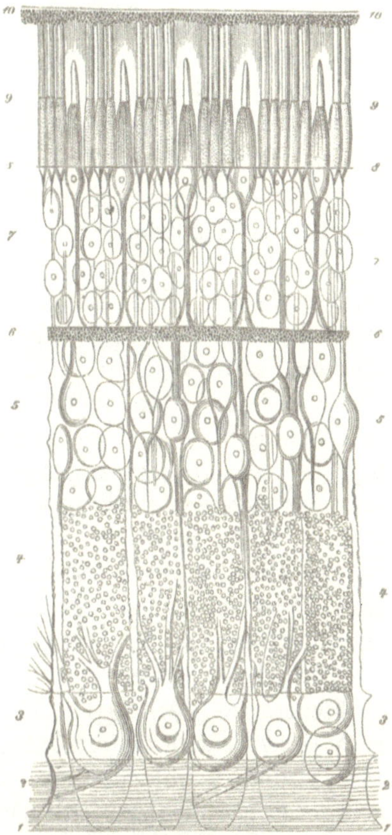

Fig. 75.

Durchschnitt der menschlichen Netzhaut nach M. Schultze.

10 bis *8* Stäbchen und Zapfen. *8* bis *6* Zapfen- und Stäbchenkörner. *6* bis *4* innere Körnerschichten. *3* Ganglienzellen mit Achsenzylinderfortsatz. *2* Nervenfaserlage.

Zur Untersuchung der Linse kann man jedes frische Auge eines gröfseren Säugetieres mit Vorteil verwenden. Um die Linsenfasern zu erkennen erhärtet man die Linse in Müller'scher Flüssigkeit, doch darf das Erhärten nicht zu lange fortgesetzt werden, weil die Linse sonst beim Schneiden leicht splittert. Zum Zwecke des Schneidens wird in Paraffin eingebettet. Die zierliche Mosaik der rechtwinklig getroffenen Linsenröhren bringen äquatorial geführte Schnitte zur Anschauung.

Das schwierigste Objekt für die mikroskopische Untersuchung ist der nervöse Teil des Auges, die Netzhaut oder Retina. Um Übersichtspräparate zu erhalten, verwendet man einen in Müller'scher Flüssigkeit erhärteten Augapfel. Derselbe wird uneröffnet in die genannte Flüssigkeit eingelegt und hat nach 2 bis 3 Wochen den genügenden Härtegrad erreicht, kann aber auch längere Zeit in der Flüssigkeit unbeschadet verweilen. Aus dem Grunde des Bulbus gefertigte dünne Vertikalschnitte, die mit Karmin tingiert werden können, zeigen unter dem Mikroskope in Glycerin liegend und mit einem sehr dünnen Deckglase bedeckt, die zahlreichen häutigen Lagen der Retina. Vorzügliche Objekte liefern die Augen der Frösche und Fische.

Um die Stäbchen und Zapfen sichtbar zu machen (Fig. 75), bedient man sich wieder der Überosmiumsäure. Man bringt möglichst kleine Stückchen der Retina in eine 0,2prozentige wässerige Lösung dieser Säure, in welcher sie 20 bis 24 Stunden verbleiben. Hierauf werden sie in Wasser ausgewaschen, in Alkohol getrocknet, in Nelkenöl aufgehellt und in Kanadabalsam auf die gewöhnliche Weise eingeschlossen. Damit die Färbung mit Überosmiumsäure gut gelingt, ist es nötig möglichst lebensfrische Augen zu benutzen, das hintere Segment der Sclera bis über den Äquator zu entfernen und möglichst rasch in die Säure einzulegen.

Die Bildung der Netzhaut ist nicht nur bei den einzelnen Tierklassen, sondern vielfach auch bei den einzelnen Arten verschieden. So besitzen die meisten Säugetiere gleich dem Menschen, Stäbchen und Zapfen, doch hat das Auge der Fledermaus, des Igels, des Maulwurfs, der Maus und des Meerschweinchens nur Stäbe und keine Zapfen. Ganz spärlich und unentwickelt zeigt die letzteren Gebilde die Retina des Kaninchens und der Katze. Die Vögel — mit Ausnahme der Eulen — besitzen mehr Zapfen als Stäbchen. Nur Zapfen und keine Stäbchen erscheinen in der Netzhaut der Eidechsen und Schlangen, während die Knochenfische sonderbare Zwillingszapfen, die Rochen und Haie dagegen gar keine Zapfen besitzen.

XI. Studium der fertigen Präparate.

Aus vorstehenden Darlegungen geht wohl zur Genüge hervor, daſs die Herstellung guter, zweckentsprechender mikroskopischer Präparate durchaus nicht immer zu den leichtesten und einfachsten Dingen gehört, dafs man sich vielmehr die Anfertigung solcher Präparate nur durch viele Mühe und anhaltende Ausdauer aneignen kann. Aber selbst das beste Präparat zeigt dem wenig geübten Beobachter nicht so ohne Weiteres alles, was an demselben überhaupt zu sehen ist, man mufs gründlich zu durchforschen verstehen, die Wirkung seiner Objektivsysteme und Beleuchtungseinrichtungen genau kennen und überdies sich manche Vorteile aneignen, bis man ein Präparat erschöpfend studieren kann.

Zunächst sind beim Beobachten der Präparate unter dem Mikroskope einige Winke zur Schonung der Augen zu berücksichtigen. Man gewöhne sich vor allem daran, auch das nicht in das Instrument blickende Auge offen zu halten, da hierdurch das Sehen durch das Mikroskop weit weniger ermüdet. Es wird dies wohl im Anfange etwas schwer gehen, weil der durch das unbewaffnete Auge aufgenommene Lichteindruck das mikroskopische Bild ein wenig abschwächt, doch ist bei einiger Ausdauer diese Unannehmlichkeit bald beseitiget. Zu starke Beleuchtung des Gesichtsfeldes, wenn diese nicht durch die Natur des zu untersuchenden Objektes geboten ist, vermeide man eben so sehr, wie raschen Wechsel von Licht und Schatten. Das Hauptaugenmerk hat der Mikroskopiker der Beleuchtung und ihrem Wechsel zuzuwenden. Bei durchgehendem Lichte verwende man für schwache und mittelstarke Vergröfserungen nur den Planspiegel; bei starken Vergröfserungen dagegen den Hohlspiegel. Zur Beleuchtung bei auffallendem Lichte genügt in den meisten Fällen das einfache Tageslicht; wo dieses nicht ausreicht, hat man zur Lichtverstärkung eine Sammellinse vor dem Mikroskope geeignet aufzustellen. Je stärker das Gesichtsfeld erleuchtet ist, desto schwieriger wird es, feine Strukturverhältnisse zu erkennen und zu unterscheiden. Bei kleinen Stativen, bei denen die geringe Höhe des Objekttisches über der Tischfläche das Einschalten eines eigenen Beleuchtungsapparates nicht gestattet, können die zur Regulierung der Beleuchtung erforderlichen Änderungen lediglich durch Drehungen des Spiegels, Anwendung von Zylinderblenden oder Benützung einer Irisblende vorgenommen werden.

Die Benutzung von Zylinderblenden setzt bei solch einfach konstruierten Stativen die Einrichtung eines Schlittenapparates voraus wie Fig. 76 dies veranschaulicht. In den auf der Unterseite des Objekttisches angebrachten Falzen *aa* gleitet ein Schlitten *b*, an welchem eine kurze zylindrische Hülse *c* angeschraubt ist, in welche ein gut eingeschliffener, in senkrechter Richtung auf und ab beweglicher Zylinder *d* eingreift, in dessen obere Öffnung eine kleine, in den kreisförmigen Ausschnitt des Objekttisches passende Blendung *ee* gesteckt wird.

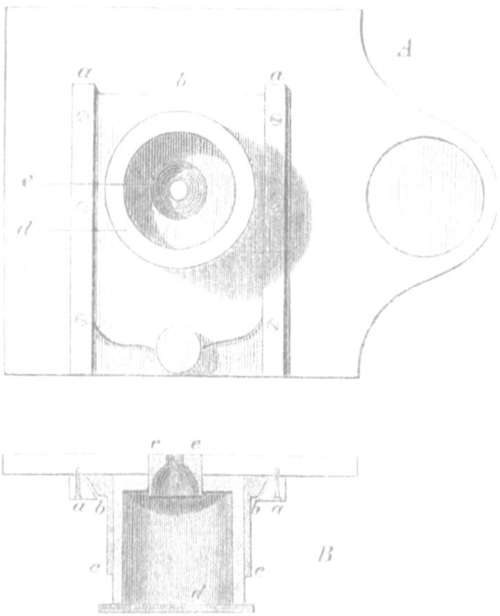

Fig. 76.
Schlittenvorrichtung mit Zylinderblendung.
A von unten gesehen, *B* im Durchschnitt.

Hat man in den Zylinder die passende Blendung eingesetzt, dann schiebt man ihn zunächst nur so weit in die Hülse des Schlittens, daſs die ganze Vorrichtung noch bequem in die Falzen *aa* eingeschoben werden kann, und erst wenn dies geschehen, wird durch einen Druck auf den unteren Rand des Zylinders die Blendung samt dem Zylinder in den Objekttisch ganz eingeschoben, so daſs die Blende in die Höhe des Objekttisches gelangt.

Diese Zylinderblendungen haben den Nachteil, daſs jede Änderung im Wechsel der Blenden die Abnahme des Schlittens und das Einsetzen einer neuen Blende erforderlich macht. Dieser Nachteil wird auch dann nur ungenügend beseitigt, wenn der blendentragende Zylinder nicht in einem Schlitten läuft, sondern mittels Bajonettverschlusses am Objekttische befestigt wird.

Vollständig und zugleich sehr vorteilhaft werden die gewöhnlichen auswechselbaren Blendungen ersetzt durch die in Fig. 77 abgebildete Irisblendung, welche in die zylindrische Hülse unter dem Objekttische eingeschoben wird, aber für sich allein d. h. ohne Kondensor verwendet, wieder den anderweitigen Übelstand mitbringt, dafs die regulierbare Öffnung nicht auf der Höhe des Objekttisches sondern beträchtlich weit unter derselben angebracht werden mufs.

Fig. 77.
Irisblendung.

Bei nicht sehr starken Vergröfserungen unter ausschliefslicher Anwendung von Trockensystemen und bei Betrachtung nicht besonders zarter Objekte, mögen die vorstehend aufgeführten Beleuchtungseinrichtungen allerdings genügen, zu feineren wissenschaftlichen Untersuchungen reichen sie aber keineswegs aus. Die gewöhnliche mikroskopische Beobachtung erfordert ausschliefslich Beleuchtung mit weifsem Lichte, ohne bestimmte Umgrenzung des beleuchteten Objektfeldes, aber mit möglichst weit gehender Abstufung der einfallenden Strahlenkegel sowohl hinsichtlich ihrer Winkelöffnung (weiter, enger Beleuchtungskegel), wie hinsichtlich ihrer Einfallsrichtung (zentrales, schiefes Licht). Diesen Zwecken dient der in Fig. 77 abgebildete Abbe'sche Beleuchtungsapparat, der nach den Angaben seines Erfinders zuerst von der Firma Zeifs in Jena eingeführt, gegenwärtig so allgemein in Gebrauch genommen worden und so sehr als unentbehrliches

Hilfsmittel für alle feineren mikroskopischen Beobachtungen anerkannt ist, dafs er mit Recht einen wesentlichen Bestandteil aller Stative für wissenschaftliche Arbeiten bildet.

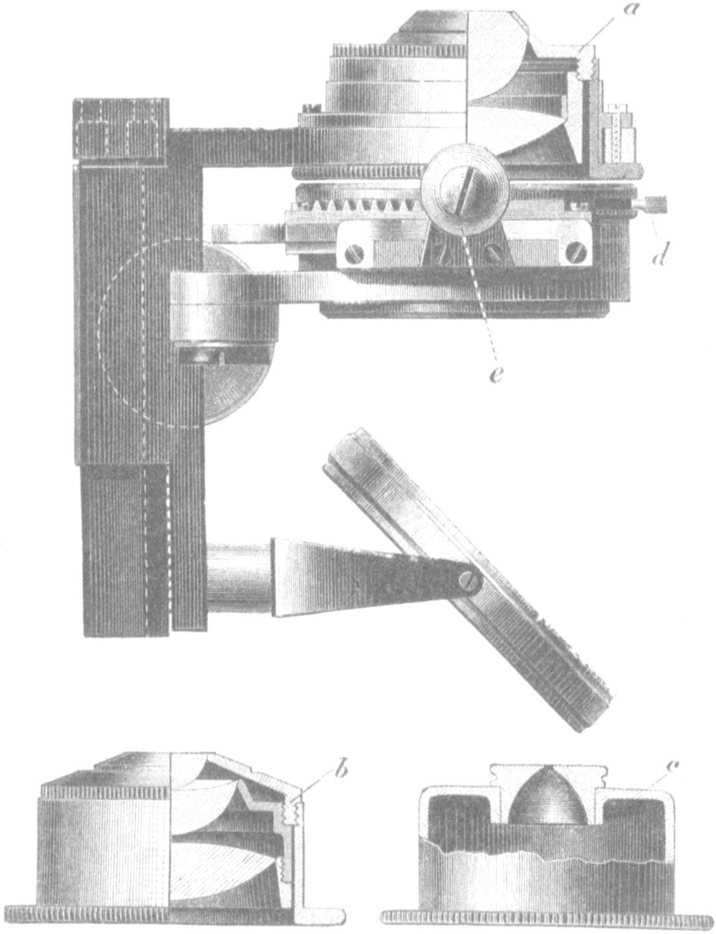

Fig. 78.

Beleuchtungsapparat nach Abbe.

a Kondensorsystem 1,20 num. Apert. *b* Kondensorsystem 1,40 num. Apert. *c* Zylinderblendung. *d* Irisblendung. *e* Handhabe zur Schiefstellung derselben.

Dieser Apparat besteht in seiner vollendetsten Ausführung aus einem Kondensorsystem von kurzem Fokus und grofser Lichtstärke (Apertur 1,20 oder 1,40), einem Diaphragmenträger mit Irisblendung samt Vorrichtung zum Höher- und Tieferstellen und einer Zylinderblendung. Um eine rasche und dauernde Zentrierung des ganzen Apparates zu erzielen, sind seine Teile in gemeinsamer Führung vereinigt, in deren Hülse je nach Bedarf der Kondensor oder die Zylinderblendung eingesetzt werden kann, und an welcher

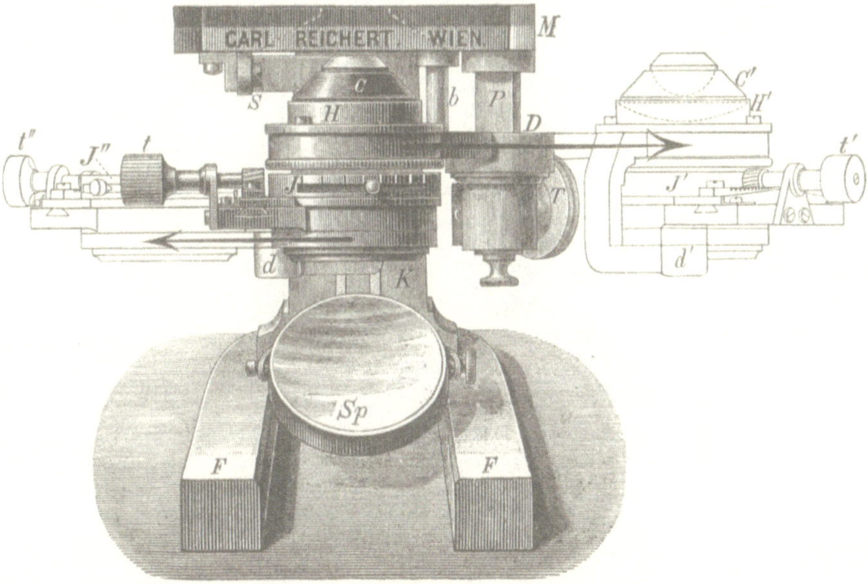

Fig. 79.

Abbe'scher Beleuchtungsapparat am Stativ; Vorderansicht.

($^1/_2$ natürlicher Gröfse.)

auch gleichzeitig die Irisblendung, welche einen steten Übergang in der Öffnung von etwa 0,5 mm bis zur vollen Öffnung des Kondensorsystemes gestattet, befestiget ist. Bei den gröfseren und mittleren Instrumenten ist der ganze Beleuchtungsapparat derart am Stative befestigt, dafs er nie beseitigt zu werden braucht, vielmehr die im gegebenen Falle nicht benötigten Teile desselben durch seitliches Ausschalten aufser Gebrauch gesetzt werden.

In den Fig. 79 und 80 sind die verschiedenen Stellungen der einzelnen Teile des Beleuchtungsapparates an einem Reichert'schen Stative zur Anschauung gebracht. Die Richtung der Pfeile zeigt an, in welcher Weise die Entfernung der einzelnen Teile beim speziellen Nichtgebrauche erfolgt und läſst ersehen, daſs lediglich zwei einfache Drehungen erforderlich sind, um den ganzen Apparat ein-, bezw. auszuschalten.

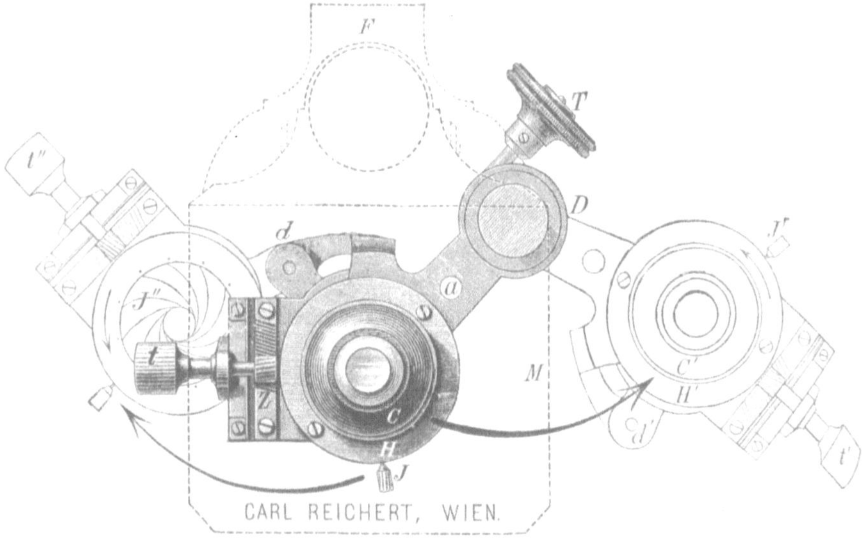

Fig. 80.

Abbe'scher Beleuchtungsapparat am Stativ; Ansicht von oben.

($^1/_2$ natürlicher Gröſse.)

Die volle Öffnung des Beleuchtungskegels ist nur für die Beobachtung feinkörniger, stark tingierter Objekte (Bakterien) mit Objektiven groſser Apertur zu verwenden, während für alle übrigen Beobachtungen der Beleuchtungskegel entsprechend reduziert werden muſs, was durch Anwendung der Zylinderblenden resp. der Irisblende geschieht (Zentrale Beleuchtung). — Durch Exzentrischstellen der Blendung mittelst des am Blendungsträger angebrachten Zahn- und Triebwerkes werden die zentralen Strahlen von

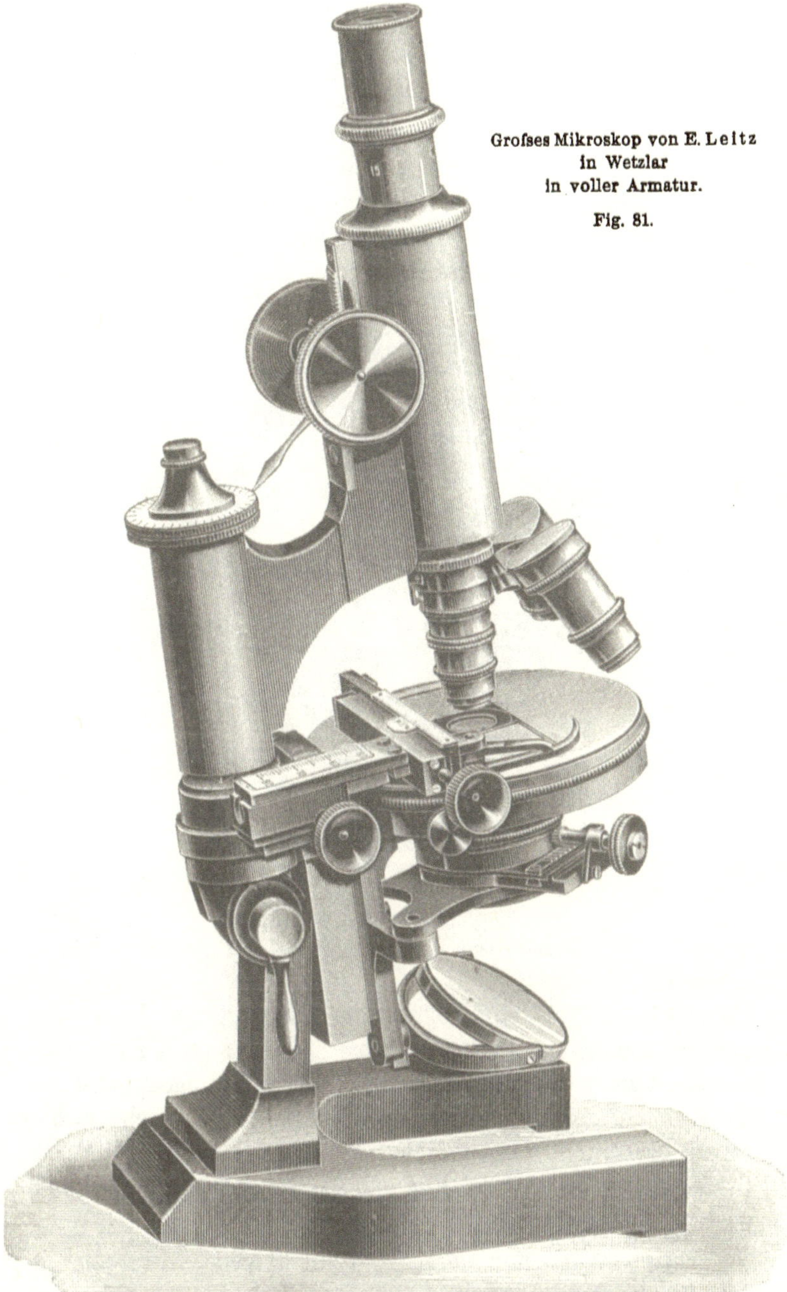

Grofses Mikroskop von E. Leitz
in Wetzlar
in voller Armatur.

Fig. 81.

der Wirkung auf das Objekt ausgeschlossen, und ein bestimmter Teil der aufserachsialen Strahlen des Beleuchtungskegels zur Wirkung gebracht (schiefes Licht). — Durch Drehung des Blendungsträgers um die optische Achse — bei exzentrisch gestellter Blendung — kann schiefes Licht in allen Richtungen zur Achse gegeben werden. Diese Art der Beleuchtung ist veranschaulicht durch die Abbildung

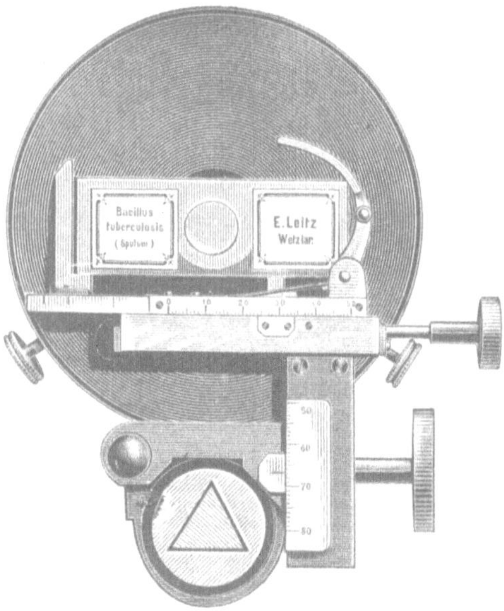

Fig. 82.
Beweglicher Objekttisch von E Leitz.

Figur 81, welche ein vollständig ausgerüstetes Mikroskop aus der optischen Werkstätte von E. Leitz in Wetzlar darstellt. Aufser dem vollständigen Beleuchtungsapparat ist dabei noch der auf dem gewöhnlichen Objekttische aufgesetzte bewegliche Objekttisch, sowie ein Revolver für drei Systeme abgebildet. In Fig. 82 ist der bewegliche Objekttisch allein dargestellt.

Durch Einsetzen einer sternförmigen Blendung in den Blendungsträger des Abbe'schen Beleuchtungsapparates können ferner die zentralen Strahlen ganz abgeblendet und nur die Randstrahlen zur Wirkung gebracht werden (Dunkelfeldbeleuchtung). — Behufs Beobachtungen mit polarisiertem Lichte wird überdies durch Einhängen eines Polarisators (Nicol'sches Prisma Fig. 83) in den Diaphragmenträger des Beleuchtungsapparates das Instrument rasch in ein Polarisationsmikroskop umgewandelt, wobei sowohl die gewöhnlichen Diaphragmen als auch Gyps- und Glimmerplättchen über dem Nikol eingelegt werden können und nur an Stelle eines gewöhnlichen Okulares ein Analysator-Okular aufgesetzt zu werden braucht.

Eine kompendiöse aber elegante Einrichtung des Mikroskopes, sowie insbesondere des Beleuchtungsapparates zeigt

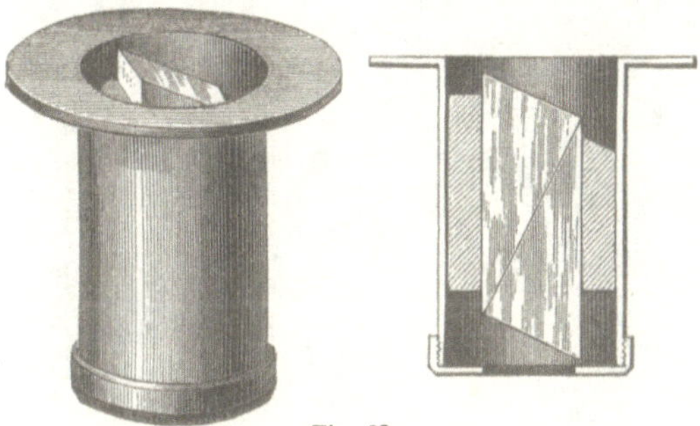

Fig. 83.
Polarisator.

Fig. 84, welche ein mittleres Mikroskop der Firma Carl Zeifs in Jena wiedergibt.

Aber auch die einfacheren Instrumente gestatten das Anbringen dieses Beleuchtungsapparates in vereinfachter Form, wie aus Fig. 85 ersichtlich, in welcher ein praktisches Arbeitsinstrument von C. Reichert in Wien abgebildet ist.

Der Beleuchtungsapparat besteht hier aus einem einfachen Kondensor mit Irisblende von 1—32 mm Öffnung.

Ein ähnliches Instrument, das aber noch umlegbar ist, stellt Fig. 86 dar, aus der Werkstätte von E. Leitz.

Bei Untersuchungen über das optische Verhalten vieler Objekte, insbesondere bei krystallographischen Unter-

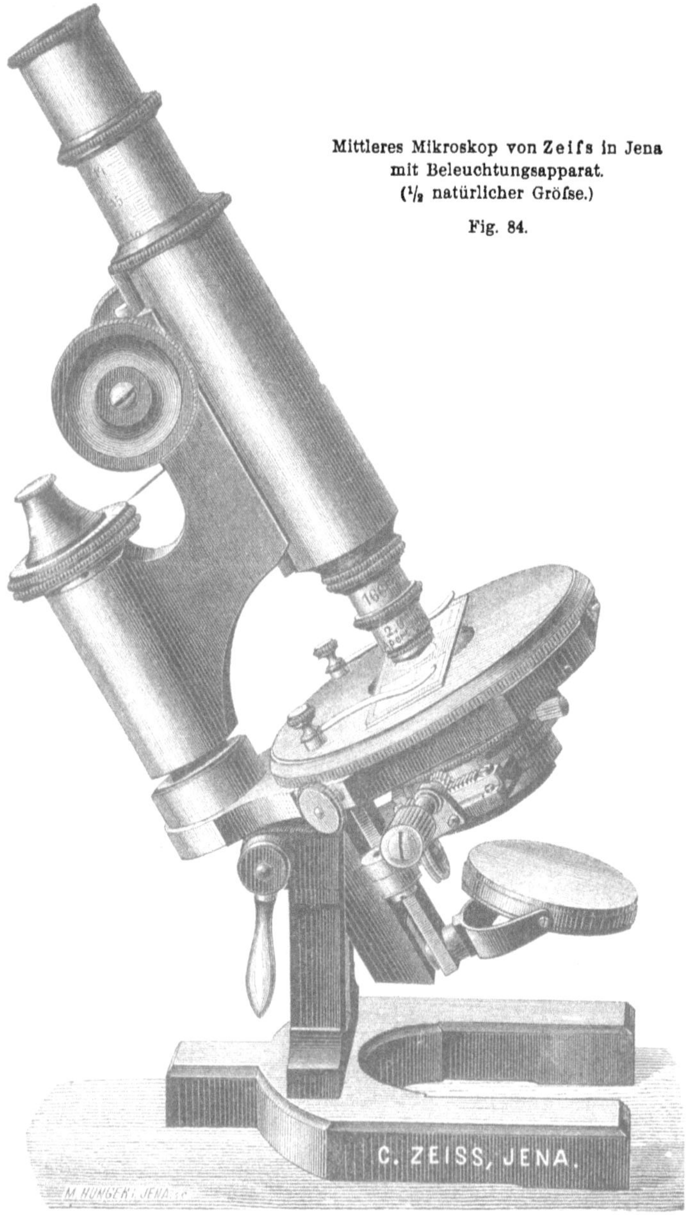

Mittleres Mikroskop von **Zeiſs** in Jena mit Beleuchtungsapparat. ($^1/_2$ natürlicher Gröſse.)

Fig. 84.

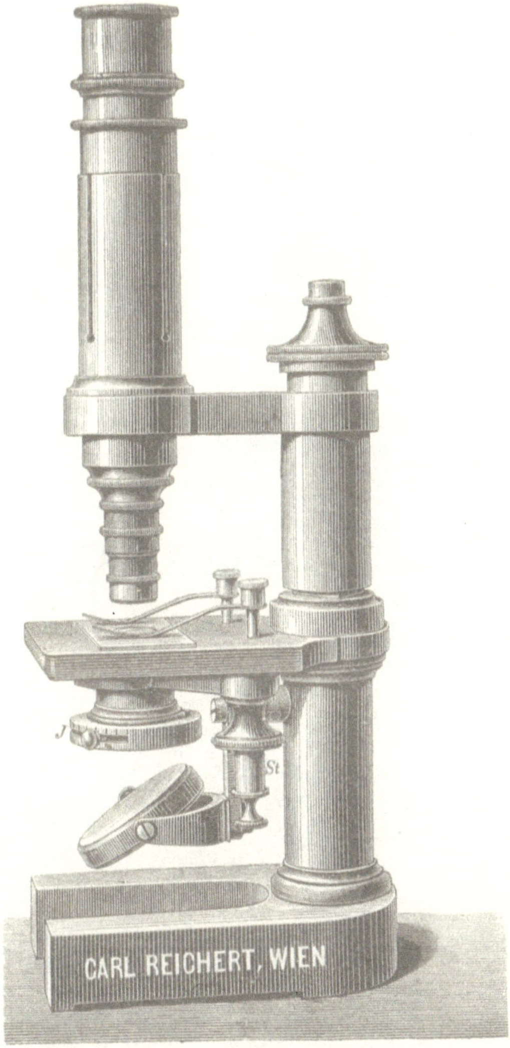

Fig. 85.
Mikroskop von **Reichert** in Wien mit einfachem Beleuchtungsapparat.
($^{3}/_{5}$ natürlicher Größe.)

suchungen, dann um Unterschiede in der physikalischen und chemischen Beschaffenheit der organischen Gewebe und Elementarorgane zur Anschauung zu bringen, ist die

Benutzung des polarisierten Lichtes von hoher Bedeutung, da durch dasselbe häufig feinere Strukturverhältnisse klar

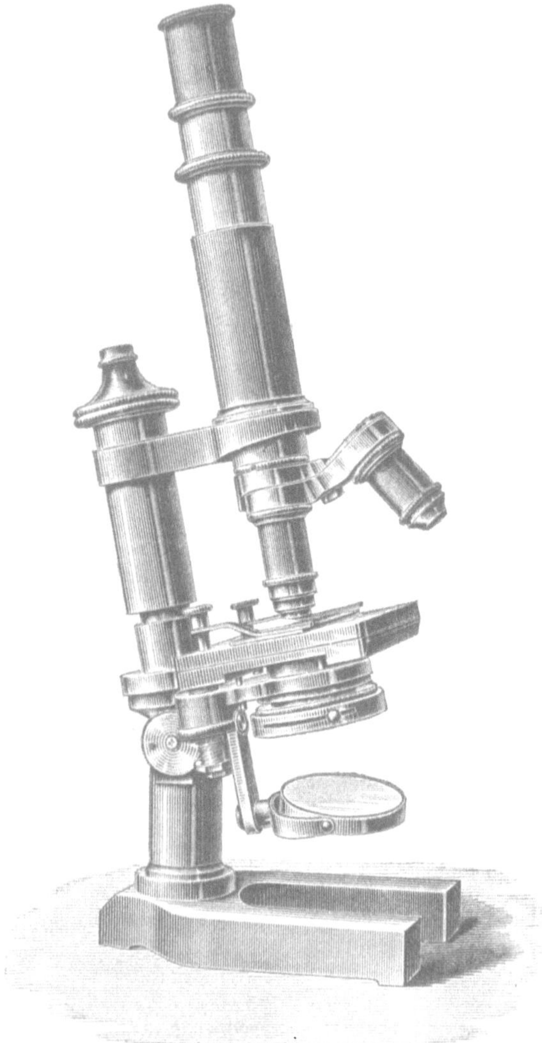

Fig. 86.
Mikroskop von E. Leitz in Wetzlar mit einfachem Beleuchtungsapparat.

werden, die ohne dasselbe gar nicht oder doch nur in unvollkommener Weise zu ermitteln sind. Wie bei allen

Polarisationsapparaten so mufs auch bei dem Mikroskope zunächst das Gesichtsfeld durch polarisiertes Licht erleuchtet und sodann dieses durch ein zweites Polarisationsmittel ins Auge geleitet werden. Zur Polarisierung des Lichtes verwendet man beim Mikroskope ausschliefslich die Doppelbrechung, hervorgerufen durch Nicol'sche Prismen.

Soll ein gewöhnliches Arbeitsmikroskop zur Polarisation eingerichtet werden, so wird das polarisierende Nicol, wie schon kurz angedeutet, in die Hülse des Schlittenapparates oder in den Diaphragmenträger des Abbe'schen Beleuchtungsapparates eingesetzt und mit einer der gewöhnlichen Lochblenden bedeckt, das zweite Nicol, der Analisator, auf das Okular aufgesetzt, oder wie es gegenwärtig fast ausschliefslich geschieht, Nikol und Okular zu einem Ganzen vereinigt, benutzt.

Sind dagegen die Stative vorwiegend für petrographische und geologische Untersuchungen bestimmt, so bringt man an denselben manche sonstige, die beabsichtigten speziellen Zwecke fördernde Vorrichtungen an, die jedoch bei Verwendung solcher Stative für anderweitige Zwecke in der Regel nicht als Errungenschaften bezeichnet werden können.

Reichert in Wien verfertigt unter anderen Stativen für den in Rede stehenden Zweck ein Mikroskop nach einem neuen Modell, das nicht nur seine spezielle Aufgabe vorzüglich erfüllt, sondern auch ohne weiteres als gewöhnliches Mikroskop in Gebrauch genommen werden kann. Dasselbe ist in Fig. 87 in ²/₅ der natürlichen Gröfse abgebildet.

Die grobe Einstellung erfolgt bei demselben durch Zahn und Trieb, die feine durch Mikrometerschraube. Es besitzt einen grofsen, runden, drehbaren und mit Gradeinteilung versehenen Objekttisch, Polarisationsapparat mit grofsem Sehfelde, beide Nicols sind leicht drehbar, der Polarisator an einem seitlich angebrachten Arm, so dafs sehr leicht von polarisiertem Lichte zu gewöhnlicher Beleuchtung übergegangen werden kann.

Da durch die Polarisation das Licht bekanntlich in zwei Strahlenbündel gespalten wird, von welchem nur eines durchgelassen, das andere aber reflektiert wird, und diese Spaltung sich zweimal wiederholt, so zeigt bei Anwendung des

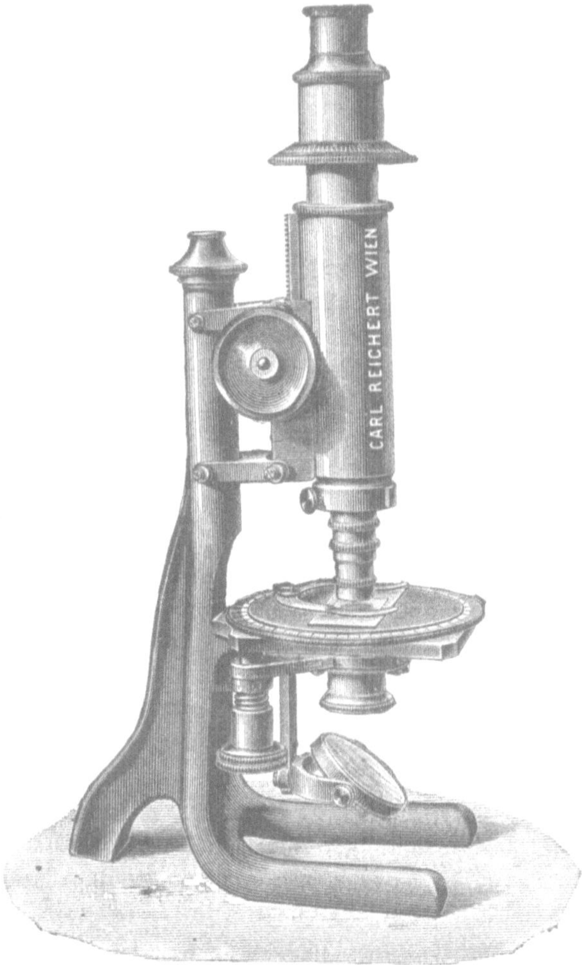

Fig. 87.

Reichert's kleines Mikroskop für mineralogisch-geologische Untersuchungen. ($^2/_5$ natürlicher Gröfse.)

polarisierten Lichtes, auch bei vollkommen paralleler Stellung beider Polarisationsebenen, das Gesichtsfeld bedeutend geringere Helligkeit als bei Anwendung des gewöhnlichen Lichtes; es ist daher gerade hier die Benutzung stark konzentrierten Lichtes, sowie die Vermeidung starker Vergröfserungen dringend geboten.

Da die Dicke des Deckglases einen optischen Faktor bei der Herstellung der Linsensysteme bildet, so ist es unbedingt erforderlich, dafs bei Anfertigung von Dauerpräparaten hierauf gebührend Rücksicht genommen wird und nur solche Deckgläser Verwendung finden, deren Dicke zwischen 0,15 und 0,20 mm liegt, für welche mittlere Deckglasdicke alle Systeme in fester Fassung korrigiert sind. Bei den Systemen in Korrektionsfassungen gibt die Teilung und Bezifferung des Korrektionsringes, am festen Index abgelesen, diejenige Deckglasdicke (in $^1/_{100}$ mm) an, für welche das Objektiv bei der betreffenden Stellung des Ringes am besten korrigiert ist. Die Korrektion für richtige Deckglasdicke mufs bei diesen Objektiven, namentlich aber bei den besonders starken, stets sorgfältig bewirkt werden, wenn die Leistung nicht bedeutend verlieren soll.

Wer häufig mit Korrektionssystemen zu arbeiten hat, der wird den Rat, den ich ihm hier geben möchte, wohl nicht als ganz wertlos bei Seite legen. Das Studium eines Präparates, dessen Deckglasdicke man nicht kennt, mit einem Korrektionssystem ist eine recht mifsliche Sache. Man wird den Korrektionsring, in der Hoffnung auf ein noch besseres Bild, bald rechts, bald links drehen und sich schliefslich mit irgend einem brauchbaren Bilde zufrieden geben müssen; ob es das beste ist, bleibt zweifelhaft. Durch eine solche planlose, sich häufig wiederholende Veränderung der Linsendistanz wird aber zweifellos die Feinheit der Korrektion beeinträchtigt und der Wert des Systemes herabgedrückt. Es ist daher nur vorteilhaft, wenn man sich neben Deckgläsern der gebräuchlichen Durchschnittsdicken auch solche von ganz bestimmter Dicke, mit einer Fehlergrenze von höchstens 0,005 mm, die man gegen geringen Preisaufschlag beziehen kann, vorrätig hält und diese nur bei Anfertigung jener Präparate verwendet, welche voraussichtlich mit Korrektionssystemen untersucht werden müssen[1]). Ein Vermerk der Deckglasdicke kann dann auf der Etikette des Präparates angebracht werden.

Liefern Systeme in fester Fassung, wegen stärkerer Abweichung in der Deckglasdicke, keine ganz klaren Bilder, so beachte man, dafs eine geringe Verlängerung des Tubus bei zu dünnem Deckglase, und eine Verkürzung desselben bei zu dickem Deckglase, den Fehler vollkommen ausgleicht.

Was den Unterschied zwischen Systemen für homogene und denen für nicht homogene Immersion (Wasser) betrifft, so sind bei gleicher Brennweite und Apertur erstere im Vorzug durch ihr notorisch stets vollkommeneres Definitionsvermögen und ihre gröfsere Unempfindlichkeit gegen Schwankungen in der Deckglasdicke. Wasserimmersionssysteme sind ihnen daher nur da vorzuziehen, wo die Beschaffenheit der zu untersuchenden Präparate den Gebrauch von Öl als Immersionsflüssigkeit unthunlich erscheinen läfst. Als Öl wird gegenwärtig ausschliefslich das von *Juniperus virginiana* stammende sog. Cedernholzöl benutzt. Es wird von den verschiedenen optischen Werkstätten in neuerer Zeit fast ausschliefslich in eingedicktem Zustande geliefert, wodurch einerseits seine unbequeme Dünnflüssigkeit beseitigt und andererseits eine gröfsere Übereinstimmung seines Brechungsindex mit demjenigen des Deckglases erreicht ist. Gleichwohl stimmen die von verschiedenen Seiten gelieferten Öle in ihrem optischen Verhalten durchaus nicht vollkommen miteinander überein. Es ist daher davor zu warnen, bei Neubedarf von Immersionsflüssigkeit eine andere Bezugsquelle zu benutzen, als diejenige, von welcher die Systeme herrühren, weil bei abweichenden Flüssigkeiten eine bedeutende Einbusse in der Leistung der Objektive zu gewärtigen ist.

Wer ein kleines Modell eines Mikroskopstatives besitzt und doch genötigt ist, öfters Immersionssysteme in Gebrauch

[1]) Die gröfste Auswahl guter Deckgläser in allen nur denkbaren Formen und Gröfsen halten wohl Klönne und Müller in Berlin.

nehmen zu müssen, mufs ganz besonders vorsichtig in der Handhabung seiner Systeme sein, da dieselben sonst Schaden leiden, denn ein freihändiges Verschieben des Tubus ist bei diesen Systemen immer eine bedenkliche Sache. Es ist daher denjenigen Herren, welche zunächst nur eine geringere Summe bei der Anschaffung ihres Mikroskopes anlegen, dieses aber später ohne Sonderkosten durch Immersionssysteme etc. ergänzen wollen, anzuraten, sich gleich mit einem der gröfseren Modelle auszurüsten.

Zur Ermittlung der Reliefverhältnisse eines Körpers dient eine sorgfältige und genaue Einstellung. Welcker hat hierüber eine bequeme Einstellregel gegeben. Diese lautet: Zeigt ein Objekt seinen lebhaftesten Glanz beim Erheben des Tubus, so hat man den Tubus auf den Gipfel einer Erhabenheit hinaufgeschoben (wir haben es also in diesem Falle mit einem konvexen Körper zu thun); zeigt sich aber der Glanz beim Senken des Tubus, so hat man den Tubus in eine Tiefe hinabgesenkt (der uns in diesem Falle beschäftigende Körper ist also konkav).

Um in einem Präparate eine kleine Stelle wieder rasch auffinden zu können, hat Hoffmann einen nachahmenswerten Wink gegeben. Man ritzt nämlich an zwei diametral gegenüberliegenden Stellen der Öffnung des Objekttisches seines Mikroskopes zwei Kreuze, das eine stehend (+), das andere liegend (×), ein. Befindet sich nun eine zu markierende Stelle des Präparates im Zentrum des Sehfeldes, so trägt man mit Tinte die beiden gleichen Kreuze genau über denen des Objekttisches auf die Glasplatte auf. Später hat man nur jene Marken wieder übereinander zu bringen, um den Gegenstand sogleich zu finden.

Zum raschen Wechseln der Objektive am Stative sind allgemein die Revolvervorrichtungen üblich. Wenn diese aber wirklich von praktischem Nutzen sein sollen, so mufs 1. das Bild beim Wechseln der Objektive nicht verschwinden, so dafs zur scharfen Einstellung desselben lediglich eine Nachhilfe mit der Mikrometerschraube nötig ist, und soll 2. die Wechselvorrichtung gut zentriert sein, d. h. nach dem

Wechseln dieselbe Stelle des Präparates im Mittelpunkte des Gesichtsfeldes sein.

Die erstere Anforderung wird dadurch erfüllt, dafs die überhaupt zur Verwendung am Revolver geeigneten Objektive durch die verschiedene Länge ihrer Trichter unter sich abgeglichen sind, also beim Wechseln von selbst in den ihrem Fokus entsprechenden Abstand von der Objektebene kommen. Der zweiten Anforderung kann an einer Revolvervorrichtung nur dann entsprochen werden, wenn dieselbe mit den speziell für sie bestimmten Objektiven von dem Mikroskopverfertiger in jedem einzelnen Falle ausjustiert wird. Bei Nachlieferung eines dieser Teile kann für genaue Zentrierung keine Garantie übernommen werden.

Zur Vermeidung dieses Übelstandes hat nun die Firma Zeifs in Jena, deren rastloser Thätigkeit wir so manchen wertvollen Fortschritt auf dem Gebiete der mikroskopischen Beobachtung verdanken, neuerdings den Schlittenobjektivwechsler konstruiert, welcher eine eigene Zentriervorrichtung besitzt, daher jedem Objektive vom Besitzer des Apparates speziell angepafst werden kann und nachstehend beschrieben werden soll.

Der ganze Apparat besteht aus einem Tubusschlittenstück und einer beliebigen Zahl von Objektivschlittenstücken. Das Tubusschlittenstück wird in der, bei den gewöhnlichen Revolvern gebräuchlichen Weise am Tubus angeschraubt und, mit der Schlittenführung nach vorn gerichtet, an demselben festgezogen. Die Ebene der Schlittenführung ist nicht senkrecht zur optischen Achse, sondern zu derselben schwach geneigt. Die Ebene der Schlittenführung bei den Objektivschlittenstücken hat gegen die optische Achse die gleiche Neigung wie die des Tubusschlittenstückes, so dafs das Objektiv sich beim Ausrücken etwas hebt und den Lackring der Präparate nicht beschädigt. Ein an diesem Stücke angebrachter, mittels Uhrschlüssel regulierbarer Anschlag fixiert es in einer bestimmten Stellung, welche es bei jedesmaligem Einrücken stets wieder einnehmen mufs und dient zur Zentrierung in der Richtung der Schlittenführung.

Eine gleichfalls mittels Uhrschlüssels regulierbare Schraube ohne Ende vermittelt die Zentrierung des Objektives rechtwinkelig zur Schlittenführung. Objektive, deren Trichterstücke für die Fokalabstände annähernd ausgeglichen sind, können mittels des am Objektivschlittenstücke befindlichen Gewindes genau fokusiert und in der dann angenommenen

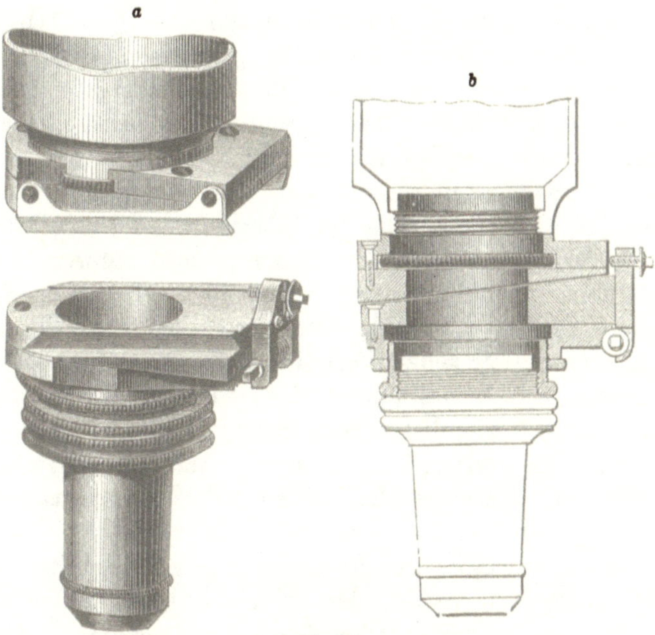

Fig. 88.

Schlittenobjektivwechsler von Zeifs.

a Ansicht der beiden getrennten Teile. *b* Durchschnitt durch den geschlossenen Apparat.

Stellung durch den Klemmring ein- für allemal befestigt werden. Beim Wechseln der Objektive bleibt nach guter Ausjustierung der Objektivschlittenstücke stets derselbe Punkt des Präparates in der Mitte des Gesichtsfeldes und zugleich annähernd scharf fokusiert, so dafs zur vollkommen scharfen Einstellung gewöhnlich nur eine geringe Nachhilfe mit der Mikrometerschraube nötig ist. — Die Objektivschlittenstücke werden in beliebiger Zahl zu jedem Tubusschlittenstück abgegeben und können jederzeit ohne weiteres nachbezogen werden.

XII. Notizbuch und Präparationsjournal.

Nichts wirkt hemmender auf den geordneten Fortgang naturwissenschaftlicher Studien als Unklarheit über die Herkunft des, der Präparation unterliegenden Materiales. Manche berufen sich auf ihr gutes Gedächtnis, andere auf die Sicherheit, welche sie im Erkennen der ihnen geläufig gewordenen Rohmaterialien erworben haben, und halten deshalb genaue Aufzeichnungen hierüber für unnötig. Bald genug werden sie zu ihrem Schaden wahrnehmen, dafs das gute Gedächtnis sie im Stiche läfst, dafs ein fertiges Präparat keineswegs sich so leicht auf seine Abstammung zurückführen läfst. Es ist daher unbedingtes Erfordernis über alle auf das Einsammeln oder den Erwerb naturwissenschaftlicher Objekte bezüglichen Punkte genaue Aufschreibungen in einem eigens für diesen Zweck bestimmten Notizbuche zu machen. Ganz besonders gilt dieses beim Sammeln von Material auf kleineren oder gröfseren Exkursionen, zumal wenn sich hierbei das mitgenommene Material anhäuft. Man mache die bezüglichen Notizen über Ort, Zeit, Menge des Auftretens, Nachbarschaft, besondere Umstände oder Zufälligkeiten etc. sofort an Ort und Stelle oder beim Eintreffen solcher Objekte von auswärts unmittelbar nach Empfang und verlasse sich — ich wiederhole dies — ja nicht auf sein Gedächtnis. Der umsichtige Sammler wird dabei auch die nötigen kurzen Angaben über Witterungsverhältnisse des betreffenden Tages, Wärme, Windrichtung, Bewölkung, Niederschläge etc. mitverzeichnen. Zu Hause angelangt notiere man bei dem Namen des Gegenstandes im Notizbuche auch die Nummer des Glases, Schächtelchens oder der Papierdüte, in welcher der Gegenstand vorerst aufbewahrt wird. Je gewissenhafter und vorsichtiger man dabei zu Werke geht, um so gröfser wird die Sicherheit gegen Verwechslungen, durch welche Zeit und Mühe nutzlos verbraucht, bedenkliche Selbsttäuschung veranlafst und bei Tauschgeschäften das Vertrauen in die Verlässigkeit des Tauschfreundes untergraben wird.

Nicht selten wird der Anfänger — manchmal wohl auch der geübtere Sammler — auf unbekanntes Material stofsen. Unter allen Umständen ist dasselbe mitzunehmen, und hat man sich alle Mühe zu geben durch fleifsiges Studium und gründliches Vergleichen mit verwandten Objekten den zweifelhaften Gegenstand selbst zu bestimmen, und nehme man hierzu nicht ohne Not die Hilfe eines erfahreneren Freundes in Anspruch. Zur Sicherstellung der Determination soll allerdings das Urteil eines Kundigen eingeholt werden. Unbestimmtes Material ist wertlos; man verliere daher keine Zeit mit seiner Präparation.

Auch die bei Herstellung von Dauerpräparaten vorgenommenen Manipulationen sollen aufgezeichnet werden und ist hierzu die Anlage eines eigenen Präparationsjournales erforderlich. Die Führung eines solchen setzt uns in den Stand bei später vorzunehmenden Präparationen gleicher oder ähnlicher Objekte stets das geeignete Verfahren, auf Grund der früher gemachten Erfahrungen, mit Sicherheit einzuschlagen. Seit mehreren Jahren trage ich auch den Mifserfolg der Präparation schwierigerer Objekte in mein Journal aus dem gleichen Grunde ein, denn auch der negative Erfolg belehrt und macht uns an Erfahrungen reicher. Es wird wohl jeder Einzelne ein derartiges Journal, seinen Bedürfnissen entsprechend, selbst anzulegen im stande sein, doch glaube ich den Wünschen der Anfänger am besten zu entsprechen, wenn ich, statt aller weiteren Auseinandersetzungen über diesen Gegenstand, das von mir seit längerer Zeit für alle Arten von Präparationen angewendete Journal im Schema hier beifüge.

Noch bemerke ich, dafs auf den Etiketten meiner Gläser, in denen sich Mazerations-, Tinktions-, Aufhellungsflüssigkeiten etc. befinden, die genaue Zusammensetzung der letzteren notiert ist, die Gläser mit Buchstaben oder Nummern versehen sind und überdies, um von der Dauerhaftigkeit der Etikettenschrift unabhängig zu sein, die Zusammen-

Präparations-Journal.

Numm. curr.	Bezeichnung des Objektes		Tag des Ein-sammelns	Fundort	Vorbehandlung	Weitere Präparation	Fertigstellung	Bemerkungen
	allgemeine	spezielle						
145	*Dyticus marginalis* ♂	Stigmen	12. X. 92	Weiher vor dem Pollinger Keller	3 Tage in kalter konzentrierter Kalilauge	—	Alkohol, und 1 Stunde in Nelkenöl, Kanadabalsam	Nur die zwei letzten Stigmen hübsch
146	*Gryllus campestris L.*	Kaumagen, Querschnitt	15. X. 92	Liegt seit Frühjahr in Wickersheimers Flüssigkeit	3Tage in Müller's Flüssigkeit erhärtet. B. 4	Paraffin eingebettet, Schnitte mit Pikrokarmin tingiert	2 Präp. Kanadabalsam, 2 Präp. Glyceringelatine	Doppeltinktion schön. In Glyceringelatine besser als in Balsam
147	*Cucumaria mediterranea*	Kalkkörperchen	Aug. 92	Mittelmeer. In Alkohol liegend	Kochen in Kalilauge bis zum Zerfall des Körpers	Mit Eosin gefärbt. Mit Karmin gefärbt	Trocken eingelegt. In Kanadabalsam eingelegt. In Glyceringelatine eingelegt	Beide Färbungen mifsglückt. In Balsam zu durchsichtig
148	3 Stück *Hirudo* aus Bosnien	Art soll bestimmt werden aus dem Kiefer	10. V. 93	Von Paar in Reutte in Spiritus erhalten	Trockene Zergliederung des Schlundkopfes. Nichts gefunden	Mazerieren des Kopfes in kalter Kalilage 3 Tage. Kein Erfolg	Kochen in Kalilauge. Kein Kiefer mit Zähnen	Ist kein *Hirudo*, sondern *Aulacostomum* od. *Heluo*
149	*Taenia mediocancellata*	Geschlechtsreife Glieder	4. III. 93	Von Prof. Dr. E. in Baltimore in Methylalkohol erhalten	6 Tage Mazerieren in D. 2	Paraffin eingebettet. Quer- und Längsschnitte	Tinktion mit *Fuchsin*. Tinktion mit *Rose de Naphtalin*	Beide sehr schön, Eier ungefärbt gelb
150	4 Wochen altes Huhn (*Gallus dom.*)	Magen	24. VI. 93	Eigene Aufzucht	3 Wochen gehärtet in abs. Alkohol	Freihandschnitt in Methylenblau und Karmin tingiert	Stark überfärbt, nicht brauchbar $k = 1:4$. Mit $k = 1:10$ hübsch	3 mal mit schwacher Karminlösung gefärbt. Sehr schön

151	*Syringa vulgaris*	Querschnitt d. d. Vegetationskegel	5. III. 93	—	1 Tag in stark verdünnter Kalilauge	1 Stunde in *Liquor Natri chlorati*	Glyceringelatine	—
152	*Pteris aquilina*	Erdstamm	7. IV. 93	Schlegelwald	10 Tage Mazeration in konzentrierter Kalilauge	4maliges Kochen in Kalilauge	Isolierte Treppengefäſse in Glycerin gelegt	Prächtige Bilder, auch eine Siebröhre zufällig gefunden
153	*Berberis vulgaris*	Blatt mit *Aecidium berberidis Pers.*	4. VI. 93	—	Im frischen Zustand über Hollundermark geschnitten	Schnitte 1 Stunde in *Liquor Natri chlorati*	Glyceringelatine	—
154	*Sputum* eines Kranken	Zu untersuchen auf Bakterien	7. VI. 93	Dr. L.	Behandlung nach Ziehl	Behandlung nach Ehrlich	Kanadabalsam	Keine Bakterien gefunden
155	*Phönix dactylifera*	Fruchtstein	—	—	Gesägt und auf Abziehstein geschliffen und poliert	Alkohol	Kanadabalsam	—
156	*Guajacum officinale*	Rinde	—	Apotheke	6 Tage lang in geschrotetem Zustande in Wasser mazeriert	Holzner'sche Methode	Trockener Einschluſs	Sonderbare, teils zertrümmerte Krystallformen
157	*Bacterium Ulna*	Spaltpilz	2. II. 93	Aus einem zersprungenen faulenden Hühnerei	Nach der Methode von Koch behandelt	—	Kanadabalsam	Lediglich Kurzstäbchen in Kettenform erhalten

setzung aller in Gebrauch genommenen Flüssigkeiten unter Beifügung des Buchstabens oder der Nummer des Glases auf den ersten Seiten des Präparationsjournales eingetragen ist.

XIII. Etikettieren und Aufbewahren der Dauerpräparate.

Sind die angefertigten Präparate vollkommen trocken — was bei den meisten in Kanadabalsam eingeschlossenen immerhin 3 bis 5 Monate währen kann — und hat man sich davon überzeugt, daſs die Lackverschlüsse keinerlei Beschädigungen aufweisen, so etikettiert man dieselben und bringt sie in die Sammlung. Während der Herstellung und des Trocknens ist auf dem Objektträger lediglich die bezügliche Nummer des Präparationsjournales, welche entweder auf einem dauerhaft aufgeklebten Streifen Papier mit Tinte geschrieben oder mit einem zum Schreiben auf Glas präparierten Farbstifte direkt auf den Objektträger, oder am besten mit einem Glaserdiamanten an einer Stelle, die später durch die Etikette gedeckt wird, eingeritzt ist, angebracht.

Gummi arabicum wende man weder zum Aufkleben der fortlaufenden Nummer, noch zur Befestigung der Etikette an, da er beim Erwärmen gar leicht die Adhäsion zum Glase so vollständig verliert, daſs das Aufgeklebte abspringt,

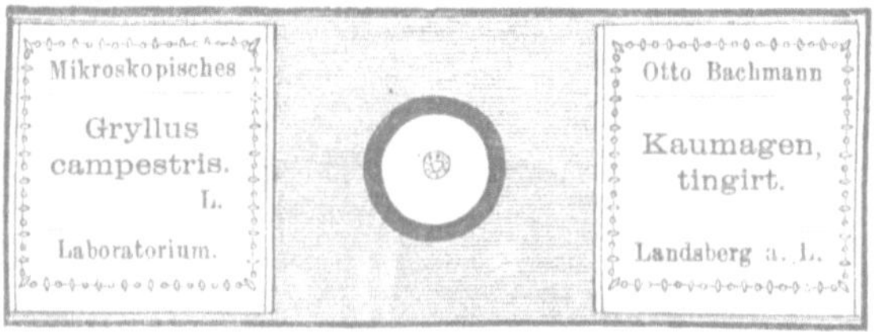

Fig. 89.
Fertiges Präparat.

wodurch namentlich für den Anfänger sehr bedenkliche Verwirrungen entstehen können. Ich benutze seit langer Zeit mit bestem Erfolge irgend einen aus jeder Schreibmaterialienhandlung zu beziehenden flüssigen Leim.

Die Etiketten werden in der aus vorstehender Fig. 89 ersichtlichen Weise aufgeklebt. Sie müssen bei Objekten organischen Ursprungs zunächst den Namen des Tieres oder der Pflanze, von welchen das Präparat abstammt, und dann seine nähere Bezeichnung enthalten. Ist der Gegenstand selten oder ausländischen Ursprungs, so ist auch der Fundort bzw. die Heimat anzugeben. Ist auf der Etikette noch Raum vorhanden, so ist es gut auch die Einschlufsflüssigkeit darauf zu bezeichnen, was sich leicht durch ein paar Buchstaben bewerkstelligen läfst, indem man z. B. für Kanadabalsam K.B., für Glycerin Gl., für Glyceringelatine Gl.G. etc. setzt.

Das Anbringen von Schutzleisten, d. h. schmaler Glas- oder Holzstreifen, die an den beiden Schmalseiten des Objektträgers aufgeklebt werden, kann ich durchaus nicht empfehlen. Hierdurch wird einerseits der Raum für die anzubringende Etikette zu sehr beschränkt, andererseits eine grofse Unbequemlichkeit beim Betrachten der Präparate unter dem Mikroskope, namentlich bei starken Vergröfserungen, geschaffen, weil man dadurch in manchen Lagen des Präparates den Abstand des Linsensystemes von der Oberfläche des Deckglases nicht beobachten kann; Untersuchungen mit Immersionssystemen werden hierdurch nahezu unmöglich. Allerdings erreicht man bei Anwendung von solchen Schutzleisten das Bequeme, die einzelnen Präparate ohne weiteres aufeinander schichten zu können, aber dieser Vorteil vermag die oben geschilderten Nachteile nicht auszugleichen. Will man gleichwohl seine Präparate unmittelbar aufeinander legen — wofür ich übrigens auch keinen einwandfreien Grund auffinden kann — so kann dieses bequemer dadurch geschehen, dafs man als Etiketten hinreichend starkes Kartonpapier nimmt oder sie auf solches aufklebt. Ich finde übrigens auch in diesem Falle den erreichten Vorteil nicht so grofs als den Nachteil, der aus der Beschränkung der vollkommen freien Beweglichkeit des Präparates resultiert, weshalb ich für meine Präparate nur Etiketten von mäfsig starkem Papier benutze.

Um seine Präparate möglichst lange unversehrt zu erhalten, hat man sie nicht nur vor mechanischen Verletzungen,

Lackabspringen, Zerbrechen u. s. w., sondern auch vor Staub und Schmutz thunlichst zu schützen. Da dieses bei aller Sorgfalt nicht vollkommen möglich ist, so mufs der Staub von Zeit zu Zeit mit einem weichen, trockenen Pinsel entfernt werden. Schmutz entfernt man nach vorhergegangenem Abstauben durch Reiben mit einem weichen Leinwandlappen, nötigenfalls unter Anwendung von etwas Wasser.

Besondere Vorsicht erfordert die Erhaltung der in eine Flüssigkeit eingeschlossenen Präparate. Dieselben sollen jährlich einen wiederholten dünnen Lacküberzug erhalten, da mit der Zeit auch der beste Lack mikroskopisch feine Rifschen bekommt, durch welche die Flüssigkeit austreten und dadurch das Präparat verderben könnte. Besonders ist dieses zu befürchten, wenn die Präparate in raschem Wechsel wiederholt starken Temperaturdifferenzen ausgesetzt sind, in welchem Falle die ungleichmäfsige Ausdehnung zwischen Deckglas und Lackverschlufs häufig feine Risse hervorruft.

Die in eine Flüssigkeit eingeschlossenen Präparate dürfen ferner bei der Aufbewahrung nicht auf die lange Kante gestellt, sondern müssen horizontal liegend aufbewahrt werden, da aufserdem das eingeschlossene Präparat, dem Gesetze der Schwere folgend, sich senkt, und ganz oder teilweise unter dem Lackverschlusse verbirgt. Sollte dies übrigens erfolgt sein, so stellt man das Präparat auf die entgegengesetzte lange Kante, und legt dasselbe horizontal, sobald das eingeschlossene Objekt die Mitte des Lackringes erreicht hat. Ein Gleiches geschieht bisweilen auch bei in Kanadabalsam liegenden Präparaten, wenn dieselben ehe der Balsam im Innern hinreichend erhärtet ist, auf die lange Kante gestellt werden. Hier mufs der Objektträger auf der Rückseite vorsichtig erwärmt und das Präparat sodann auf der entgegengesetzten langen Kante an einem warmen Orte so lange stehen bleiben, bis sich das Objekt wieder gegen die Mitte des Lackringes zu gesenkt hat.

Sollte bei einem Präparate in Folge entstandener Risse etwas von der Einschlufsflüssigkeit ausgetreten oder verdunstet und an deren Stelle Luftblasen zwischen Deckglas und Objektträger eingedrungen sein, so mufs das Objekt umgebettet werden. Zu diesem Behufe schabt man mit einem spitzen Messer den auf dem Deckglase und Objektträger haftenden Lack so weit weg, bis das Deckglas frei liegt und nur durch die zwischenliegende Lackschichte noch an dem Objektträger haftet. Nachdem man den losgelösten Lack vollständig entfernt hat, bringt man rings um das Deckgläschen ein kleines Quantum derselben Flüssigkeit, in welcher das Objekt liegt. Hierauf erwärmt man den Objektträger vorsichtig und sucht mit der Spitze einer Nadel das Deckglas zu heben, was leicht gelingen wird, und wodurch die aufgebrachte Flüssigkeit zum Objekte eindringen kann, so dafs letzteres in derselben flottiert und mit einem spitzen Papierstreifen oder feinen Pinsel unverletzt weggenommen werden kann. Nach Reinigung des Objektträgers kann der neue Einschlufs sofort vorgenommen werden.

Wird es nötig ein in Kanadabalsam eingeschlossenes Präparat umzulegen, so mufs erst der ganze Lackverschlufs sauber abgekratzt werden, da aufserdem bei dem nachfolgenden Erwärmen der Lack sich mit dem Balsam vermischen und dadurch das Präparat verderben könnte.

Was die Art und Weise der Aufbewahrung der fertigen Präparate betrifft, so mufs ich bemerken, dafs dieselbe keineswegs so gleichgiltig ist, wie dieses vielleicht auf den ersten Blick erscheinen möchte. Das Anfertigen brauchbarer Präparate kostet uns viel Zeit, Geld und Mühe, und setzt unsere Geduld manchmal auf eine schwere Probe. Aus diesem Grunde schon müssen wir Bedacht darauf nehmen, dafs die Einreihung derselben ihnen den gröfstmöglichen Schutz gegen innere und äufsere Verletzungen biete, und zugleich das Aufsuchen und Herausnehmen eines gewünschten Präparates leicht und sicher ohne Zeitverlust möglich ist. Wem daher seine Sammlung lieb ist, der wird auch den Kostenaufwand nicht scheuen dürfen, den er für eine sichere, praktische und zugleich elegante Aufbewahrung seiner Präparate zu bringen hat.

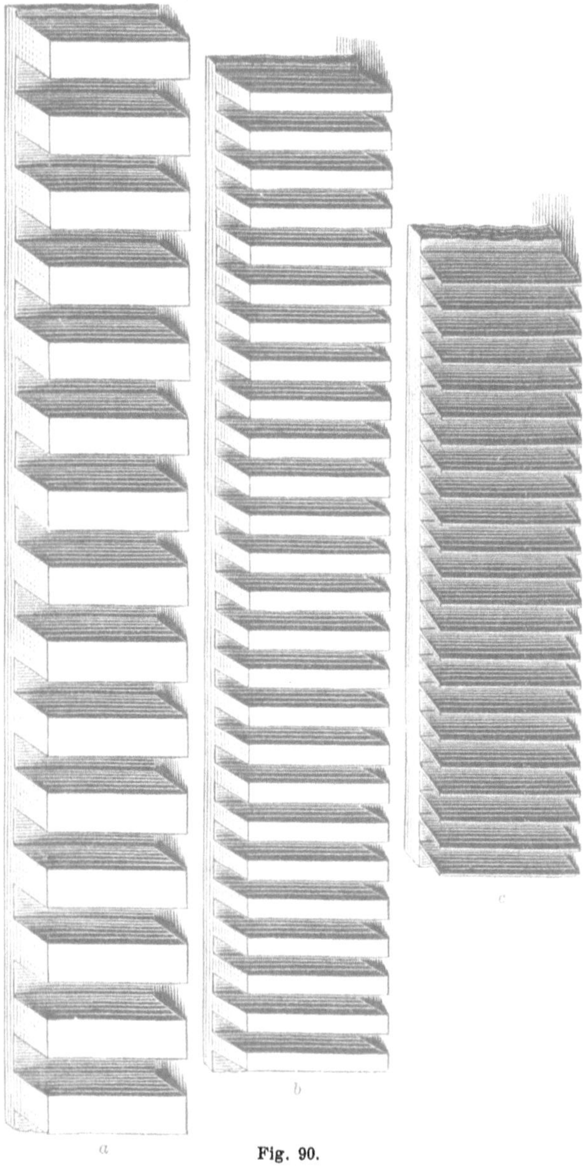

Fig. 90.
Holzzahnleisten.

Ich habe in dieser Richtung sehr viel und von mafsgebender Seite Empfohlenes durchprobiert, aber — offen gestanden — wenig zweckentsprechend gefunden. Die vorteilhafteste Art der Einordnung der Präparate ist jedenfalls die von Prof. Frey angegebene und von den meisten Mikroskopikern acceptierte Art, die ich auch meinen Sammlungen zu Grunde gelegt habe, namentlich seit mir die Kartonnagenfabrik von Theodor Schröter in Leipzig (Windmühlenstraſse 46) bekannt wurde, deren Erzeugnisse allen an einen Aufbewahrungsbehälter für mikroskopische Präparate begründeter Weise zu stellenden Anforderungen entsprechen, zumal dieselben für alle gebräuchlichen Objektträgergröſsen (26 × 76, 30 × 75, 30 × 70, 35 × 70, 25 × 65, 28 × 48, 32 × 62 und 40 × 76) angefertigt werden.

Fig. 91.

Zum Festhalten der Präparate dienen Holzzahnleisten von dreierlei Formen, wie sie Fig. 90 in natürlicher Gröſse darstellt. Die Leisten *a* finden Verwendung, wenn die Präparate zu je zweien mit dem Rücken gegeneinander in einem Zahne untergebracht werden sollen; die Formen *b* und *c* dienen zur Aufnahme je eines Präparates. Die Leisten *b* halten die Präparate etwa 5 mm weit auseinander und gestatten daher mit Leichtigkeit die Herausnahme jedes einzelnen Präparates, während durch die Leisten *c* die kompendiöseste Art der Einreihung möglich ist.

Damit der Leser ein klares Bild von diesen, insgesamt aus Pappe sauber und dauerhaft hergestellten Kartons erhält, führe ich ihm die gebräuchlichsten derselben in den Abbildungen Fig. 91 bis 104 vor.

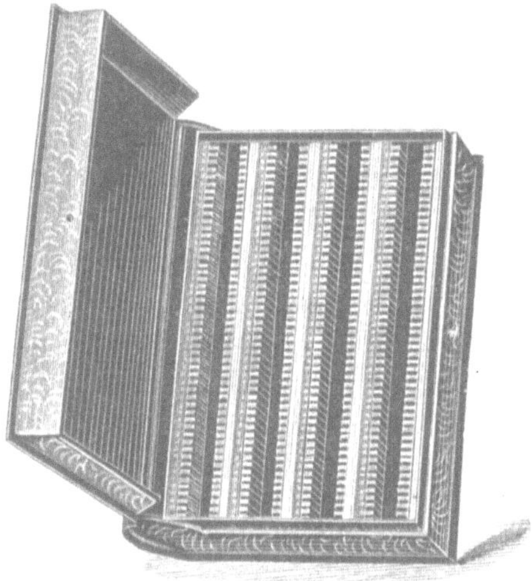

Fig. 92.

Fig. 91 ist ein Karton in Buchform, grofs Quart, ganz Kaliko, schwarz mit Goldtitel, Hakenverschlufs und Schutz-

Fig. 93.

köpfen auf der äufseren Seite. Der Karton fafst 200 Präparate, die in wagrechter Stellung doppelt gegen einander gesetzt sind.

Fig. 94.

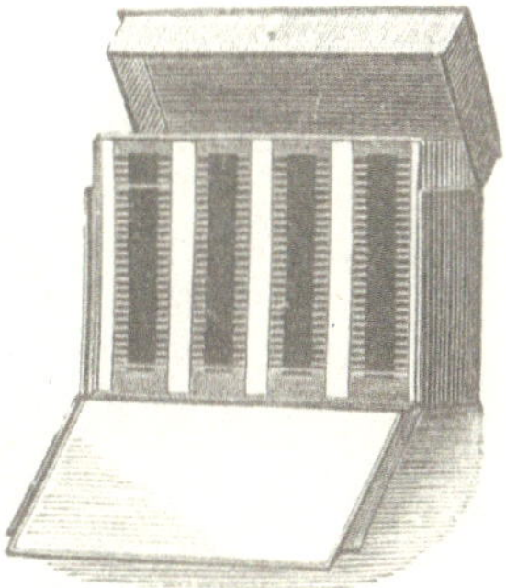

Fig. 96.

Fig. 95.

Fig. 97.

Fig. 98.

Fig. 92 stellt einen ebenso ausgestatteten Karton mit Zahnleisten *b* für 200 Präparate dar, welche in vier Reihen einzeln wagrecht gesetzt sind.

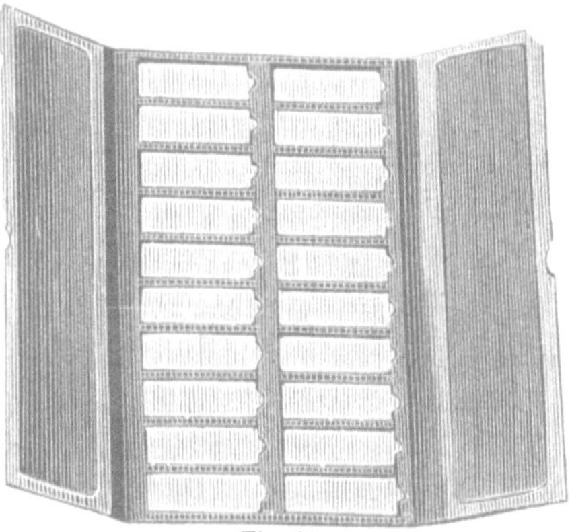

Fig. 99.

Fig. 93 und 94 sind zwei Kartons in Buchform für je 100 Präparate, ersterer besitzt die Zahnleisten *b*, letzterer die Form *c*.

Fig. 100.

Fig. 95 und 96 sind Kartons in Etuisform, ersterer für 200 Präparate mit Zahnleisten *a*, letzterer für 100 Präparate mit Zahnleisten *b*.

Fig. 97 ist ein Karton in Taschenformat zum Zusammenschieben mit Zahnleisten *c*, ganz Kaliko mit Goldtitel für 25 und 12 Präparate.

Fig. 98 und 99 sind Präparatensammler in Tafelform mit durchbrochenen oder massiven Decken, welche mit Vorteil für die zum Austrocknen bestimmten Balsampräparate

Fig. 101.

verwendet werden, um dieselben bis zum Trocknen staubfrei aufzubewahren.

Nach dem Austrocknen und Fertigstellen lassen sich diese Tafeln bequem in einem Sammelkasten einreihen, wie

Fig. 102.

Fig. 100 einen solchen zu 10 Tafeln à 20 Präparate in Pappe, und Fig. 101 einen solchen zu 25 Tafeln aus Holz darstellt.

Fig. 102 zeigt ein flaches zusammenlegbares Taschenetui für 12 Präparate sammt Futteral, das namentlich für Demonstrationszwecke sehr praktisch erscheint.

Fig. 103 ist ein einfaches Holzversandkästchen, zum Versenden von Präparaten durch die Post als Muster ohne Wert oder auch als Doppelbrief. Sie werden für 10, 12, 15, 20, 24, 25 und 30 Präparate angefertigt und empfehlen sich

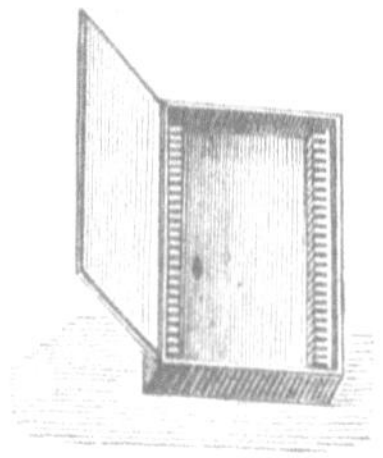

Fig. 103.

Versandfertig. Geöffnet.

Fig. 104.

für den angegebenen Zweck vorzüglich, da selbst bei überseeischem Transporte die Präparate in denselben vor dem Zerbrechen geschützt sind.

Fig. 104 ist ein in roher Pappe ausgeführtes Etui zur Versendung einzelner Präparate durch die Post (1 bis 3 Stücke) in Briefform. Das Abstempeln auf der Post ertragen dieselben ganz gut.

Zusammenstellung

der

bei mikroskopischen Untersuchungen notwendigen Reagentien, Färbe- und Imprägnationsmittel, Verschlufs- und Einbettungsmassen.

Name des Mittels	Zu behandelnde Objekte	Bemerkungen
Äther (Schwefeläther) . . .	a) zum Auflösen von Harzen, Fetten und Ölen in mikroskopischen Präparaten; b) zum Lösen von Kanadabalsam und anderen Harzen, welche als Einschlufsmasse dienen; c) zum Verdünnen von Lacken.	—
Alkohol (absolut und gewässert)	a) Zum Härten von Organen und Schnitten; b) als Zusatz zu anderen Reagentien; b) zum Lösen von Färbemitteln und zur Beseitigung von Harzflecken.	—
Ameisensäure .	Zur Reduktion von Gold bei Imprägnationen.	1 T. Ameisensäure, 1 T. Amylalkohol, 100 T. Wasser.
Ammoniak . .	a) Verdünnt zur Mazeration statt Kali- oder Natronlauge; b) konzentriert zum Lösen des Karmins.	—
Anilinrot (Fuchsin) . .	Färbt Linse, Glaskörper, Glaskörperhaut, Epithelien, junge Knochen, Knorpel, Radula, elastische Fasern, Drüsen- und Nervenzellen, die Flimmerfortsätze während der Bewegung.	—

Name des Mittels	Zu behandelnde Objekte	Bemerkungen
Anilinblau-schwarz . .	Zum Färben der Präparate des Zentralnervensystems.	Erzeugt drei verschiedene Farben.
Anisöl	Statt Nelkenöl.	—
Arabisches Gummi . . .	Bestandteil der Farrants'schen Einschlufsflüssigkeit.	—
Arsenige Säure .	a) 0,5 % wässerige Lösung allein oder mit Glycerin vermischt, zum Aufquellen eingetrockneter Blutkörperchen; b) Bestandteil der Farrants'schen und Wickersheimer'schen Flüssigkeit.	Eine gut brauchbare Flüssigkeit.
Asphaltlack . .	Als Einschlufslack.	Maskenlack verdient den Vorzug.
Bastian'sche Flüssigkeit .	15 T. Glycerin und 1 T. Karbolsäure. Zum Einschlufs von Präparaten.	Die Hälfte der Karbolsäure genügt auch.
Böttcher'sche Flüssigkeit .	Siehe Ameisensäure.	—
Beale'sche Mischung . . I. 30 g Wasser, 60 g Alkohol, 30 g Glycerin, 2 g Salpetersäure, 2 g Essigsäure. II. 4 g Alkohol, 8 bis 10 Tropfen kaustisches Natron.	I. Zum Aufhellen und Erhärten von Epithelialgebilden. II. Zum Erkennen embryonaler Verknöcherung.	—

Name des Mittels	Zu behandelnde Objekte	Bemerkungen
Benzin	a) Zum Lösen und Verdünnen von Kanadabalsam; b) zum Aufhellen des Fettgewebes.	Bestes Tötungsmittel für Insekten.
Blutlaugensalz (gelbes) . . .	Zur Tinktion von Knochen- und Zahnschliffen.	—
Bismarckbraun (alkoholische Lösung) . .	Färbt lediglich die Zellkerne hübsch braungelb.	Schöne Bilder.
Borsäure . . .	a) Zur Untersuchung der Blutkörperchen; b) zur Untersuchung von Ganglienzellen.	—
Brönner Wasser	Zum Aufhellen der Schnitte des Zentralnervensystems.	—
Cacaobutter, allein oder mit Zusatz von Wachs . . .	Eine gute Einbettungsmasse.	—
Chloroform . .	a) Zum Lösen von Kanadabalsam und anderen Harzen; b) als Verdünnungsmittel verschiedener Lacke; c) zur Demonstration der Saftwege des Knorpels.	c) Die Knorpelschnitte werden in Chloroform untersucht, nach dem Verdunsten desselben werden die Saftkanäle, welche die Knorpelzellen mit einander verbinden, sichtbar.
Chlorcalcium .	a) Zum Aufquellen der Schnitte des Rückenmarkes; b) als Einschlufsflüssigkeit für zarte botanische Präparate.	b) Lösung von 1 T. Chlorcalcium in 3 T. Wasser.

Name des Mittels	Zu behandelnde Objekte	Bemerkungen
Chlorsaures Kali	Im Schultze'schen Mazerationsmittel.	—
Chromsäure . .	a) Zum Härten des Zentralnervensystems und der Embryonen; b) mit Salzsäure gemengt zum Erweichen von Knochen; c) zur Isolierung von Nervenzellen.	—
Clarke's Flüssigkeit	Zum Aufhellen der Schnitte des Rückenmarkes.	3 T. Alkohol, 1 T. Essigsäure.
Damarharz . .	Zum Einschlufs von Präparaten.	Nicht besonders wertvoll.
Doppeltchromsaures Kali .	a) Konzentriert zum Erhärten tierischer Organe, besonders des Zentralnervensystems; b) Hauptbestandteil der Müllerschen Augenflüssigkeit.	—
Doppeltchromsaures Ammoniak	Zum Erhärten des Zentralnervensystems.	Das beste bekannte Mittel.
Einfach chromsaures Ammoniak	a) Zur Untersuchung der Niere; b) für Ganglien.	a) 5% Lösung; b) 1% Lösung;
Einfach chromsaures Kali .	Wie doppeltchromsaures Kali.	—
Eiweifs . . .	a) Mit Kochsalz gemengt zur Untersuchung frischer Gewebe; b) Bestandteil des Jodserum.	—
Eosin	Vorzügliches Färbemittel besonders für a) Epithelialgebilde; b) Bindegewebe; c) Gefäfse; d) Nerven.	0,5% bis 1% alkoholische Lösung. Da reines Glycerin einen Teil des Eosins extrahiert, so ist es gut beim

Name des Mittels	Zu behandelnde Objekte	Bemerkungen
	Ist Reagens auf Hämoglobin. Färbt und fixiert auch frisches Protoplasma gut.	Einschlufs in Glycerin etwas Kochsalz oder Alaun beizugeben.
Eosin und Hämatoxylin . .	Doppelfärbung, um die Entwickelung der Blutgefäfse zu studieren. Die Zellen, aus denen sich die Wandungen der Gefäfse bilden, sowie die weifsen Blutkörperchen werden blau gefärbt, während diejenigen, aus welchen sich die roten Blutzellen bilden, orangerot erscheinen.	Erst in Eosin und dann in Hämatoxylin gefärbt.
Eosin und Überosmiumsäure .	Die hämoglobinhaltigen Körper werden kupferrot.	Zuerst auf 10 bis 15 Sek. in 1% Überosmiumsäure, dann auf 24 Stunden in 1% Eosinlösung.
Essigsäure (*Acidum aceticum glaciale*) . .	a) Zur Aufhellung des Bindegewebes; b) zur Demonstration der Nervenendigung der Muskelfasern; c) zur Demonstration der Kerne der Zellen und Hüllen; d) zur Untersuchung der Darmganglien; e) zur Untersuchung der Muskelzellen; f) zum Auswaschen der mit Karmin gefärbten Präparate; g) zum Quellen trockener Präparate; h) zur Erweichung der Knochen; i) zur Metallimprägnation.	a) bis e) 8 bis 16 Tropfen auf 100 ccm Wasser; f) bis i) in 1 bis 1½% Lösung.

Name des Mittels	Zu behandelnde Objekte	Bemerkungen
Essigsäure mit Glycerin . .	Zur Untersuchung der Gewebe, zum Aufhellen und Quellen der Präparate.	—
Essigsaures Kali	a) Zum Einschlufs der Überosmiumsäurepräparate; b) zum Einschlufs von Anilinpräparaten.	Nahezu konzentrierte Lösung.
Essigsaures Silber . . .	Zur Metallimprägnation.	—
Farrants'sche Mischung . .	Zum Einschlufs von Präparaten.	—
Fett (Schweinefett)	Mit Paraffin und Wachs eine gute Einbettungsmasse.	—
Gelatine . . .	Bestandteil der Glyceringelatine, des Glycerinleimes und mehrerer Injektionsmassen.	—
Gerbsaures Rosanilin . . .	Tinktionsmittel.	—
Glycerin . . .	a) Zur Untersuchung der Knorpelschnitte; b) rein oder mit anderen Substanzen vermengt beliebte Einschlufsflüssigkeit; c) Lösungsmittel für Gelatine; d) Mischungsbestandteil mehrerer Flüssigkeiten; e) Bestandteil der Bastian'schen Einschlufsflüssigkeit.	—
Glyceringelatine	a) Vorteilhafte Einschlufsmasse statt Kanadabalsam; b) zur Aufbewahrung unpräparierter entomologischer Objekte.	4 T. Glycerin, 2 T. Wasser, 1 T. Gelatine, gelöst im Wasserbade
Glyceringummi und Glycerinleim	Als Einschlufsmasse.	Verschiedene Zusammensetzungen

Name des Mittels	Zu behandelnde Objekte	Bemerkungen
Goadby'sche Flüssigkeit .	a) Zu opaken Injektionen; b) zum Einschlufs wenig durchsichtiger Objekte; c) zur Konservierung von Seetieren.	—
Goldchlorid . .	a) Zur Untersuchung der Nerven der Hornhaut und anderer Organe; b) zur Untersuchung der Muskelnerven.	0,5% bis 1% Lösung.
Goldchloridkalium . . .	a) Zum Färben der in chromsaurer Kalilösung gehärteten Rückenmarkschnitte; b) zur Demonstration der Muskelnerven.	—
Goldchloridnatrium . .	Statt Goldchloridkalium.	--
Hämatoxylin (Campecheholzextrakt) .	Vielseitig verwendetes vorzügliches Färbemittel. Färbt die Zellkerne stärker als das Protoplasma. Die Epithelzellen werden stärker als die übrigen tingiert. Auch Kittsubstanzen werden stark gefärbt. Eine konzentrierte Lösung wirkt momentan.	Alkoholische oder wässerige Lösungen mit Alaun. In Alkohol aufbewahrte Präparate werden rascher gefärbt als frische.
Hämatoxylin und Karmin	Doppelfärbung. An jungen Knochen werden die Knorpelreste blau, die Knochensubstanz rot gefärbt. Auch andere Organe färben sich damit schön.	Gleichgiltig welcher Farbstoff zuerst angewendet wird.

Name des Mittels	Zu behandelnde Objekte	Bemerkungen
Hämatoxylin und Pikrinsäure . . .	a) Zum Färben junger Knochen; Knorpel blau, Knochen gelb; b) zur Färbung von Gefäfshäuten; dreifache Färbung.	b) Längsschnitte von getrockneten Blutgefäfsen kommen erst in alaunhaltige Hämatoxylinlösung, dann in Essigsäure und von da rasch in verdünnte Pikrinsäurelösung.
Höllenstein . .	Siehe salpetersaures Silber.	—
Holzessig (*Acidum pyrolignosum rectificatum*) . . .	a) Zur Aufhellung des Bindegewebes und der Neubildungen; b) zur Untersuchung der Hornhautkörperchen; c) zur Untersuchung der Darmganglien; d) zum Erweichen der Knochen; e) zur Mazeration entomologischer Objekte.	—
Indigokarmin .	Tinktionsmittel.	1 T. Oxalsäure, 25 T. Wasser, Indigokarmin bis zur Sättigung.
Indigokarmin und Pikrinsäure . . .	Bindegewebe blau, Epithel rot.	Erst in Karmin, dann in Pikrinsäurelösung färben.
Jod	Färbemittel und Reagens auf Amylum und amyloide Substanzen.	*Tinctura jodina* allein oder mit 3 T. Jodkalium und 500 T. Wasser.

Name des Mittels	Zu behandelnde Objekte	Bemerkungen
Jodserum . . .	Sehr gutes Reagens zur Untersuchung der Gewebe im frischen Zustand.	30 g Eiweifs, 270 g Wasser, 2,5 g Kochsalz, 2,5 g Jod.
Jodviolett (Methylviolett)	Reagens für Amyloidsubstanzen. Das normale Gewebe färbt sich blau, das amyloidig degenerierte rosarot.	—
Kalilauge . . .	a) Zur Isolierung von Nerven-, Muskel-, Flimmer- und Riechzellen und von Drüsen; b) macht trockene Blutkörperchen quellen; c) dient zur Mazeration von Mollusken- und entomologischen Präparaten; d) dient zur Demonstration der Bakterien und elastischen Fasern in Geweben und Sputas; e) erregt die schon zur Ruhe gekommenen Cilien des Flimmerepithels.	—
Kalkwasser . .	Bewirkt fibrillären Zerfall des Bindegewebes, der Sehnen, Hornhaut etc.	In 6 bis 8 Tagen.
Kampfer . . .	Zur Verhinderung der Fäulnis.	—
Kanadabalsam .	a) In Terpentinöl oder Chloroform gelöst zum Einschlufs entwässerter Präparate; b) als Kittmittel bei Herstellung von Schliffpräparaten.	—
Karbolsäure . .	a) Mischungsbestandteil verschiedener Konservierungsflüssigkeiten;	—

Name des Mittels	Zu behandelnde Objekte	Bemerkungen
	b) zur Isolierung der Nervenzellen nach erfolgter Mazeration; c) mit Glycerin gemengt als Einschlufsflüssigkeit; d) zur Aufbewahrung wasserhaltiger Präparate.	
Karmin . . .	Tinktionsflüssigkeit für alle Gewebe.	
1 Gerlach'sche Karminlösung	1. 1 g Karmin, ein paar Tropfen Ammoniak gelöst in 40 ccm Wasser und filtriert, oder: 1 g Karmin, 1 g Ammoniak, 100 g Wasser.	-
2. Frey's Glycerinkarmin	2. Zu Lösung 1. gibt man noch 40 ccm Glycerin und 4 g Alkohol, oder: 0,3 g Karmin, 30 g Wasser, 30 g Glycerin, 4 g Alkohol.	—
3. Ranvier'sche Karminlösung	3. In Ammoniak gelöstes Karmin läfst man eintrocknen und löst es dann in 3 T. Wasser; nach dem Filtrieren kommt 1 g Karbolsäure und 100 ccm Wasser dazu.	—
4. Thiersch's Karminlösung	4. I. 1 T. Karmin, 1 T. Ammoniak, 3 T. Wasser; hierauf: II. 1 T. Oxalsäure, 22 T. Wasser. Nun wird 1 T. von der I. Flüssigkeit mit 8 T. von der II. gemischt und mit 12 T. Alkohol versetzt.	—

Name des Mittels	Zu behandelnde Objekte	Bemerkungen
5. Thiersch's Lilakarmin	5. 4 T. Borax, 56 T. Wasser, 1 T. Karmin. 1 T. der Lösung wird mit 2 T. Alkohol gemischt und filtriert.	—
6. Grenacher's Karminlösung	6. 1 bis 5 % Alaunlösung und 0,5 bis 1 % Karminlösung werden 10 bis 20 Min. lang gekocht, nach dem Abkühlen filtriert und ein paar Tropfen Karbolsäure zugesetzt.	—
7. Csokor's wässerige Karminlösung	7. 3 g Kochenille (kleine Spezies), 200 g Wasser und 0,5 g Alaun werden im Mörser zerrieben, 30 Min. lang gekocht und nach dem Erkalten filtriert.	—
8. Schweigger's saures Karmin	8. Karminsaures Ammoniak und überschüssige Essigsäure, dann filtrieren. Diese Lösung färbt diffus. Nun bringt man zu den Präparaten mit Salzsäure gemischtes Glycerin, worauf die Zellkörper sich entfärben, während die Kerne rot bleiben.	—
9. Rollett's Karminlösung	9. Karmin wird mit verdünnter Schwefelsäure gekocht und der rote Niederschlag nach dem Filtrieren in Wasser gelöst. Lösung hellrot.	—
10. Beale's Karmin . .	10. 0,6 g Karmin, 3,5 g Ammoniak, 60 g Glycerin, 60 g Wasser, 15 g Alkohol.	Das Karmin wird mit Ammoniak gekocht und die übrigen Reagentien nach der Filtration zugesetzt.
Karmin und Pikrinsäure .	Für Präparate des Darmkanales, Gefäfse und Neugebilde sehr empfehlenswert.	Erst in Karmin, dann in Pikrinsäure gefärbt.

Name des Mittels	Zu behandelnde Objekte	Bemerkungen
Kochsalz . . .	a) Zur Untersuchung frischer Gewebe; b) zur Isolierung der Riff- oder Stachelzellen; c) zur Imprägnation mit Höllenstein; d) zur Untersuchung des Gehörorganes.	a) 0,5% bis 1% Lösung. d) für frische Zupfpräparate ¼% bis ½% Lösung.
Kollodium . .	Zur raschen Demonstration der Nervenachsenzylinder.	—
Kreosot . . .	Zum raschen Aufhellen.	Auch wasserhaltige Präparate werden in Kreosot aufgehellt.
Labarracque-sche Flüssigkeit	Zur Entfernung des Chlorophylls aus Pflanzenpräparaten.	—
Methylviolett und Dahlia .	Zur Tinktion der Schnitte des Zentralnervensystems und anderer Organe.	1% wässerige Lösung.
Milchsaures Silber . . .	Siehe salpetersaures Silber.	—
Moleschott'sche Essigsäure-Mischung . .	a) Zum Aufhellen von Bindegeweben; b) zur Untersuchung des Geruchsorganes des Schafes.	Starke u. schwache Lösung.
Molybdensaures Ammoniak .	Färbt das Gewebe schön blau.	In 24 Stunden. Lösung 5%.
Müller'sche Augenflüssigkeit	a) Zum Härten von Retinapräparaten; b) Zentralnervensystem; c) Embryonalorgane; d) Schleimhäute; e) Flimmerepithel.	—

Name des Mittels	Zu behandelnde Objekte	Bemerkungen
Natronlauge . .	Wirkt wie Kalilauge, ist aber unbequemer zu gebrauchen.	7% bis 10% Lösung.
Nelkenöl (*Oleum caryophillorum*)	Zum Aufhellen mikroskopischer Präparate.	—
Olivenöl (*Oleum olivarum*) . .	Zur Imprägnation.	—
Osmiumamid .	Siehe Überosmiumsäure.	—
Oxalsäure . .	a) Zur Aufhellung und Quellung des Bindegewebes; b) zur Härtung und Isolierung eiweifsartiger Gebilde; c) zur Konservierung der Retina; d) zur Konservierung der Geruchsstäbchen; e) zur Untersuchung quergestreifter Muskelfasern.	1 T. Säure auf 15 T. Wasser, auch konzentrierte Lösungen allein oder mit Alkohol gemengt.
Pacini'sche Flüssigkeit . . .	a) Zur Aufbewahrung der Blutkörperchen; b) für Nerven, Ganglien, Krebszellen, Retina etc.	Zwei verschiedene Mischungen.
Paraffin . . .	Gute Einbettungsmasse.	Allein oder besser mit Wachs und Fett.
Parme soluble .	Färbt in wenigen Augenblicken schön veilchenblau.	—
Pikranilin . .	Die Kerne werden grün gefärbt.	—
Pikrinsäure . .	a) Die Grundsubstanz der Muskelzellen wird gelb, die Konturen werden schwarz, und in den Zellen entstehen schwarze Körnchen; b) die Gewebe erhärten und färben sich darin schnell; c) zur Erweichung von Knochen; d) zur Darstellung des Pikrokarmins.	Konzentrierte und verdünnte alkoholische und wässerige Lösungen.

Name des Mittels	Zu behandelnde Objekte	Bemerkungen
Pikrokarmin . .	a) Färbt die Kerne der Endothelzellen rot; b) andere Organe in zweierlei Farben.	—
Platinchlorid .	Erhärtet und färbt gelblich.	—
Platinchlorid und Chromsäure . . .	Zur Demonstration des Gerüstes der Retina.	Zu gleichen Teilen, jedes im Verhältnis von 1 : 400.
Pyrogallol . .	a) Zur Verhütung der Fäulnis tierischer nnd pflanzlicher Gewebe; b) zur Verhinderung der Alkoholgährung und Schimmelbildung.	a) In 1% bis 1½% Lösungen; b) in 2% bis 3% Lösungen.
Phosphorsäure .	Zur Erweichung der Knochen.	—
Purpurin . . .	a) In der Nervensubstanz werden nur die Nervenzellenkerne (nicht auch die Zellen) schwach rosarot gefärbt; b) die Zellen des Bindegewebes werden lebhaft rot.	Zu diesem Zwecke müssen in chromsaurem Ammoniak gehärtete Präparate verwendet werden.
Salpetersäure .	a) Zur Isolierung der Muskelröhren, da sie das Bindegewebe löst; b) zur Extraktion der Knochenerde; c) zur Isolierung glatter Muskelzellen; d) zur Erweichung der Knochen; e) zur Isolierung der Knochenkörperchen; f) zur Isolierung der Zahnröhrchen und Bindegewebskörperchen.	20% bis 30% Lösung.

Name des Mittels	Zu behandelnde Objekte	Bemerkungen
Salpetersäure mit chlorsaurem Kali . .	Zerstört nach kurzer Zeit das Bindegewebe, und die Muskelfasern können gleich isoliert werden.	—
Salpetersäure mit Salzsäure (Königswasser)	Zur Isolierung der Nervenzellen, Achsenzylinder, Knorpel- und Knochenzellen, Linsenfasern, Muskelzellen und der Gefäfse des zentralen Nervensystems.	Konzentrierte und verdünnte Lösungen.
Salpetersaures Natron . . .	Wirkt wie Kochsalz und gestattet eine Silberimprägnation.	10% Lösung.
Salpetersaures Rosanilin (Magentarot) .	Sehr gutes Tinktionsmittel.	Wässerige Lösung.
Salpetersaures Silber . . .	Zur Imprägnation der Bindesubstanzen.	Wässerige oder alkoholische Lösungen von 0,5% bis 3%.
Salpetersaures Silber und übermangansaures Kali .	Zur Imprägnation.	—
Salpetersaures Silber und Zinnchlorid .	Zur Imprägnation.	—
Salzsäure . . .	Zur Lösung von Stärkekörnern.	—
Sandarak . . .	Einschlufsmasse.	In Alkohol gelöst. Ist nicht so gut wie Kanadabalsam.
Schultze'sches Mazerationsmittel . . .	a) Zur Isolierung der Muskelfasern; b) zur Lockerung stark verholzter Zellen.	—

Name des Mittels	Zu behandelnde Objekte	Bemerkungen
Schwefelsäure (englische) . .	a) Zur Isolierung der Horngebilde (Nägel, Haare, Borsten, Stacheln); b) mit Jod als Färbemittel für Amyloidsubstanz und Cellulose; c) zur Gerinnung des Blutes und Untersuchung der Thymusgefäſse.	3 bis 4 Tropfen auf 30 g Wasser.
Stearin	Eine gute Einbettungsmasse.	Allein oder mit Wachs und Fett.
Terpentinöl . .	a) Zum Auflösen und Verdünnen verschiedener Lacke und Harze; b) zum Aufhellen der Schnitte in Alkohol erhärteter oder trockener Präparate.	—
Überosmiumsäure . . .	a) Zur Kenntlichmachung der Epithelialgebilde und ihrer Kittsubstanz; b) für Nervennetze und Geflechte; c) färbt die Marksubstanz der Nerven braunschwarz; d) färbt Fett schwarz; e) härtet den Achsenzylinder der Nerven und macht ihn fibrillär; f) färbt die äuſseren Glieder der Stäbchen der Retina braun; g) die quergestreiften Muskelfasern können darin in verschiedenen Stadien der Zusammenziehung fixiert werden; h) zur Konservierung der Blutkörperchen.	Jedes Gewebe kann mit diesem Reagens mit Vorteil behandelt werden. Lösungen von 0,1% bis 1%.

Name des Mittels	Zu behandelnde Objekte	Bemerkungen
Überosmiumsäure und Oxalsäure	Zur Tinktion der Gewebe.	Erst werden die Präparate 1 Stunde lang in 1% Überosmiumsäure tingiert und dann in Oxalsäure von 6% bis 7% gelegt, bis die gewünschte Färbung eintritt.
Überosmiumsäure und Höllenstein . . .	Zur Imprägnierung der Hornhaut. 3- bis 4fache Färbung der verschiedenen Substanzen.	Erst 1% Überosmiumsäure, dann 2% Höllensteinlösung, endlich in essigsaurem Wasser der Sonne exponieren
Unterschwefligsaures Natron	Zum Fixieren mit Höllenstein gefärbter Präparate.	—
Wachs	Gute Einbettungsmasse.	Allein oder mit Öl, Cacaobutter, Fett, Paraffin etc.
Wallrat . . .	Einbettungsmasse.	—
Weinsteinsäure .	Zur Reduktion der Goldpräparate.	—
Xylol	Zur Untersuchung des Zentralnervensystems.	Liefert nur vergängliche Präparate.

Sach- und Namenregister.

A.

B.

C.

D.

E.

F.

G.

L.

O.

P.

Q.

R.

W.

Z.